"十二五"高等教育规划教材

Android 移动应用基础教程

传智播客高教产品研发部　编著

中国铁道出版社有限公司
CHINA RAILWAY PUBLISHING HOUSE CO., LTD.

内 容 简 介

本书由浅入深，系统地讲解了 Android 开发技术。

本书共 10 章，第 1~3 章主要讲解 Android 的基础知识，包括 Android 起源、体系结构、开发环境搭建、布局、JUnit、Activity 等。第 4~6 章主要讲解 Android 中的数据存储，包括文件存储、SharedPreferences、SQLite 数据库、内容提供者等。第 7~8 章主要讲解 Android 中两个组件广播接收者和服务，包括广播的创建、发送与接收、服务的创建、生命周期。第 9 章主要讲解网络编程，包括 HTTP 协议、HttpClient 访问网络、数据提交方式以及消息机制原理等。第 10 章主要讲解 Android 开发中的高级编程，包括多媒体、动画、传感器、Fragment 等知识。这些内容都是 Android 中最核心的知识，掌握这些知识可以让初学者在编写 Android 程序时得心应手。

本书在语言描述上力求准确、通俗易懂，在配图上力求丰富、生动形象，在案例设计上力求贴合实际工作需求，真正做到了把书本上的知识应用到实际开发中，是最适合初学者的入门书籍。

本书适合作为高等院校计算机相关专业程序设计类课程专用教材。

图书在版编目（CIP）数据

Android 移动应用基础教程 / 传智播客高教产品研发部编著. — 北京：中国铁道出版社，2015.1（2022.1 重印）
"十二五"高等教育规划教材
ISBN 978-7-113-19620-2

Ⅰ. ①A… Ⅱ. ①传… Ⅲ. ①移动终端-应用程序-程序设计-高等学校-教材 Ⅳ. ①TN929.53

中国版本图书馆 CIP 数据核字（2015）第 009454 号

书　　名：	Android 移动应用基础教程
作　　者：	传智播客高教产品研发部

策　　划：	秦绪好　翟玉峰	编辑部电话：	（010）83517321
责任编辑：	翟玉峰　徐盼欣		
封面设计：	徐文海		
封面制作：	白　雪		
责任校对：	王　杰		
责任印制：	樊启鹏		

出版发行：中国铁道出版社有限公司（100054，北京市西城区右安门西街 8 号）
网　　址：http://www.tdpress.com/51eds/
印　　刷：三河市宏盛印务有限公司
版　　次：2015 年 1 月第 1 版　2022 年 1 月第 22 次印刷
开　　本：787 mm×1 092 mm　1/16　印张：20.75　字数：500 千
印　　数：132 001～134 000 册
书　　号：ISBN 978-7-113-19620-2
定　　价：39.00 元

版权所有　侵权必究

凡购买铁道版图书，如有印制质量问题，请与本社教材图书营销部联系调换。电话：（010）63550836
打击盗版举报电话：（010）63549461

序

PREFACE

江苏传智播客教育科技股份有限公司(简称传智教育)是一家培养高精尖数字化人才的公司，公司主要培养人工智能、大数据、智能制造、软件、互联网、区块链等数字化专业人才及数据分析、网络营销、新媒体等数字化应用人才。成立以来紧随国家互联网科技战略及产业发展步伐，始终与软件、互联网、智能制造等前沿技术齐头并进，已持续向社会高科技企业输送数十万名高新技术人员，为企业数字化转型升级提供了强有力的人才支撑。

公司由一批拥有 10 年以上开发管理经验，且来自互联网或研究机构的 IT 精英组成，负责研究、开发教学模式和课程内容。公司具有完善的课程研发体系，一直走在整个行业发展的前端，在行业内竖立起了良好的品质口碑。

一、黑马程序员——高端 IT 教育品牌

黑马程序员的学员多为大学毕业后，想从事 IT 行业，但各方面条件还不成熟的年轻人。"黑马程序员"的学员筛选制度非常严格，包括了严格的技术测试、自学能力测试，还包括性格测试、压力测试、品德测试等。百里挑一的残酷筛选制度确保学员质量，并降低企业的用人风险。

自黑马程序员成立以来，教学研发团队一直致力于打造精品课程资源，不断在产、学、研 3 个层面创新自己的执教理念与教学方针，并集中"黑马程序员"的优势力量，有针对性地出版了计算机系列教材百余种，制作教学视频数百套，发表各类技术文章数千篇。

二、院校邦——院校服务品牌

院校邦以"协万千名校育人、助天下英才圆梦"为核心理念，立足中国职业教育改革的痛点，为高校提供健全的校企合作解决方案。主要包括：原创教材、高校教辅平台、师资培训、院校公开课、实习实训、产学合作协同育人、专业建设、传智杯大赛等，每种方式已形成稳固的系统的高校合作模式，旨在深化教学改革，实现高校人才培养与企业发展的合作共赢。

（一）为大学生提供的配套服务

（1）请同学们登录 http://stu.ityxb.com，进入"高校学习平台"，免费获取海量学习资源，平台可以帮助高校学生解决各类学习问题。

（2）针对高校学生在学习过程中存在的压力等问题，我们面向大学生量身打造了 IT 学习小助手——"邦小苑"，可提供教材配套学习资源。同学们快来关注"邦小苑"微信公众号。

"邦小苑"微信公众号

（二）为教师提供的配套服务

（1）请高校老师登录 http://tch.ityxb.com，进入"高校教辅平台"，院校邦为 IT 系列教材精心设计"教案+授课资源+考试系统+题库+教学辅助案例"系列教学资源。

（2）针对高校教师在教学过程中存在的授课压力等问题，我们专为教师打造了教学好帮手——"传智院校邦"，老师可添加"码大牛"老师微信/QQ：2011168841，或扫描下方二维码，获取最新的教学辅助资源。

"传智院校邦"微信公众号

三、意见与反馈

为了让高校教师和学生有更好的教材使用体验，如有任何关于教材信息的意见或建议欢迎您扫码进行反馈，您的意见和建议对我们十分重要。

"教材使用体验感反馈"二维码

黑马程序员

前言

为什么要学习 Android

Android 是 Google 公司开发的基于 Linux 的开源操作系统，主要应用于智能手机、平板电脑等移动设备。经过短短几年的发展，Android 系统在全球得到了大规模推广，除智能手机和平板电脑外，还可用于穿戴设备、智能家具等领域。据不完全统计，Android 系统已经占据了全球智能手机操作系统的 80% 以上，中国市场占有率更是高达 90% 以上。由于 Android 的迅速发展，导致市场对 Android 开发人才需求猛增，因此越来越多的人学习 Android 技术，以适应市场需求寻求更广阔的发展空间。

如何使用本书

本书是一本 Android 入门书籍，全书采用案例驱动式教学，通过 30 余个案例来讲解 Android 基础在开发中如何运用。在学习本书之前，一定要具备 Java 基础知识，众所周知 Android 开发使用的是 Java 语言。初学者在使用本书时，建议从头开始循序渐进的学习，并且反复练习书中的案例，以达到熟能生巧为我所用，如果是有基础的编程人员，则可以选择感兴趣的章节跳跃式的学习，不过书中的案例最好动手实践一下。如果在学习过程中遇到障碍，可以先回到前面的相关章节重新学习，然后依照关联性继续学习后续章节，依照这种方式学习能够让本书发挥最大的作用。

本书共分为 10 个章节，接下来分别对每个章节进行简单地介绍，具体如下：

（1）第 1~2 章主要讲解了 Android 的基础知识，包括 Android 起源、Android 体系结构、开发环境搭建、UI 布局、JUnit 单元测试等。通过这两章的学习初学者可以创建简单的布局界面。

（2）第 3 章主要讲解了 Activity，包括生命周期、创建、使用等。通过本章的学习，初学者可以完成简单的界面交互操作，并且实现相应的点击事件。

（3）第 4~6 章主要讲解了 Android 中的数据存储，包括文件存储、SharedPreferences、SQLite 数据库、内容提供者等知识，并提供天气预报、QQ 登录等实际开发中的案例。这几章的知识非常重要，几乎每个 Android 程序都会涉及到数据存储，因此要求初学者一定要熟练掌握这部分知识。

（4）第 7~8 章主要讲解了 Android 中两个组件广播接收者和服务，包括广播的创建、发送与接收、服务的创建、生命周期、并讲解了音乐播放器、远程调用支付宝等案例。通过这两章节的学习，初学者可以使用服务和广播开发后台程序。

（5）第 9 章主要讲解了 Android 中的网络编程，包括 HTTP 协议、HttpClient 访问网络、数据提交方式以及消息机制原理，并提供了新闻客户端、网络图片浏览器、文件下载等案例。通过本章的学习，初学者可以完成网络程序的开发，并通过多线程下载网络上的图片、文件等。

（6）第 10 章主要讲解了 Android 开发中的高级知识，包括多媒体、动画、传感器、Fragment 等知识。通过本章的学习，初学者可以掌握视频播放器、音乐播放器的开发原理，以及传感器的使用等。

在上面所提到的 10 个章节中，第 1~3 章主要是针对 Android 开发一些比较基础的知识进行详细讲解，这些知识多而细，要求初学者深入理解，奠定好学习后面知识的基础。第 4~9 章，是 Android 开发中的核心技术，初学者不仅需要掌握原理，还需要动手实践，认真完成教材中每个知识点对应的案例。第 10 章是 Android 开发中的高级知识，要求初学者对该知识有一定的了解，并掌握其原理，动手实践应用中的案例。

另外，如果读者在理解知识点的过程中遇到困难，建议不要纠结于某个地方，可以先往后学习，通常来讲，看到后面对知识点的讲解或者其他小节的内容后，前面看不懂的知识点一般就能理解了，如果读者在动手练习的过程中遇到问题，建议多思考，理清思路，认真分析问题发生的原因，并在问题解决后多总结。

致谢

本教材的编写和整理工作由传智播客教育科技有限公司高教产品研发部完成，主要参与人员有徐文海、陈欢、阳丹、安鹏宇、张鑫、李健、郝丽新、柴永菲、张泽华、李印东、刘亚超、邱本超、殷凯、马伟奇、刘峰、金兴等，研发小组全体成员在这近一年的编写过程中付出了很多辛勤的汗水。除此之外，还有传智播客 600 多名学员也参与到了教材的试读工作中，他们站在初学者的角度对教材提供了许多宝贵的修改意见，在此一并表示衷心的感谢。

意见反馈

尽管我们尽了最大的努力，但教材中难免会有不妥之处，欢迎各界专家和读者朋友们来信来函给予宝贵意见，我们将不胜感激。您在阅读本书时，如发现任何问题或有不认同之处可以通过电子邮件与我们取得联系。

请发送电子邮件至：itcast_book@vip.sina.com

传智播客教育科技有限公司高教产品研发部
2014-12-1 于北京

目 录

第 1 章	Android 基础入门 1
1.1	Android 简介 1
	1.1.1 通信技术 1
	1.1.2 Android 起源 2
	1.1.3 Android 体系结构 3
	1.1.4 Dalvik 虚拟机 4
1.2	Android 开发环境搭建 5
	1.2.1 ADT Bundle 开发工具集合 5
	1.2.2 Android 调试桥（ADB）.... 9
	1.2.3 DDMS 的使用 10
1.3	开发第一个 Android 程序 11
	1.3.1 案例——HelloWorld 程序..... 11
	1.3.2 Android 程序结构 15
	1.3.3 Android 程序打包过程 16
小结	 17
习题	 18

第 2 章	Android UI 开发 19
2.1	UI 概述 19
2.2	布局文件的创建 20
2.3	布局的类型 23
	2.3.1 相对布局（RelativeLayout）........... 23
	2.3.2 线性布局（LinearLayout）............. 25
	2.3.3 表格布局（TableLayout）................ 26
	2.3.4 网格布局（GridLayout）... 28
	2.3.5 帧布局（FrameLayout）... 29
	2.3.6 绝对布局（AbsoluteLayout）........... 30
	2.3.7 案例——用户注册........... 31
2.4	样式和主题 34

2.4.1 样式和主题的使用 34
2.4.2 案例——自定义样式和
主题 35
2.5 国际化 37
2.6 程序调试 40
2.6.1 JUnit 单元测试 40
2.6.2 LogCat 的使用 42
2.6.3 Toast 的使用 44
小结 44
习题 44

第3章 Activity 46
3.1 Activity 入门 46
3.1.1 Activity 简介 46
3.1.2 Activity 的创建 47
3.1.3 Activity 生命周期 49
3.1.4 案例——Activity 的
存活 51
3.2 Activity 的启动模式 58
3.2.1 Android 下的任务栈 59
3.2.2 Activity 的 4 种
启动模式 59
3.3 在 Activity 中使用 Intent 61
3.3.1 Intent 介绍 61
3.3.2 显式意图和隐式意图 61
3.3.3 案例——打开
系统照相机 62
3.4 Activity 中的数据传递 64
3.4.1 数据传递方式 64
3.4.2 案例——用户注册 65
3.4.3 回传数据 71
3.4.4 案例——装备选择 72
小结 82
习题 82

第4章 数据存储 84
4.1 数据存储方式 84
4.2 文件存储 85
4.2.1 文件存储简介 85
4.2.2 案例——存储用户信息 ... 87

4.3 XML 序列化和解析 91
4.3.1 XML 序列化 91
4.3.2 案例——XML 序列化 92
4.3.3 XML 解析 96
4.3.4 案例——天气预报 97
4.4 SharedPreferences 106
4.4.1 SharedPreferences 的
使用 106
4.4.2 案例——QQ 登录 108
小结 113
习题 113

第5章 SQLite 数据库 115
5.1 SQLite 数据库简介 115
5.2 SQLite 数据库的使用 115
5.2.1 SQLite 操作 API 115
5.2.2 数据库的常用操作 117
5.2.3 SQLite 事务操作 120
5.2.4 sqlite3 工具 121
5.3 ListView 控件 122
5.3.1 ListView 控件的使用 122
5.3.2 常用数据适配器
（Adapter） 123
5.3.3 案例——Android
应用市场 124
5.3.4 案例——商品展示 129
小结 140
习题 140

第6章 内容提供者 142
6.1 内容提供者简介 142
6.2 创建内容提供者 143
6.2.1 创建一个内容提供者 143
6.2.2 Uri 简介 146
6.2.3 案例——
读取联系人信息 146
6.3 访问内容提供者 156
6.3.1 ContentResolver 的
基本用法 156
6.3.2 案例——短信备份 157

6.4 内容观察者的使用 162
 6.4.1 什么是内容观察者 162
 6.4.2 案例——短信接收器 ... 165
小结 167
习题 167

第 7 章 广播接收者 169

7.1 广播接收者入门 169
 7.1.1 什么是广播接收者 169
 7.1.2 广播接收者创建与注册 169
 7.1.3 案例——IP 拨号器 171
7.2 自定义广播 174
 7.2.1 自定义广播的发送与接收 174
 7.2.2 案例——电台与收音机 174
7.3 广播的类型 176
 7.3.1 有序广播和无序广播 176
 7.3.2 案例——拦截有序广播 177
7.4 常用的广播接收者 182
 7.4.1 案例——杀毒软件 182
 7.4.2 案例——短信拦截器 184
小结 185
习题 185

第 8 章 服务 187

8.1 服务的创建 187
8.2 服务的生命周期 188
8.3 服务的启动方式 189
 8.3.1 start 方式启动服务 189
 8.3.2 bind 方式启动服务 192
8.4 服务通信 196
 8.4.1 本地服务通信和远程服务通信 196
 8.4.2 案例——音乐播放器 198
 8.4.3 案例——远程调用支付宝 208

小结 214
习题 214

第 9 章 网络编程 216

9.1 网络编程入门 216
 9.1.1 HTTP 协议简介 216
 9.1.2 Handler 消息机制原理 .. 216
 9.1.3 AsyncTask 218
9.2 使用 HttpURLConnection 访问网络 220
 9.2.1 HttpURLConnection 的基本用法 220
 9.2.2 案例——网络图片浏览器 220
9.3 使用 HttpClient 访问网络 224
 9.3.1 HttpClient 的基本用法 ... 224
 9.3.2 案例——网络图片浏览器（使用 HttpClient） 225
9.4 数据提交方式 228
 9.4.1 GET 方式和 POST 方式提交数据 228
 9.4.2 案例——提交数据到服务器 230
9.5 开源项目 240
 9.5.1 AsyncHttpClient 的使用 240
 9.5.2 SmartImageView 的使用 242
 9.5.3 案例——新闻客户端 ... 243
9.6 多线程下载 253
 9.6.1 多线程下载原理 253
 9.6.2 案例——文件下载 254
小结 260
习题 260

第 10 章 高级编程 262

10.1 图形图像处理 262
 10.1.1 常用的绘图类 262
 10.1.2 为图片添加特效 265
 10.1.3 案例——刮刮卡 267

10.2 动画 270
　　10.2.1 补间动画
　　　　　（Tween Animation）.... 270
　　10.2.2 逐帧动画
　　　　　（Frame Animation）.... 275
10.3 多媒体 278
　　10.3.1 MediaPlayer
　　　　　播放音频 278
　　10.3.2 SoundPool 播放音频 ... 281
　　10.3.3 VideoView 播放视频 .. 282
　　10.3.4 MediaPlayer 和
　　　　　SurfaceView 播放视频 .. 286
　　10.3.5 案例——视频播放器 ... 288

10.4 传感器 294
　　10.4.1 传感器简介 294
　　10.4.2 传感器的使用 295
　　10.4.3 案例——摇一摇 298
10.5 Fragment 307
　　10.5.1 Fragment 简介 307
　　10.5.2 Fragment 的生命周期 ... 308
　　10.5.3 创建 Fragment 309
　　10.5.4 Fragment 与 Activity
　　　　　间通信 311
　　10.5.5 案例——设置界面 312
小结 319
习题 319

第1章 Android 基础入门

学习目标
- 了解通信技术，包括 1G、2G、3G、4G 技术。
- 掌握开发环境的搭建，学会使用 ADT Bundle 搭建开发环境。
- 掌握 Android 程序的开发，并动手开发 HelloWorld 程序。

Android 是 Google 公司基于 Linux 平台开发的手机及平板电脑的操作系统。自问世以来，受到了前所未有的关注，并成为移动平台最受欢迎的操作系统之一。本章将针对 Android 的基础知识进行详细的讲解。

1.1 Android 简介

1.1.1 通信技术

在学习 Android 系统之前有必要了解一下通信技术。随着智能手机的发展，移动通信技术也在不断地升级，从最开始的 1G、2G 技术到现在已经发展到 3G、4G，接下来将针对这 4 种通信技术进行详细的讲解。

- 1G：指最初的模拟、仅限语音的蜂窝电话标准。摩托罗拉公司生产的第一代模拟制式手机使用的就是这个标准，类似于简单的无线电台，只能进行通话，并且通话是锁定在一定频率上的，这个频率也就是手机号码。这种标准存在一个很大的缺点，就是很容易被窃听。
- 2G：指第 2 代移动通信技术，代表为 GSM，以数字语音传输技术为核心。相对于 1G 技术来说 2G 已经很成熟了，它增加了接收数据的功能。以前常见的小灵通手机采用的就是 2G 技术，信号质量和通话质量都非常好。不仅如此，2G 时代也有智能手机，可以支持一些简单的 Java 小程序，如 UC 浏览器、搜狗输入法等。
- 3G：指将无线通信与国际互联网等多媒体通信结合的移动通信系统。它能够处理图像、音乐、视频流等多种媒体形式，提供包括网页浏览、电话会议、电子商务等多种信息服务。相比前两代通信技术来说，3G 技术在传输声音和数据的速度上有很大的提升，也是当今最流行的通信技术。
- 4G：又称 IMT-Advanced 技术，它包括了 TD-LTE 和 FDD-LTE，LTE 就是 Long Term Evolution 的缩写，是长期演进的意思。4G 能够传输高质量的视频和图像，并且速度比之前采用的拨号上网快 200 倍，几乎能满足所有用户对无线网的需要。

以上 4 种通信技术，除了 1G 技术以外，其他的三种技术最本质的区别就是传输速率，

2G 通信网的传输速率为 9.6 kbit/s，3G 通信网在室内、室外和行车的环境中能够分别支持至少 2 Mbit/s、384 kbit/s 以及 144 kbit/s 的传输速率，4G 通信网可以达到 10～20 Mbit/s，甚至可以达到 100 Mbit/s。

通过上面的讲解，大家对通信技术有了简单的了解。目前应用最广泛的就是 3G 技术，3G 技术实际上是一种通信技术的标准，符合该标准的有 WCDMA、CDMA2000、TD-SCDMA 三种无线接口标准。

- WCDMA：是一个国际通用的标准，美国、欧洲等绝大多数的国家使用的都是这种标准，中国联通使用的就是这种标准。
- CDMA2000：只有日本、韩国、北美和中国在使用，中国电信使用的就是这种标准。
- TD-SCDMA：中国自己独自制定的 3G 标准，只有中国在使用，中国移动使用的就是这种标准。

以上内容就是通信技术的相关知识，掌握这些内容有助于学习后面的 Android 程序开发。

1.1.2 Android 起源

Android 一词最早出现于法国作家利尔亚当（Auguste Villiers de l'Isle-Adam）在 1886 年发表的科幻小说《未来夏娃》中，将外表像人的机器起名为 Android。

Android 本意指"机器人"，Google 公司将 Android 的标识设计为一个绿色机器人，表示 Android 系统符合环保概念，是一个轻薄短小、功能强大的移动系统，是第一个真正为手机打造的开放性系统。Android 图标如图 1-1 所示。

图 1-1　Android 图标

Android 操作系统最初是由安迪·鲁宾（Andy Rubin）开发出来的，2005 年被 Google 收购，并于 2007 年 11 月 5 日正式向外界展示了这款名为 Android 的操作系统。同时，组建了一个开放手机联盟组织，该组织由 84 家手机制造商、软件开发商、电信运营商以及芯片制造商共同组成，它们共同开发 Android 系统的源代码。

2008 年 9 月，发布 Android 第 1 个版本 Android 1.1。Android 系统一经推出，版本升级非常快，几乎每隔半年就有一个新的版本发布。从 Android 1.5 版本开始，Android 用甜点作为系统版本的代号。具体版本如下：

- 2009 年 4 月 30 日，Android 1.5 Cupcake（纸杯蛋糕）正式发布。
- 2009 年 9 月 15 日，Android 1.6 Donut（甜甜圈）版本发布。
- 2009 年 10 月 26 日，Android 2.0/2.0.1/2.1 Éclair（松饼）版本发布。
- 2010 年 5 月 20 日，Android 2.2/2.2.1 Froyo（冻酸奶）版本发布。
- 2010 年 12 月 7 日，Android 2.3 Gingerbread（姜饼）版本发布。
- 2011 年 2 月 2 日，Android 3.0 Honeycomb（蜂巢）版本发布。
- 2011 年 5 月 11 日，Android 3.1 Honeycomb（蜂巢）版本发布。
- 2011 年 7 月 13 日，Android 3.2 Honeycomb（蜂巢）版本发布。
- 2011 年 10 月 19 日，Android 4.0 Ice Cream Sandwich（冰激凌三明治）版本发布。
- 2012 年 6 月 28 日，Android 4.1 Jelly Bean（果冻豆）版本发布。
- 2012 年 10 月 30 日，Android 4.2 Jelly Bean（果冻豆）版本发布。

- 2013 年 7 月 25 日，Android 4.3 Jelly Bean（果冻豆）版本发布。
- 2013 年 9 月 4 日，Android 4.4 KitKat（奇巧）版本发布。
- 2014 年 10 月 15 日，Android 5.0 Lollipop（棒棒糖）版本发布。

Android 系统目前的最新版本为 Android 5.0。此版本在以往系统的基础上，对界面进行了大幅度的调整，主要体现在桌面图标、部件的透明度以及小部件的重叠摆放上。该版本于 2014 年 11 月 3 日正式推出，开发者已经可以下载 Android 5.0 Platform（API Level 21）来开发和测试 Android 5.0 应用，并能向 Google Play 发布 Android 5.0 所专属的应用程序。

1.1.3 Android 体系结构

Android 系统采用分层架构，由高到低分为 4 层，依次是应用程序层（Applications）、应用程序框架层（Application Framework）、核心类库（Libraries）和 Linux 内核（Linux Kernel），具体如图 1-2 所示。

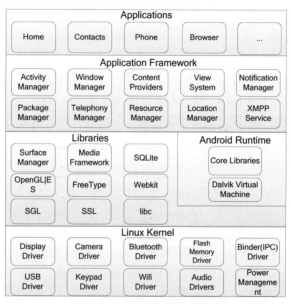

图 1-2　Android 体系结构

从图 1-2 可以看出 Android 体系的具体结构，接下来分别针对这几层进行分析，具体如下：

1. 应用程序层

应用程序层是一个核心应用程序的集合，所有安装在手机上的应用程序都属于这一层，例如系统自带的联系人程序、短信程序，或者从 Google Play 上下载的小游戏等都属于应用程序层。

2. 应用程序框架层

应用程序框架层主要提供了构建应用程序时用到的各种 API。Android 自带的一些核心应用就是使用这些 API 完成的，例如视图（Views）、活动管理器（Activity Manager）、通知管理器（Notification Manager）等，开发者也可以通过这些 API 来构建自己的应用程序。

3. 核心类库

核心类库中包含了系统库及 Android 运行环境。系统库这一层主要是通过 C/C++库来为

Android 系统提供主要的特性支持，如 OpenGL/EL 库提供了 3D 绘图的支持，Webkit 库提供了浏览器内核的支持。

Android 运行时库（Android Runtime）主要提供了一些核心库，能够允许开发者使用 Java 语言来编写 Android 应用，另外 Android 运行时库中还包括了 Dalvik 虚拟机，它使得每一个 Android 应用都能运行在独立的进程当中，并且拥有一个自己的 Dalvik 虚拟机实例。相较于 Java 虚拟机，Dalvik 是专门为移动设备定制的，它针对手机内存、CPU 性能等做了优化处理。

4. Linux 内核

Android 系统主要基于 Linux 内核开发，Linux 内核层为 Android 设备的各种硬件提供了底层的驱动，如显示驱动、音频驱动、照相机驱动、蓝牙驱动、电源管理驱动等。

1.1.4 Dalvik 虚拟机

通过 1.1.3 小节的学习可知，在 Android 运行时库中包括了 Dalvik 虚拟机。Dalvik 是 Google 公司自己设计的用于 Android 平台的虚拟机，它可以简单地完成进程隔离和线程管理，并且可以提高内存的使用效率。每一个 Android 应用程序在底层都会对应一个独立的 Dalvik 虚拟机实例，其代码在虚拟机的解析下得以执行。

很多人都认为 Dalvik 虚拟机是一个 Java 虚拟机，因为 Android 开发的编程语言恰恰是 Java 语言，但是这种说法并不准确。Dalvik 虚拟机并不是按照 Java 虚拟机的规范来实现的，两者不兼容，而且也有很多不同之处。下面通过一个图进行对比说明，如图 1-3 所示。

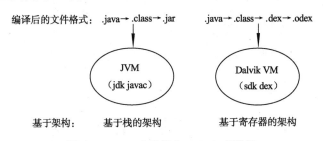

图 1-3 Java 虚拟机和 Dalvik 虚拟机

从图 1-3 可以看出，Java 虚拟机和 Dalvik 虚拟机主要有两大区别：一是它们编译后的文件不同；二是它们基于的架构不同。具体如下：

1. 编译后的文件不同

Java 虚拟机运行的是.class 字节码文件，而 Dalvik 虚拟机运行的则是其专有的.dex 文件。在 Java 程序中 Java 类会被翻译成一个或者多个字节码文件（.class）然后打包到.jar 文件，之后 Java 虚拟机会从相应的.class 文件和.jar 文件中获取相应的字节码。Android 程序虽然也是使用 Java 语言进行编程，但是在翻译成.class 文件后，还会通过工具将所有的.class 文件转换成一个.dex 文件，然后 Dalvik 虚拟机从其中读取指令和数据，最后的.odex 是为了在运行过程中进一步提高性能而对.dex 文件进行的进一步优化，能加快软件的加载速度和开启速度。

2. 基于的架构不同

Java 虚拟机是基于栈的架构，大家知道，栈是一个连续的内存空间，取出和存入的速度比较慢；而 Dalvik 是基于寄存器的架构，寄存器是 CPU 上的一块缓存，寄存器的存取速度要比从内存中存取的速度快很多，这样就可以根据硬件最大限度地优化设备，更适合移动设备的使用。

需要说明的是，Android 系统下的 Dalvik 虚拟机默认给每一个应用程序最多分配 16 MB 内存，如果 Android 加载的资源超过这个值，就会报出 OutOfMemoryError 异常，因此一定要注意这个问题。

> **多学一招：ART 模式**
>
> ART 模式英文全称为 Android Runtime，是谷歌 Android 4.4 系统新增的一种应用运行模式。与传统的 Dalvik 模式不同，ART 模式可以实现更为流畅的安卓系统体验，只有在 Android 4.4 以上系统中采用此模式。
>
> 事实上，谷歌的这次优化源于其收购的一家名为 Flexycore 的公司，该公司一直致力于 Android 系统的优化，而 ART 模式也是在该公司的优化方案上演进而来。
>
> ART 模式与 Dalvik 模式最大的不同在于，在启用 ART 模式后，系统在安装应用的时候会进行一次预编译，在安装应用程序时会先将代码转换为机器语言存储在本地，这样在运行程序时就不会每次都进行一次编译了，执行效率也大大提升。

1.2　Android 开发环境搭建

在开发 Android 程序之前，首先要在系统中搭建开发环境。以前使用 Eclipse 工具开发 Android 程序时，首先需要安装 Eclipse 工具再引入 Android SDK 工具包，最后添加 ADT 插件，这种安装方式比较麻烦。为此，谷歌提供了一个集成的 SDK 工具包，其中包括集成了 ADT 插件的 Eclipse 和 Android SDK 工具包，这样可以省去很多麻烦的操作。本节将讲解如何搭建 Android 开发环境。

1.2.1　ADT Bundle 开发工具集合

首先到 http://developer.android.com/sdk/index.html 网址下载相应版本的 ADT Bundle，本书以 adt-bundle-windows-x86（32 位操作系统）为例进行讲解。将 ADT Bundle 解压后，会看到 eclipse 目录、sdk 目录和 SDK Manager.exe，具体如图 1-4 所示。

图 1-4　Google sdk bundle 开发工具集合

接下来针对 ADT Bundle 目录中的 eclipse、sdk、SDK Manager.exe 分别进行详细的讲解。具体如下：

1. SDK Manager.exe

SDK Manager.exe 是 Android SDK 的管理器，双击它可以看到所有可下载的 Android SDK 版本。由于 Android 版本比较多，全部下载会很耗时，因此可以根据情况适当进行选择。当然，如果硬盘容量充足，也可以全部选择。Android SDK Manager 窗口如图 1-5 所示。

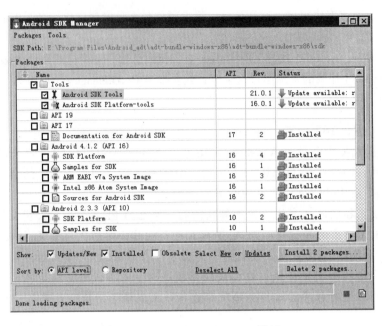

图 1-5　Android SDK Manager 窗口

在图 1-5 中选择相应的 SDK 版本，单击窗口右下角的 Install packages 按钮进入 Choose Package to Install 界面，选中右下角的 Accept All，单击 Install 按钮进行安装，如图 1-6 所示。

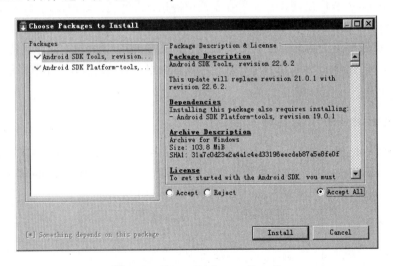

图 1-6　Choose Package to Install

需要注意的是，由于安装过程中使用的资源都是在线下载的，因此安装过程比较慢，需要耐心等待。

2．sdk

sdk 为开发者提供了库文件以及其他开发工具，它是在整体开发中使用的工具包，该工具包中包含了很多文件，具体如图 1-7 所示。

图 1-7　SDK 目录

从图 1-7 可以看出，sdk 中包括了很多文件夹，接下来针对这些文件夹进行介绍。

- add-ons：该目录用于存放 Android 的扩展库，如 Google API 等。
- docs：该目录是 Android 开发的相关文档，主要包括 SDK 平台、ADT、工具的介绍、开发指南、API 文档、相关资源等。
- extras：该目录用于存放 Android 附加的支持文件，主要包括 Android 的 support 支持包、Google 的几个工具和驱动。
- platforms：该目录用于存放 Android SDK Platforms 平台的相关文件，包括字体、res 资源、模板等。
- platform-tools：该目录主要用于存放各平台工具，如 adb.exe（Android Debug Bridge）、dx.bat、aapt.exe。其中，adb.exe 工具用于连接 Android 手机或模拟器，dx.bat 工具用于将 .class 字节码文件转成 Android 字节码 .dex 文件，aapt.exe 用于把开发的应用打包成 APK 安装文件。
- samples：该目录是 Android SDK 自带的默认示例工程，初学者可以根据里面的示例进行自学。例如，要想学习游戏开发可以参考 Snake 和 LunarLander。
- sources：该目录用于放置 API 源代码，可以把源代码关联到具体的项目中，点击类名可以查看该类的源代码实现。
- system-images：该目录用于存放系统中用到的所有图片。
- temp：该目录用于存放系统中的临时文件。
- tools：该目录是 SDK 中一个非常重要的目录，其中包含了很多重要的工具，如 ddms.bat 用于启动 Android 调试工具，draw9patch.bat 用于绘制 Android 平台下可缩放的 png 图片，sqlite3.exe 可以在 PC 上操作 SQLite 数据库。

3. eclipse

eclipse 支持很多的插件工具，同时也是开发 Android 程序的 IDE。当运行 eclipse 工具时，首先会出现初始化界面，如图 1-8 所示。

当 eclipse 工具初始化完毕后，会进入程序的主界面。由于需要开发 Android 程序，所以在 eclipse 上安装了 ADT 插件，安装过 ADT 插件后的 eclipse 会多出一些功能，如 eclipse 的工具栏中多出了三个 Android 图标，如图 1-9 所示。

图 1-8　初始化界面

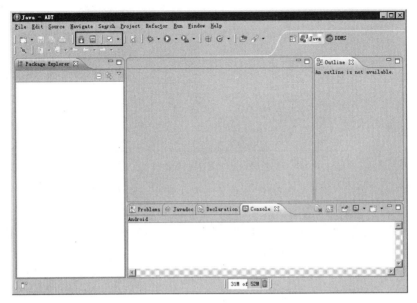

图 1-9 主界面

在图 1-9 中,最左边的 Android 图标是 Android SDK 管理器,单击它和单击 SDK Manager 效果是相同。中间的图标是用来开启 Android 模拟器的,在安卓开发的过程中,可以使用安卓模拟器来代替手机进行程序调试。右边的图片是用来检查代码的。现在,单击中间的 Android 图标启动一个模拟器,如图 1-10 所示。

在图 1-10 中,右侧列表有一个 New 按钮,单击该按钮就会创建一个新的模拟器,这里创建一个名为 Android 4.0 的模拟器,设备选择 3.2 英寸屏幕的手机,目标 SDK 版本指定为 Android 4.1.2(也可以指定其他版本),然后指定手机内存和 SD 卡的内存大小,如图 1-11 所示。

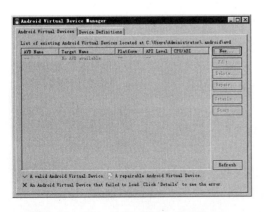

图 1-10 Android Virtual Device Manager

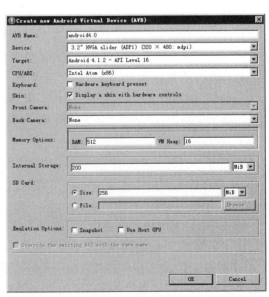

图 1-11 创建模拟器

模拟器创建完成后，相关信息就会在 Android Virtual Device Manager 中显示，单击右侧的 Start 按钮，弹出 Launch Options 对话框，如图 1-12 所示。

单击图 1-12 中的 Launch 按钮，模拟器就会像手机一样启动了。启动完成后的界面如图 1-13 所示。

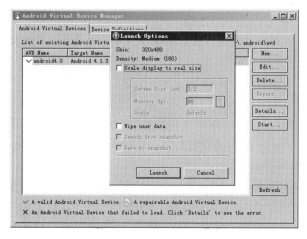 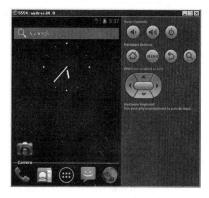

　　图 1-12　Launch Options　　　　　　　　　图 1-13　模拟器

Android 模拟器的界面看上去和手机非常相似，几乎可以像使用手机一样去使用它。模拟器右侧是键盘区域，第二排的 4 个按键非常重要，从左到右依次是 Home 键、Menu 键、Back 键和 Search 键。Home 键用于回到桌面，Menu 键用于在程序界面中显示菜单，Back 键用于返回到上一个界面，Search 键用于使用谷歌的搜索功能。

1.2.2　Android 调试桥（ADB）

Android 调试桥指的就是 adb.exe 工具（Android Debug Bridge，ADB），存在于 SDK 的 platform-tools 目录中，允许开发人员与模拟器或者连接的 Android 设备进行通信。为了使用该指令快速完成某项操作，需要将 adb.exe 所在的目录配置到 path 环境变量中，之后就可以在命令行窗口中使用。

ADB 的常见指令介绍如下：
- adb start-server：开启 adb 服务。
- adb devices：列出所有设备。
- adb logcat：查看日志。
- adb kill-server：关闭 adb 服务。
- adb shell：挂载到 Linux 的空间。
- adb install <应用程序(加扩展名)>：安装应用程序。
- adb －s <模拟器名称> install <应用程序(加扩展名)>：安装应用程序到指定模拟器。
- adb uninstall <程序包名>：卸载指定的应用程序。
- adb emulator －avd <模拟器名称>：启动模拟器。

接下来以 adb devices 指令为例来演示 ADB 指令的使用。打开命令行窗口，在该窗口中输入 adb devices，此时就会列出当前存在的模拟器或者移动设备，如图 1-14 所示。

图 1-14　adb devices

从上面的演示结果可以看出，ADB 指令使用起来很方便，但这些指令不要求初学者死记硬背，了解即可，需要的时候可以自己查询。

1.2.3　DDMS 的使用

DDMS 全称 Dalvik Debug Monitor Service，它是 Android 开发环境中 Dalvik 虚拟机调试监控服务。DDMS 作为 IDE、emulator（模拟器）、真机之间的桥梁，将捕捉到终端的 ID 通过 ADB 建立调试桥，从而实现发送指令到测试终端的目的。

当 DDMS 启动时会与 ADB 之间建立一个 device monitoring service 用于监控的设备。设备断开链接时，这个 service 就会通知 DDMS。当一个设备链接上时，DDMS 和 ADB 之间又会建立 VM monitoring service 用于监控设备上的虚拟机。将 Eclipse 中的 Java 视图窗口切换到 DDMS 窗口下，如图 1-15 所示。

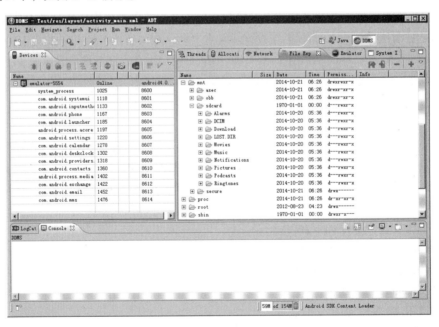

图 1-15　DDMS

在图 1-15 左侧的 Devices 窗格中，可以看到模拟器 emulator-5554 的运行状态以及运行的进程，而且 DDMS 监听第一个终端 APP 进程的端口号为 8600，APP 进程分配的端口从 8601 开始依次往下排列。右侧窗格中，可以看到 Threads、Allocation Tracker、Network File Explorer、Emulator Control、System Information 选项卡，分别显示线程统计信息、内存分配跟踪器（每个程序占用的内存）、网络统计信息、文件资源管理器、仿真器控制、Android 系统信息。

1.3 开发第一个 Android 程序

几乎任何一门语言编写的第一个程序都是 HelloWorld，本书也不例外。本小节就教大家如何编写 HelloWorld 程序，并了解 Android 项目的结构。

1.3.1 案例——HelloWorld 程序

在 1.2 节中已经搭建好了开发环境，接下来就按照步骤来开发 HelloWorld 程序。具体步骤如下：

1. 创建 HelloWorld 程序

在 Eclipse 导航栏中，依次选择 file→New→Android Application Project，弹出 New Android Application 对话框，如图 1-16 所示。

图 1-16 中主要分为两个区域，第一个区域是 Android 程序的相关名称，第二个区域是 SDK 的相关版本。每个区域中的内容介绍如下：

- Application Name：代表应用名称，当应用程序安装到手机上时显示的名称就是这个应用名称。
- Project Name：代表项目名称，在项目创建完成后该名称会显示在 eclipse 中，在此使用的是 HelloWorld。
- Package Name：代表项目的包名。Android 系统是通过包名来区分不同的应用程序，因此，必须保证同一个设备中的应用程序包名唯一，在此使用 cn.itcast.helloworld。
- Minimum Required SDK：指程序最低兼容的版本，这里选择 Android 2.2。
- Target SDK：指最匹配的目标版本，系统不会在这个版本上再向上做兼容操作，这里选择版本 Android 4.2 。
- Compile With：指程序将使用哪个版本的 SDK 进行编译，这里选择 Android 4.1。
- Theme：指程序 UI 所使用的主题，这里选择默认 Holo Light with Dark Action Bar。

单击图 1-16 中的 Next 按钮，进入创建项目的配置窗口，这里全部使用默认配置，如图 1-17 所示。

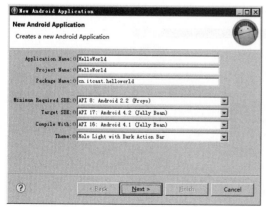

图 1-16 New Android Application 1

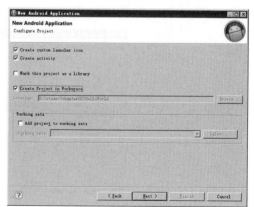

图 1-17 New Android Application 2

图 1-17 中有几个复选框，下面针对这几个复选框进行简要介绍，具体如下：

- Create custom launcher icon：用于创建 Android 图标。

- Create activity：用于创建 Activity。
- Mark this project as a library：将当前创建的项目封装成一个库文件。
- Create Project in Workspace：用于指定项目创建的工作空间。
- Add project to working sets：将新建的项目添加到工作空间，即项目存放的物理地址，暂时可以不用选择。

单击图 1-17 中的 Next 按钮，进入启动图标配置界面，这里配置的图标就是应用程序安装到手机上显示的图标，这些选项可以根据个人爱好自行选择，如图 1-18 所示。

如果程序中的 Logo 还没设计好，后期也可以在项目中配置应用图标，这里可以暂不配置，直接单击 Next 按钮即可。

然后会进入创建 Activity 界面，在该界面中可以选择一个想创建的 Activity 类型，这里选择默认的 New Blank Activity，如图 1-19 所示。

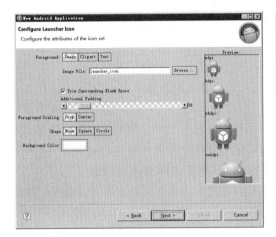
图 1-18　New Android Application 3

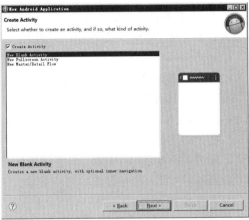
图 1-19　New Android Application 4

继续单击 Next 按钮，给创建好的 Activity 指定名称，同时给这个 Activity 布局起一个名字。此处，Activity Name 填写的名字为 HelloWorldActivity，Layout Name 填写的名字为 helloworld_activity，如图 1-20 所示。

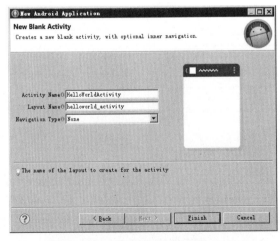
图 1-20　New Android Application 5

然后单击 Finish 按钮，项目就创建完成了，此时在 Eclipse 中会显示创建好的 HelloWorld 程序，如图 1-21 所示。

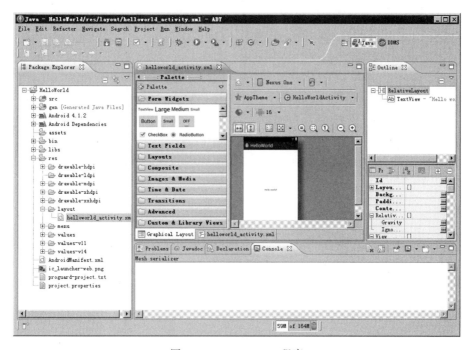

图 1-21　HelloWorld 程序

2. 认识程序中的文件

每一个 Android 项目创建成功后，ADT 会智能地生成两个默认的文件，即布局文件和 Activity 文件，此处创建的 HelloWorld 程序也不例外。布局文件主要用于展示 Android 项目的界面，Activity 文件主要用于完成界面的交互功能。

helloworld_activity.xml 布局文件如下所示：

```
<RelativeLayout xmlns:android="http://schemas.android.com/apk/res/android"
    xmlns:tools="http://schemas.android.com/tools"
    android:layout_width="match_parent"
    android:layout_height="match_parent"
    tools:context=".HelloWorldActivity" >
    <TextView
        android:layout_width="wrap_content"
        android:layout_height="wrap_content"
        android:layout_centerHorizontal="true"
        android:layout_centerVertical="true"
        android:text="@string/hello_world" />
</RelativeLayout>
```

在该布局中可以添加任意的按钮和文本框或者其他组件，让程序变得美观、友好。
HelloWorldActivity 文件如下所示：

```java
package cn.itcast.helloworld;
import android.os.Bundle;
import android.app.Activity;
import android.view.Menu;
public class HelloWorldActivity extends Activity {
    protected void onCreate(Bundle savedInstanceState) {
        super.onCreate(savedInstanceState);
        setContentView(R.layout.helloworld_activity);
    }
    public boolean onCreateOptionsMenu(Menu menu) {
        getMenuInflater().inflate(R.menu.helloworld_activity, menu);
        return true;
    }
}
```

HelloWorldActivity 继承自 Activity，该类中包含一个 onCreate()方法，当 Activity 执行时首先会调用 onCreate()方法，在该方法中通过 setContentView(R.layout.helloworld_activity)将布局文件转换成 View 对象，显示在界面上。

3. 运行程序

程序创建成功后，暂不需要添加任何代码就可以直接运行程序，在模拟器还在线的情况下，右击 HelloWorld 项目，依次选择 Run As→Android Application，等待几秒的时间，项目就运行成功，结果如图 1-22 所示。

项目运行成功后，会发现模拟器上已经安装了 HelloWorld 这个程序，打开程序列表，如图 1-23 所示。

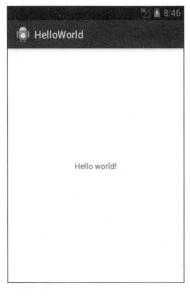

图 1-22　运行结果　　　　　　　　图 1-23　应用程序列表

至此，HelloWorld 程序就开发完了。在这个程序中只是创建程序，并没有写任何代码，这是因为 ADT 工具非常智能，可以自动生成简单的代码。在后续的开发中，我们会自己添加一些代码或者文件，开发更加高级的程序，在此只是让大家了解 Android 程序的创建过程。

1.3.2 Android 程序结构

在创建 Android 程序时，eclipse 就为其构建了基本结构，设计者可以在此结构上开发应用程序，因此，掌握 Android 程序的结构是很有必要的。接下来展示 HelloWorld 程序的组成结构，如图 1-24 所示。

在图 1-24 中，可以看到一个 Android 程序由多个文件以及文件夹组成，这些文件分别用于不同的功能，常用文件和文件夹如下：

- src：该目录是放置所有 Java 代码的地方，在这里的含义和普通 Java 项目下的 src 目录是完全一样的，在 src 目录中可以创建多个包，每个包中可以存放不同的文件或者 Activity。
- gen：该目录是自动生成的，主要有一个 R.java 文件，在项目中添加的任何资源文件都会在其中生成一个相应的资源 Id，这个文件一定不要手动修改，当 res 资源文件修改时，R.java 文件都会重新编译。
- Android 4.1.2：该目录中存放的是当前工程使用的 Android SDK，从图中可以看出当前应用程序引用的是 Android SDK 4.1.2，不同版本的 SDK 文件的名称也不同。

图 1-24 Android 程序结构

- assets：该目录用于存放一些随程序打包的文件，通常放置一些项目中用到的多媒体资源。当 Android 程序打包时它会原封不动地一起打包，安装时会直接解压到对应的 assets 目录中。
- bin：该目录不需要过多的关心，它主要包含了一些在编译时自动产生的文件，其中会有一个当前项目编译好的安装包，展开 bin 目录会看到 HelloWorld 程序的安装包 HelloWorld.apk，把这个文件复制到手机上就可以直接安装了。但是不能作为发布版本使用。
- libs：如果项目中用到了第三方的 Jar 包，就需要把这些 Jar 包都放在 libs 目录下，放在这个目录下的 Jar 包都会被添加到构建路径中去。
- res：该目录中放置的是 Android 要用到的各种程序资源，如图片、布局、字符串等。图片放在 drawable 目录下，布局放在 layout 目录下，字符串放在 values 目录下。其中，drawable 目录分为不同的文件夹：drawable-hdpi、drawable-ldpi、drawable-mdpi、drawable-xhdpi、drawable-xxhdpi，这些文件夹中存放的图片分别对应不同的手机屏幕大小，以便做屏幕适配。
- AndroidManifest.xml：该文件是整个项目的配置文件，在程序中定义的四大组件都需要在这个文件里注册，另外还可以在这个文件中给应用程序添加权限声明，也可以重新指定创建项目时程序最低兼容的版本和最高版本。清单文件配置的信息会配置到

Android 系统中，当程序运行时，系统会先找到清单文件中配置的信息，然后根据设置的信息打开相应的组件。
- proguard-project.txt：该文件是 Android 提供的混淆代码工具 proguard 的配置文件，通过该文件可以混淆应用程序中的代码，防止应用程序被反编译出源码。
- project.properties：该文件记录了 Android 项目运行时的环境，并通过一行代码指定了编译程序时所使用的 SDK 版本，这个版本可以手动更改，但必须是已下载的版本。

1.3.3 Android 程序打包过程

Android 程序开发完成后，如果要发布到互联网上供别人使用，就需要将自己的程序打包成正式的 Android 安装包文件（Android Package，APK），其扩展名为 .apk。使用 run as 也能生成一个 APK 安装包，但是使用 run as 生成的是测试的安装包，只供开发者自己测试使用。接下来就以 HelloWorld 程序为例演示如何生成正式的 APK 文件。

右击项目名称，依次选择 Android Tools→Export Signed Application Package，如图 1-25 所示。

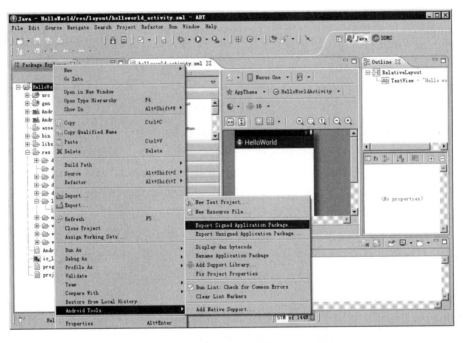

图 1-25　Export Signed Application Package

进入 Project Checks 界面，在该界面中选择要导出的项目 HelloWorld，如图 1-26 所示。

单击图 1-26 中的 Next 按钮，进入 Keystore selection 界面，该界面用于选择或创建程序证书库，由于刚开发第一个程序，因此选择创建证书库，然后选择证书库保存的位置，设置证书库的密码，如图 1-27 所示。

单击图 1-27 中的 Next 按钮，进入 Key Creation 界面，指定证书名称与相关信息，如图 1-28 所示。

图 1-26　Project Checks

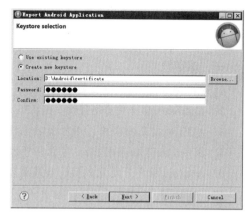

图 1-27　Keystore selection

在图 1-28 中，Alias 表示证书的名称，此处添加的名字为 certificate1，Password 是证书密码，Validity 是证书有效年份，下面是证书创建的地区等信息。单击图中的 Next 按钮选择 APK 路径，如图 1-29 所示。

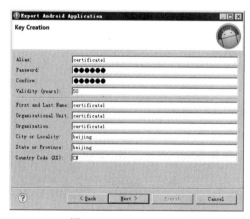

图 1-28　Key Creation

图 1-29　Destination and key/certificate checks

单击图 1-29 中的 Finish 按钮，进行程序打包，打包过程需要等待一段时间，项目越大，时间越长。如果在该界面单击 Cancel 按钮，则不会生成证书，只有单击 Finish 按钮之后，Eclipse 才会先生成证书文件，再执行打包流程。

至此，HelloWorld 程序就完成了打包的过程，此时可以到对应的目录中看到 certificate 证书库以及 HelloWorld.apk。需要注意的是，如果之前有一个证书，就可以选择已存在的证书，只需要填写相应的密码即可。

小　　结

本章主要讲解了 Android 的基础知识，首先介绍了 Android 的起源以及体系结构，然后讲解 Android 开发环境的搭建，最后通过一个 HelloWorld 程序来讲解如何开发 Android 程序。本章所讲解的知识是 Android 中最基础的，要求初学者熟练掌握这些知识，为后面的学习作铺垫。

习 题

一、填空题

1. Android 是 Google 公司基于_____平台开发的手机及平板电脑的_____。
2. Android 系统采用分层架构，由高到低依次为_____、_____、_____和_____。
3. ADB 的常见指令中，用于开启 ADB 服务的是_____。
4. 在 Android 程序中，src 目录用于放置程序的_____。
5. Android 程序开发完成后，如果要发布到互联网上供别人使用，需要将程序_____。

二、判断题

1. Android 实际上就是一个手机。 （   ）
2. WCDMA 是中国自己独自制定的 3G 标准，中国移动使用的就是这种标准。 （   ）
3. Android 第 1 个版本 Android 1.1 是 2008 年 9 月发布的。 （   ）
4. gen 目录是自动生成的，主要有一个 R.java 文件，该文件可手动修改。 （   ）
5. AndroidManifest.xml 文件是整个程序的配置文件。 （   ）

三、选择题

1. 随着智能手机的发展，移动通信技术也在不断的升级，传输速度最快的通信技术是（   ）。
   A. 1G B. 2G C. 3G D. 4G
2. ADT Bundle 中包含了三个重要组成部分，分别是（   ）。
   A. Eclipse B. SDK C. SDK Manager.exe D. ADB
3. 应用程序层是一个核心应用程序的集合，主要包括（   ）。
   A. 活动管理器 B. 短信程序 C. 音频驱动 D. Dalvik 虚拟机
4. ADB 的常见指令中"列出所有设备"的指令是（   ）。
   A. adb uninstall B. adb install C. adb device D. adb emulator –avd
5. 创建程序时，填写的 Application Name 表示（   ）。
   A. 应用名称 B. 项目名称 C. 项目的包名 D. 类的名字

四、简答题

1. 简要说明 Android 体系结构中每个层的功能。
2. 简要说明 ADB Bundle 开发工具中 SDK 的作用。

五、编程题

编写任意一个 Android 程序并运行。

【思考题】
1. 请思考 Java 虚拟机和 Dalvik 虚拟机的区别。
2. 请思考如何使用 DDMS 工具打开 SD 卡目录。

扫描右方二维码，查看思考题答案！

第 2 章 Android UI 开发

学习目标

- 掌握相对布局、线性布局、帧布局的使用。
- 了解表格布局、网格布局、绝对布局的使用。
- 学会使用样式和主题，创建不同风格的布局。
- 学会使用单元测试（JUnit）测试程序。
- 学会使用 LogCat 快速定位日志信息。

Android 程序开发最重要的一个环节就是界面处理，界面的美观度直接影响用户的第一印象，因此，开发一个整齐、美观的界面至关重要。本章将针对 Android 中的 UI 开发进行详细的讲解。

2.1 UI 概 述

在 Android 应用中，UI（User Interface）界面是非常重要的，它是人与手机之间数据传递、交互信息的重要媒介和对话接口，是 Android 系统的重要组成部分。苹果公司的 iPhone 之所以被人们所喜欢，除了其功能强大之外，最重要的就是其完美的 UI 设计。在 Android 系统中，同样可以开发出绚丽多彩的 UI 界面。

一个 Android 应用的界面是由 View 和 ViewGroup 对象构建的。它们有很多种类，并且都是 View 类的子类。View 类是 Android 系统平台上用户界面表示的基本单元，View 的一些子类被统称为 Widgets（工具），它们提供了诸如文本输入框和按钮之类的 UI 对象的完整实现。ViewGroup 是 View 的一个扩展，可以容纳多个 View，通过 ViewGroup 类可以创建有联系的子 View 组成的复合控件。

下面通过一个图例让大家更好地明白 View 和 ViewGroup 之间的关系，具体如图 2-1 所示。

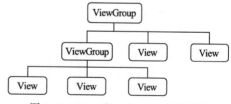

图 2-1 View 和 ViewGroup 关系图

从图 2-1 可以看出，多个视图组件（View）可以存放在一个视图容器（ViewGroup）中，该容器可以与其他视图组件共同存放在另一个容器中，但是一个界面文件中必须有且只有一个容器作为根结点。这就好比一个箱子里可以装很多水果，这个箱子又可以跟其他水果一块再放入另一个箱子一样，但必须有一个大箱子把所有东西装进去。

2.2 布局文件的创建

在 Android 应用程序中，界面是通过布局文件设定的。布局文件采用 XML 格式，每个应用程序默认包含一个主界面布局文件，该文件位于项目的 res/layout 目录中。接下来创建一个"布局"程序，此时会看到一个界面设计面板，如图 2-2 所示。

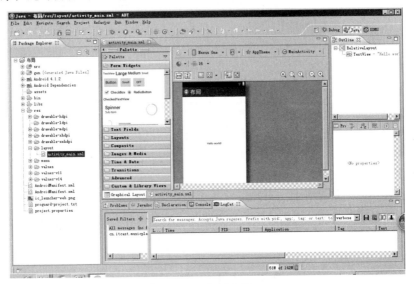

图 2-2 布局文件

从图 2-2 中可以看出，布局文件窗口中有两个选项卡，分别是 Graphical Layout、activity_main.xml。其中 Graphical Layout 是布局文件的图形化视图，在该视图中可以通过鼠标将 Palette 窗口中的控件直接拖动到布局中，activity_main.xml 是布局文件对应的代码，当将选项卡切换在 activity_main.xml 时，显示的代码如图 2-3 所示。

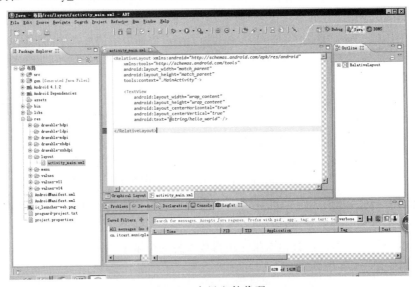

图 2-3 布局文件代码

从图 2-3 可以看出，新建的 Android 程序默认的布局类型为相对布局（RelativeLayout），该布局中包含一个文本控件（TextView）。要让布局文件或者控件能够显示在界面上，必须要设置 RelativeLayout 和控件的宽和高，通过 android:layout_width 和 android:layout_height 属性指定，宽度和高度的属性有以下几种：

- match_parent：该属性的意思为将强制性地使视图扩展至父元素大小。
- wrap_content：表示将强制性地使视图扩展以显示全部内容，通俗的讲就是指当前元素的宽高度只要能刚好包含里面的内容就可以了。以 TextView 控件为例，设置为 wrap_content 将完整显示其内部的文本。

需要注意的是，fill_parent 和 match_parent 是一个意思，只不过 match_parent 更贴切，于是从 Android 2.2 开始两个词都可以用，但 Google 推荐使用 match_parent，2.2 版本以下只支持使用 fill_parent。

应用程序的默认布局文件会在 MainActivity 中的 onCreate()方法中通过代码"setContentView(R.layout.布局资源文件名称)"加载到 View 对象中，这样当程序运行时，才能在界面看到编写好的布局，具体代码如下所示：

```
public class MainActivity extends Activity {
    @Override
    protected void onCreate(Bundle savedInstanceState) {
        super.onCreate(savedInstanceState);
        setContentView(R.layout.activity_main);
    }
}
```

通常情况下，一个应用程序是由多个界面组成的，而应用程序提供的一个布局文件是不能满足需求的，因此需要添加布局文件。

添加布局文件非常简单，只需选中 layout 文件夹并右击，依次选择 New→Android XML File，此时会弹出 New Android XML File 窗口，在 File 文本框中输入布局文件的名称。需要注意的是，布局文件的名称只能包含小写字母（a-z）、0~9、"_"并且只能由小写字母开头。输入完名称后选择布局类型，这里选择的类型为 LinearLayout（布局类型将会在 2.3 节中详细讲解），如图 2-4 所示。

图 2-4　New Android XML File

单击 Finish 按钮，此时会跳到布局文件窗口，在该窗口中就可以编写布局文件。例如，拖动几个控件到布局文件中，如图 2-5 所示。

需要注意的是，布局文件编写完成后，如果想让布局文件显示在当前窗口中，需要在 MainActivity 中的 onCreate()方法中通过代码"setContentView(R.layout.布局资源文件名称)"将布局文件加载到 View 对象中。

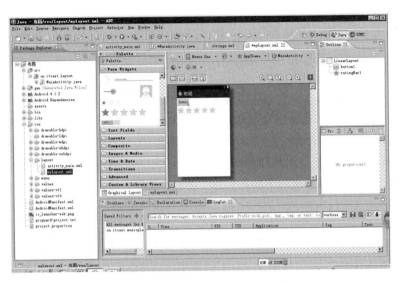

图 2-5　布局文件窗口

脚下留心：如何解决 R 文件丢失

当通过 setContentView()方法加载布局文件时，会使用到"R.layout.布局资源文件名称"，这里的 R 文件是当前应用程序的 R 文件，引用的是本程序的资源，而不是 android.R。默认情况下，程序中的资源文件都会生成对应的引用，但有些特殊情况下 R 文件会丢失不会生成引用，导致整个应用程序错误。例如，布局文件编码不规范、编码错误等，此时 R 文件不会生成。

解决这种 R 文件丢失有两种方案：一种是检查资源文件（res 目录下）中是否有错误，如果资源文件有错误，R 文件就不会自动生成资源 id，因此可能会出现找不到 Id，或者找不到 R 文件的情况。另一种在 Eclipse 的 Project 菜单中选择 Clean 选项重新编译项目，如图 2-6 所示。

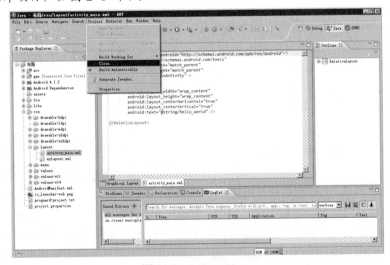

图 2-6　Project Clean

图 2-7 中有两个单选按钮,一个是表示 Clean 所有项目,一个表示是 Clean 选中的项目。可以根据需要自行选择,选择 Clean 的项目会重新编译,重新生成 R 文件。

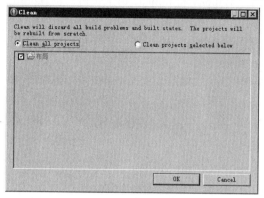

图 2-7 Clean 窗口

2.3 布局的类型

良好的布局设计对 UI 界面至关重要,Android 中的布局分为 6 种,分别是相对布局、线性布局、表格布局、网格布局、帧布局、绝对布局。本节将为大家分别讲解这 6 种布局的用法。

2.3.1 相对布局(RelativeLayout)

在 Eclipse 中开发 Android 程序时,默认采用的就是相对布局。相对布局通常有两种形式,一种是相对于容器而言的,一种是相对于控件而言的。为了能准确定位布局中的控件,相对布局提供了很多属性,具体如表 2-1 所示。

表 2-1 控 件 属 性

属 性 声 明	功 能 描 述
android:layout_alignParentLeft	是否跟父布局左对齐
android:layout_alignParentTop	是否跟父布局顶部对齐
android:layout_alignParentRight	是否跟父布局右对齐
android:layout_alignParentBottom	是否跟父布局底部对齐
android:layout_toRightOf	在指定控件的右边
android:layout_toLeftOf	在指定控件的左边
android:layout_above	在指定控件的上边
android:layout_below	在指定控件的下边
android:layout_alignBaseline	与指定控件水平对齐
android:layout_alignLeft	与指定控件左对齐
android:layout_alignRight	与指定控件右对齐
android:layout_alignTop	与指定控件顶部对齐
android:layout_alignBottom	与指定控件底部对齐

表 2-1 介绍的这些属性在相对布局中经常使用。下面先来看一个布局界面，如图 2-8 所示。

图 2-8 所示的界面中，Button1 和 Button2 两个按钮的位置是通过属性来控制的。相对布局对应的代码具体如下：

```xml
<RelativeLayout xmlns:android="http://schemas.android.com/apk/res/android"
    xmlns:tools="http://schemas.android.com/tools"
    android:layout_width="match_parent"
    android:layout_height="match_parent"
    tools:context=".MainActivity" >
    <Button
        android:id="@+id/button1"
        android:layout_width="wrap_content"
        android:layout_height="wrap_content"
        android:layout_alignParentTop="true"
        android:layout_centerHorizontal="true"
        android:layout_marginTop="260dp"
        android:text="Button1" />
    <Button
        android:id="@+id/button2"
        android:layout_width="wrap_content"
        android:layout_height="wrap_content"
        android:layout_alignBottom="@+id/button1"
        android:layout_marginBottom="100dp"
        android:layout_toRightOf="@+id/button1"
        android:text="Button2" />
</RelativeLayout>
```

上述代码中，通过使用 RelativeLayout 标签定义了一个相对布局，并在该布局中添加了两个 Button 控件。

其中，Button1 通过属性 android:layout_alignParentTop="true" 指定了它位于父布局的顶部，属性 android:layout_centerHorizontal= "true"指定了它在父布局中水平居中，属性 android:layout_marginTop= "260dp"指定了它距离父布局的顶部 260dp。

Button2 通过属性 android:layout_alignBottom="@+id/button1"指定它与 Button1 的底部对齐，属性 android:layout_marginBottom= "100dp"指定距离 Button 按钮的底部 100dp，属性 android:layout_toRightOf= "@+id/button1"指定位于 Button1 的右边。

margin(边距)是用来指定组件间的距离的，除了 marginTop，还有 marginBottom、marginLeft、marginRight、margin 等属性。如果设置了 android:margin 属性将设置控件四周的边距。

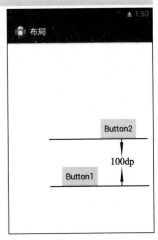

图 2-8　相对布局

与 margin 类似的还有 padding，它是用来指定控件的内边距的，即指定视图外边框与内容之间的距离。padding 也有 paddingTop、paddingBottom、paddingLeft、paddingRight、padding 等属性。如果设置了 android:padding 属性将设置视图外边框与内容四周的距离。

> **多学一招：控件单位的使用**
>
> 为了让程序拥有更好的屏幕适配能力，在指定控件和布局宽高时最好使用"match_parent"或"wrap_content"，尽量避免将控件的宽高设定固定值。但是，在某些特定情况下，需要给控件指定宽度和高度，比如 "android:layout_width="20dp"" 代表指定宽度为 20dp，在指定固定值时一定会用到单位。在布局文件中，指定宽高的固定值有 4 种单位可供选择：px、pt、dp、sp。
>
> - px：代表像素，即在屏幕中可以显示最小元素单元。应用程序中任何控件都是由一个个像素点组成的。分辨率越高的手机，屏幕的像素点就越多。因此，如果使用 px 来控制控件的大小，在分辨率不同的手机上控件显示的大小也不同。
> - pt：代表磅数，一磅等于 1/72 英寸，一般 pt 都会作为字体的单位来显示。pt 和 px 的情况类似，在不同分辨率的手机上，用 pt 控制的字体大小也会不同。
> - dp：代表密度无关像素，又称 dip。1 dp 单位在设备屏幕上总是等于 1/160 英寸。使用 dp 的好处是无论屏幕密度如何总能获得同样尺寸，推荐控件与布局时使用。
> - sp：代表可伸缩像素，采用与 dp 相同的设计理念，推荐设置文字的大小时使用。

2.3.2 线性布局（LinearLayout）

线性布局是 Android 中较为常用的布局方式，它使用<LinearLayout>标签。线性布局主要有两种形式，一种是水平线性布局，一种是垂直线性布局，如图 2-9 所示。

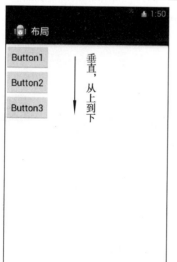
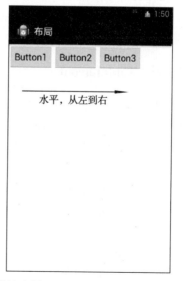

图 2-9 线性布局

Android 创建工程时默认的布局是相对布局，如果要使用线性布局，就需要改变项目的布局方式。此时，可以直接在布局文件中将<RelativeLayout>标签修改为<LinearLayout>。如果要在项目中添加一个线性布局，可以右击 Layout 文件夹，依次选择 New→Android XML File，然后指定布局类型为线性布局即可。

线性布局对应的代码具体如下：

```xml
<?xml version="1.0" encoding="utf-8"?>
<LinearLayout xmlns:android="http://schemas.android.com/apk/res/android"
    android:layout_width="match_parent"
    android:layout_height="match_parent"
    android:orientation="vertical" >
    <Button
        android:id="@+id/button1"
        android:layout_width="wrap_content"
        android:layout_height="wrap_content"
        android:text="Button1" />
    <Button
        android:id="@+id/button2"
        android:layout_width="wrap_content"
        android:layout_height="wrap_content"
        android:text="Button2" />
    <Button
        android:id="@+id/button3"
        android:layout_width="wrap_content"
        android:layout_height="wrap_content"
        android:text="Button3" />
</LinearLayout>
```

上述代码中，在<LinearLayout>标签中有一个属性 android:orientation，该属性的取值有 vertical（垂直）和 horizontal（水平）两种，vertical 表示线性布局是垂直显示的，horizontal 表示线性布局水平显示，默认为 horizontal。

2.3.3 表格布局（TableLayout）

前面学习了线性布局，线性布局虽然方便，但如果遇到控件需要排列整齐的情况就很难达到要求。为此，Android 系统中提供了表格布局。顾名思义，表格布局就是让控件以表格的形式来排列控件，只要将控件放在单元格中，控件就可以整齐地排列。

在 TableLayout 中，行数由 TableRow 对象控制，即布局中有多少 TableRow 对象，就有多少行。每个 TableRow 中可以放置多个控件。列数由最宽的单元格决定，假如第一个 TableRow 有两个控件，第二个 TableRow 有三个控件，那这个 TableLayout 就有三列。在控件中通过 android:layout_column 属性指定具体的列数，该属性的值从"0"开始，表示第一列。下面看一个表格布局，如图 2-10 所示。

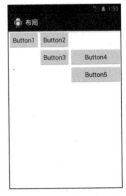

图 2-10　表格布局

表格布局对应的代码具体如下：

```xml
<?xml version="1.0" encoding="utf-8"?>
<TableLayout xmlns:android="http://schemas.android.com/apk/res/android"
    android:layout_width="fill_parent"
    android:layout_height="fill_parent"
    android:stretchColumns="2" >
    <TableRow>
        <Button
            android:id="@+id/button1"
            android:layout_width="wrap_content"
            android:layout_height="wrap_content"
            android:layout_column="0"
            android:text="Button1" />
        <Button
            android:id="@+id/button2"
            android:layout_width="wrap_content"
            android:layout_height="wrap_content"
            android:layout_column="1"
            android:text="Button2" />
    </TableRow>
    <TableRow>
        <Button
            android:id="@+id/button3"
            android:layout_width="wrap_content"
            android:layout_height="wrap_content"
            android:layout_column="1"
            android:text="Button3" />
        <Button
            android:id="@+id/button4"
            android:layout_width="wrap_content"
            android:layout_height="wrap_content"
            android:layout_column="1"
            android:text="Button4" />
    </TableRow>
    <TableRow>
        <Button
            android:id="@+id/button5"
            android:layout_width="wrap_content"
            android:layout_height="wrap_content"
            android:layout_column="2"
            android:text="Button5" />
    </TableRow>
</TableLayout>
```

上述代码中，android:stretchColumns="2"属性为第三列拉伸，android:layout_column="0"属性为该控件显示在第一列中。由于 button3 和 button4 位于同一行，并且是同一列，因此

button4 自动向后移动一列。

需要注意的是，TableRow 不需要设置宽度 layout_width 和高度 layout_height，其宽度一定是 match_parent，即自动填充父容器，高度一定为 wrap_content，即根据内容改变高度。但对于 TableRow 中的其他控件来说，是可以设置宽度和高度的，但必须是 wrap_content 或者 fill_parent。

2.3.4 网格布局（GridLayout）

网格布局是 Android 4.0 新增的布局，它实现了控件的交错显示，能够避免因布局嵌套对设备性能的影响，更利于自由布局的开发。网格布局用一组无限细的直线将绘图区域分成行、列和单元，并指定控件的显示区域和控件在该区域的显示方式，具体如图 2-11 所示。

从图 2-11 可以看出，网格布局中的控件可以很整齐地排列，并且可以控制每个控件所占的行数和列数。

图 2-11　网格布局

网格布局对应的代码具体如下：

```xml
<?xml version="1.0" encoding="utf-8"?>
<GridLayout xmlns:android="http://schemas.android.com/apk/res/android"
    android:layout_width="wrap_content"
    android:layout_height="wrap_content"
    android:layout_gravity="center"
    android:columnCount="4"
    android:orientation="horizontal" >
<Button
    android:layout_column="3"
    android:text="/" />
<Button android:text="1" />
<Button android:text="2" />
<Button android:text="3" />
<Button android:text="*" />
<Button android:text="4" />
<Button android:text="5" />
<Button android:text="6" />
<Button android:text="-" />
<Button android:text="7" />
<Button android:text="8" />
<Button android:text="9" />
<Button
    android:layout_gravity="fill"
```

```
        android:layout_rowSpan="3"
        android:text="+" />
    <Button
        android:layout_columnSpan="2"
        android:layout_gravity="fill"
        android:text="0" />
    <Button android:text="00" />
    <Button
        android:layout_columnSpan="3"
        android:layout_gravity="fill"
        android:text="=" />
</GridLayout>
```

上述代码中，可以看到有很多个 Button，个别的 Button 按钮中包含一些属性，如 android:layout_column 表示该按钮在第几列，android:layout_rowSpan 表示该控件占用几行，android:layout_columnSpan 表示该控件占用几列。

> **脚下留心**
>
> 由于 GridLayout 是 Android 4.0 之后有的功能，如果要在项目中使用这种布局，需要把 SDK 的最低版本指定为 Android 4.0（API14）以上。
>
> AndroidManifest.xml 中配置 SDK 最低兼容和最高兼容版本的代码如下所示：
> ```
> <uses-sdk
>     android:minSdkVersion="14"
>     android:targetSdkVersion="17" />
> ```

2.3.5 帧布局（FrameLayout）

帧布局是 Android 布局中最简单的一种。帧布局为每个加入其中的控件创建一个空白区域（称为一帧，每个控件占据一帧）。采用帧布局方式设计界面时，只能在屏幕左上角显示一个控件，如果添加多个控件，这些控件会按照顺序在屏幕的左上角重叠显示，且会透明显示之前控件的文本，如图 2-12 所示。

从图 2-12 可以看出，界面中添加了三个 Button 控件，Button1 是最先添加的大按钮，Button2 是接着添加的较小按钮，Button3 是最后添加的小按钮，这三个控件叠加显示在屏幕的左上角。

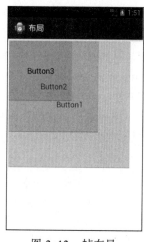

图 2-12 帧布局

帧布局对应的代码具体如下：

```
<?xml version="1.0" encoding="utf-8"?>
<FrameLayout xmlns:android="http://schemas.android.com/apk/res/android"
```

```
        android:layout_width="match_parent"
        android:layout_height="match_parent" >
     <Button
         android:id="@+id/button1"
         android:layout_width="294dp"
         android:layout_height="294dp"
         android:text="Button1" />
     <Button
         android:id="@+id/button2"
         android:layout_width="218dp"
         android:layout_height="214dp"
         android:text="Button2" />
     <Button
         android:id="@+id/button3"
         android:layout_width="156dp"
         android:layout_height="143dp"
         android:text="Button3" />
</FrameLayout>
```

帧布局在界面上是一帧一帧显示的，通常可以用于游戏开发中。例如，常见的刮刮卡就是通过帧布局实现的。

2.3.6 绝对布局（AbsoluteLayout）

绝对布局需要通过指定 x、y 坐标来控制每一个控件的位置，放入该布局的控件需要通过 android:layout_x 和 android:layout_y 两个属性指定其准确的坐标值，并显示在屏幕上，具体如图 2-13 所示。

从图 2-13 可以看出，控件是以屏幕左上角为坐标原点，将 Button1 的坐标设置为（50,50），Button2 的坐标设置为（200,150），根据这个坐标精确定位控件在屏幕中的位置。

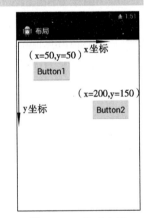

图 2-13 绝对布局

绝对布局对应的代码具体如下：

```
<?xml version="1.0" encoding="utf-8"?>
<AbsoluteLayout xmlns:android="http://schemas.android.com/apk/res/android"
    android:layout_width="match_parent"
    android:layout_height="match_parent" >
  <Button
     android:id="@+id/button2"
     android:layout_width="wrap_content"
     android:layout_height="wrap_content"
     android:layout_x="50dp"
```

```
        android:layout_y="50dp"
        android:text="Button1" />
    <Button
        android:id="@+id/button1"
        android:layout_width="wrap_content"
        android:layout_height="wrap_content"
        android:layout_x="200dp"
        android:layout_y="150dp"
        android:text="Button2" />
</AbsoluteLayout>
```

上述代码中，Button 控件的 android:layout_x 属性表示该控件在 x 坐标的第 50dp 像素上，android:layout_y 属性表示控件在 y 坐标的第 50dp 像素上，Button2 也是通过这两个属性设置的控件位置。

需要注意的是，理论上绝对布局可以完成任何的布局设计，但是实际的工程应用中不提倡使用这种布局。因为使用这种布局不但需要精确计算每个组件的大小，而且当应用程序运行在不同屏幕的手机上产生的效果也不相同，因此，一般不推荐使用绝对布局。

2.3.7 案例——用户注册

在前面的小节中，分别讲解了 Android 中的 6 种布局，现在可以结合这些知识来做一个常见的用户注册页面，这个页面包含了相对布局（RelativeLayout）、线性布局（LinearLayout）、文本控件（TextView）、编辑框（EditText）、普通按钮（Button）、单选按钮（RadioButton）。

首先对其中用到的控件进行简单说明：
- TextView：文本框，可以在界面上显示文字，通常作为提示信息展示。
- EditText：编辑框，可以在上面输入文字，它有一个 inputType 属性，可以控制输入的内容只能是数字或者字母等。
- Button：按钮，用于响应用户的点击事件。
- RadioButton：单选按钮，用 RadioGroup 包裹，RadioGroup 里可以放置多个 RadioButton，一组 RadioButton 中只能有一个被选中。

接下来在 res/layout 目录下添加一个 register.xml 布局文件，用于实现用户注册功能，该界面如图 2-14 所示。

"用户注册"界面对应的布局文件（register.xml）如下所示：

图 2-14 "用户注册"界面

```
<?xml version="1.0" encoding="utf-8"?>
<RelativeLayout xmlns:android="http://schemas.android.com/apk/res/android"
    android:layout_width="match_parent"
    android:layout_height="match_parent"
```

```xml
        android:orientation="vertical" >
<LinearLayout
    android:id="@+id/regist_username"
    android:layout_width="match_parent"
    android:layout_height="wrap_content"
    android:layout_centerHorizontal="true"
    android:layout_marginLeft="10dp"
    android:layout_marginRight="10dp"
    android:layout_marginTop="22dp"
    android:orientation="horizontal" >
    <TextView
        android:layout_width="80dp"
        android:layout_height="wrap_content"
        android:gravity="right"
        android:paddingRight="5dp"
        android:text="用户名 :" />
    <EditText
        android:layout_width="match_parent"
        android:layout_height="wrap_content"
        android:hint="请输入您的用户名"
        android:textSize="14dp" />
</LinearLayout>
<LinearLayout
    android:id="@+id/regist_password"
    android:layout_width="match_parent"
    android:layout_height="wrap_content"
    android:layout_below="@+id/regist_username"
    android:layout_centerHorizontal="true"
    android:layout_marginLeft="10dp"
    android:layout_marginRight="10dp"
    android:layout_marginTop="5dp"
    android:orientation="horizontal" >
    <TextView
        android:layout_width="80dp"
        android:layout_height="wrap_content"
        android:gravity="right"
        android:paddingRight="5dp"
        android:text="密     码 :" />
    <EditText
```

```xml
            android:layout_width="match_parent"
            android:layout_height="wrap_content"
            android:hint="请输入您的密码"
            android:inputType="textPassword"
            android:textSize="14dp" />
    </LinearLayout>
    <RadioGroup
        android:id="@+id/radioGroup"
        android:layout_width="wrap_content"
        android:layout_height="wrap_content"
        android:layout_below="@+id/regist_password"
        android:layout_marginLeft="30dp"
        android:contentDescription="性别"
        android:orientation="horizontal" >
        <RadioButton
            android:id="@+id/radioMale"
            android:layout_width="wrap_content"
            android:layout_height="wrap_content"
            android:checked="true"
            android:text="男" >
        </RadioButton>
        <RadioButton
            android:id="@+id/radioFemale"
            android:layout_width="wrap_content"
            android:layout_height="wrap_content"
            android:text="女" />
    </RadioGroup>
    <Button
        android:id="@+id/button1"
        android:layout_width="wrap_content"
        android:layout_height="wrap_content"
        android:layout_below="@+id/radioGroup"
        android:layout_centerHorizontal="true"
        android:layout_marginTop="36dp"
        android:text="注册" />
</RelativeLayout>
```

上述代码中，首先定义了一个相对布局（RelativeLayout），这个相对布局包含了两个线性布局（LinearLayout）。第一个线性布局中放置一个TextView显示用户名，一个EditText用于输入用户名。第二个线性布局中同样也放置一个 TextView 和一个 EditText，分别用于显示密码和输入密码。然后放置了两个单选按钮 RadioButton 用于选择性别，最后放置一个 Button 按钮，用于实现注册功能。

2.4 样式和主题

2.4.1 样式和主题的使用

在 Android 系统中，包含了很多定义好的样式和主题，这些样式和主题用于定义布局显示在界面上的风格，下面针对样式和主题进行详细的讲解。

- 样式：Android 中的样式和 CSS 样式作用相似，都是用于为界面元素定义显示风格，它是一个包含一个或者多个 View 控件属性的集合。样式只能作用于单个的 View，如 EditText、TextView，使用样式可以指定多个控件具有的重复属性，避免书写大量重复代码。
- 主题：主题也是包含一个或者多个 View 控件属性的集合，但它的作用范围不同。主题是通过 AndroidManifest.xml 中的<application>和<activity>结点用在整个应用或者某个 Activity，它的影响是全局性的。如果一个应用中使用了主题，同时应用下的 View 也使用了样式，那么当主题和样式中的属性发生冲突时，样式的优先级高于主题。

在 Android 系统中，自带的样式和主题都可以直接拿来用，设置样式只需通过代码 style="?android:attr/…"即可，设置主题只需通过代码 android:theme="android:style/…"即可。在弹出的对话框中可以看到各种各样的样式和主题，如图 2-15 所示。

接下来以 android:theme="@android:style/Theme.Dialog"主题为例，来为大家展示如何应用系统中的主题。

主题是在 AndroidManifest.xml 文件中添加的，具体代码如下所示：

```
<application
    android:allowBackup="true"
    android:icon="@drawable/ic_launcher"
    android:label="@string/app_name"
    android:theme="@style/AppTheme" >
    <activity
        android:name="cn.itcast.style.MainActivity"
        android:theme="@android:style/Theme.Dialog"
        android:label="@string/app_name" >
        <intent-filter>
            <action android:name="android.intent.action.MAIN" />
            <category android:name="android.intent.category.LAUNCHER" />
        </intent-filter>
    </activity>
```

```
</application>
```

运行程序效果如图 2-16 所示。

图 2-15 样式和主题

图 2-16 Theme.Dialog 主题

从图 2-16 可以看出，应用程序的窗口已经变成了 Dialog 窗口，该主题使用的就是 Theme.Dialog。

2.4.2 案例——自定义样式和主题

尽管 Android 系统提供了很多样式和主题，但有时这些效果并不能实现特殊的效果或者风格，此时就可以自定义样式和主题。定义样式和主题的步骤如下：

（1）在 res/values 目录下创建一个样式文件 style.xml（文件名可以自定义），添加一个 <resources> 根结点。

（2）在 <resources> 结点中添加一个 <style> 节点，并在该节点中为样式或主题定义一个唯一的名字，也可以选择增加一个父类属性，表示当前风格继承父类的风格。

（3）在 <style> 节点中声明一个或多个 <item>，每个 <item> 节点需要定义一个属性名，并在元素内部设置这个属性的值。

为了让初学者更好地学习，接下来通过一个具体的案例来演示如何自定义样式和主题。具体步骤如下：

1. 创建样式和主题

创建一个名为"样式和主题"的应用程序，将包名修改为 cn.itcast.style。在 res/values 目录中添加一个用于定义样式的文件，名为 mystyle.xml（文件名必须小写），具体如图 2-17 所示。

图 2-17 mystyle.xml

mystyle.xml 文件中定义的样式和主题，具体如下所示：

```xml
<resources>
    <style name="TextStyle">
        <item name="android:layout_width">wrap_content</item>
        <item name="android:layout_height">wrap_content</item>
        <item name="android:textSize">30dip</item>
        <item name="android:textColor">#990033</item>
    </style>
    <style name="MyTheme">
        <item name="android:background">#D9D9D9</item>
    </style>
</resources>
```

上述代码在<style name="TextStyle">节点中设置了一个样式，定义了控件宽度和高度为 wrap_content 显示全部内容，字体大小为 30dip，字体颜色为红色。<style name="MyTheme">结点用于设置 Activity 背景色为灰色。

2. **使用自定义样式和主题**

在 activity_main.xml 的<TextView>控件中，通过 style="@style/TextStyle"引入定义好的样式，具体代码如下所示：

```xml
<RelativeLayout xmlns:android="http://schemas.android.com/apk/res/android"
    xmlns:tools="http://schemas.android.com/tools"
    android:layout_width="match_parent"
    android:layout_height="match_parent"
    tools:context=".MainActivity" >
  <TextView
       style="@style/TextStyle"
       android:layout_centerInParent="true"
       android:text="自定义样式"/>
</RelativeLayout>
```

在 AndroidManifest.xml 的<activity>节点中，通过 android:theme="@style/ MyTheme"引入定义好的主题，具体代码如下所示：

```xml
<activity
      android:name="cn.itcast.style.MainActivity"
      android:theme="@style/MyTheme"
      android:label="@string/app_name" >
      <intent-filter>
         <action android:name="android.intent.action.MAIN" />
         <category android:name="android.intent.category.LAUNCHER" />
      </intent-filter>
  </activity>
```

上述代码中，就是将定义好的主题运用于当前 Activity 之中。接下来运行当前程序，结果如图 2-18 所示。

从图 2-18 可以看出，整个 Activity 的背景是灰色，这个就是 android:theme="@style/MyTheme" 主题的作用。布局中没有对 TextView 定义高度、宽度以及字体颜色，但该 TextView 依然正常显示并且字体颜色变成了红色，这就是 style="@style/TextStyle" 样式的作用。

图 2-18　自定义样式和主题

多学一招：继承其他样式

自定义的样式还可以通过 parent 函数继承其他已经定义好的样式，使程序的扩展性更好，具体代码如下所示：

```xml
<?xml version="1.0" encoding="utf-8"?>
<resources>
    <style name="MyStyle">
        <item name="android:textSize">30dip</item>
        <item name="android:textColor">#990033</item>
    </style>
    <style name="TextStyle" parent="MyStyle">
        <item name="android:layout_width">wrap_content</item>
        <item name="android:layout_height">wrap_content</item>
    </style>
</resources>
```

上述代码中，MyStyle 定义了字体的大小和颜色，TextSyle 中通过 parent 函数继承 MyStyle 中的属性，这种方式设置样式的效果与图 2-18 是一样的。

2.5　国　际　化

在开发一个 Android 应用程序时，如果想让不同国家或地区的用户看到不同的效果，就需要对这个应用进行国际化（internationalization）。所谓国际化，就是指软件在开发时就应该具备支持多种语言和国家或地区的功能，也就是说开发的软件能同时应对不同国家和地区的用户访问，并针对不同国家和地区的用户，提供相应的、符合来访者阅读习惯的页面或数据。由于国际化 internationalization 这个单词的首字母"I"和尾字母"N"之间有 18 个字符，因此国际化被简称为 I18N。

由于 Android 采用 XML 文件来管理资源文件，因此 Android 程序国际化只需要为资源文件提供不同语言国家或地区对应的内容即可。

通过前面的讲解可知，Android 程序的资源文件都放在 res 目录下，其中 values 文件夹可以用来放置字符串信息，drawable 系列文件夹可以用来放置图片资源。为了提供不同语言版本，开发者只需要在 res 目录下新建几个 values 文件夹即可。需要注意的是，新建的 values 文件是有命名规则的，具体如下所示：

```
values-语言代码-r 国家或地区代码
```

例如，想让软件支持简体中文、美式英语两种环境，需要在 res 目录下新建两个 values 文件夹，分别命名为 values-zh-rCN、values-en-rUS。如果需要为不同国家或地区展示不同的图片，只需要 res 目录下新建 drawable 文件夹即可，命名、匹配规则都和 values 文件夹的命名一致，具体如图 2-19 所示。

需要注意的是，在匹配资源时先会找语言、国家或地区完全匹配的。如果没有国家或地区匹配的，则查找语言匹配的。

为了让初学者更好地掌握国际化，接下来通过一个案例 I18N 来展示图片、文字的国际化。I18N 实现了在系统设置页面切换不同国家或地区语言，在程序界面展示不同国家的花朵以及文字，具体步骤如下：

1. 创建程序

创建一个名为 I18N 的程序，将包名修改为 cn.itcast.i18n。设计用户交互界面，由于本案例的界面比较简单，因此在这里就只展示布局文件（activity_main.xml）的代码，具体如下所示：

图 2-19　I18N 工程结构图

```xml
<RelativeLayout xmlns:android="http://schemas.android.com/apk/res/android"
    xmlns:tools="http://schemas.android.com/tools"
    android:layout_width="match_parent"
    android:layout_height="match_parent"
    tools:context=".MainActivity" >
    <TextView
        android:layout_width="wrap_content"
        android:layout_height="wrap_content"
        android:layout_centerHorizontal="true"
        android:layout_centerVertical="true"
        android:drawableTop="@drawable/flower"
        android:drawablePadding="10dp"
        android:gravity="center"
        android:text="@string/hello_world" />
</RelativeLayout>
```

上述代码用到了 TextView 的 drawableTop 属性，这个属性主要是用于指定文字上方的图片的。

2. 创建国际化资源文件夹

由于本案例需要演示国际化，因此需要创建相应的资源文件夹。创建两个 values 文件夹分别命名为 values-zh-rCN、values-en-rUS，并将 values 文件夹下的 strings.xml 文件复制到这个文件夹下。

由于 eclipse 自动生成的 strings.xml 文件是英文，因此 values-en-rUS 文件夹下的 strings.xml 不用修改，只需更改 values-zh-rCN 文件夹下的 strings.xml 文件，具体代码如下所示：

```xml
<?xml version="1.0" encoding="utf-8"?>
<resources>
    <string name="app_name">国际化</string>
    <string name="menu_settings">设置</string>
    <string name="hello_world">你好，牡丹！</string>
</resources>
```

同样，还需要创建两个 drawable 文件夹，分别命名为 drawable-zh-rCN、drawable-en-rUS，并且将两个国家的花朵图片分别放到这两个文件夹下，命名为 flower.jpg。

3. 运行程序

运行程序，能看到图 2-20（a）所示的界面。退出程序，打开系统设置（setting 菜单），依次选择 language&input→language→"简体中文"，设置好语言之后，重新进入程序能看到图 2-20（b）所示的界面。

（a） （b）

图 2-20　I18N 运行界面

从图 2-20 中可以看出，Android 支持图片、文字等资源的国际化。在开发软件的过程中，可以通过使用国际化让软件自适应不同国家或地区的语言、文化的差异。

2.6 程序调试

每个 Android 应用上线之前都会进行一系列的测试，确保应用能够正常使用。通常情况下，测试 Android 应用使用的都是 JUnit 单元测试。另外，当程序出错时，还会通过 Android 中的 LogCat（日志控制台）或者 Toast 来调试错误。本小节将针对 Android 系统中程序调试的相关内容进行详细的讲解。

2.6.1 JUnit 单元测试

在开发 Android 程序的过程中，为了降低程序的错误率，需要不断地进行测试。在 Android 开发中使用的是 JUnit 单元测试。JUnit 实际上是一个测试框架，它是 Android SDK1.5 加入的自动化测试功能，可以在完成某一个功能之后就对该功能进行单独测试，而不需要把应用程序安装到手机或模拟器中再对各项功能进行测试，这样会大大提高程序开发的准确性和开发速度。

JUnit 单元测试既可以嵌入到项目中，也可以作为一个单独的项目，针对某个项目进行测试。接下来将针对程序的单元测试进行详细的讲解，具体步骤如下：

1. 配置 JUnit 环境

在进行 JUnit 测试时，首先需要在 AndroidManifest.xml 的<manifest>结点下配置指令集<instrumentation>和在<application>结点下配置函数库<uses-library>，具体代码如下：

```xml
<?xml version="1.0" encoding="utf-8"?>
<manifest xmlns:android="http://schemas.android.com/apk/res/android"
    package="cn.itcast.junit"
    android:versionCode="1"
    android:versionName="1.0" >
    <uses-sdk
        android:minSdkVersion="8"
        android:targetSdkVersion="17" />
    <application>
        <uses-library android:name="android.test.runner" />
        …
    </application>
    <instrumentation
        android:name="android.test.InstrumentationTestRunner"
        android:targetPackage="cn.itcast.junit" />
</manifest>
```

上述代码中，JUnit 的指令集和函数库都是固定写法。需要注意的是，<instrumentation>中 android:targetPackage 配置的包名必须要与被测试的应用包名一致，否则会出现找不到单元测试用例的错误。

2. 创建测试类

创建一个类 JUnitTest 继承 AndroidTestCase 类，该类中包含一个测试方法 testAdd()，用于实现求和功能。需注意的是，测试方法必须把异常（Exception）抛出，不能捕获异常，以免程序出 Bug 后把异常捕获而导致测试框架得不到测试结果。JUnitTest 的代码如下所示：

```
1  package cn.itcast.junit;
2  import android.test.AndroidTestCase;
3  public class JUnitTest extends AndroidTestCase {
4      public void testAdd() throws Exception {
5          int x=5;
6          int y=3;
7          //断言,第一个参数是我们所期望的值,第二个参数为真实值。
8          assertEquals(8,x+y);
9      }
10 }
```

上述代码中 assertEquals()方法用于断言我们所期望的结果与程序运行结果是否匹配，如果匹配表示程序运行正确，否则表示程序错误。

3. 运行测试

测试程序时有两种方式，一种是选中类名，右击并依次选择 Run As→Android Junit Test，对代码进行测试，这种测试是针对该类中的所有方法进行测试。另一种是选中方法名，右击并依次选择 Run As→Android Junit Test 进行测试，这种是针对某个方法进行测试。由于程序中只有一个 testAdd()方法需要测试，因此选中方法名然后单击运行单元测试即可。

当运行结果与期望结果匹配时，JUnit 窗口会显示绿色条，如图 2-21 所示。

上述程序中的结果是正确的，接下来再测试一个不正确的结果。将 JunitTest 类中的 assertEquals(8, x + y);代码改为 assertEquals(3, x + y);，再尝试运行一次，结果如图 2-22 所示。

图 2-21　JUnit 测试结果（正确）　　图 2-22　JUnit 测试结果（错误）

从图 2-22 可以看出，程序出现错误 JUnit 窗口中的条目是红色，并且还会显示 testAdd()方法运行的时间。此时单击出错的方法，会将错误定位到源代码中的某行代码，这样可以清楚地看到是哪一处代码出错，对修改 Bug 有很大帮助。

从上述的讲解可以发现，JUnit 单元测试不需要关注控制层，当业务层逻辑写好之后就可以进行单独测试，确保没有 Bug 之后由控制层直接调用即可。应用简单、方便，并且可以加快程序开发速度，因此熟练掌握 JUnit 测试是很有必要的。

2.6.2 LogCat 的使用

在 JavaSE 中，可以将调试信息以 System.out.println("");的方式输出到 Console 控制台，而在 Android 中，应用是运行在一个单独的设备中，Android 应用的调试信息会输出到这个设备单独的日志缓冲区中。要想从设备日志缓冲区取出这些日志信息，就需要使用 LogCat。

在 Android 程序中进行信息输出，一般采用 android.util.Log 类的静态方法就可以实现。Log 类所输出的日志内容分为 5 个级别，由低到高分别是 Verbose、Debug、Info、Warning、Error，这些级别分别对应 Log 类中的 Log.v()、Log.d()、Log.i()、Log.w()、Log.e()等 5 个静态方法，使用不同的方法输出信息的颜色各不相同。

接下来在 Junit 单元测试项目的 MainActivity 文件中添加打印的 Log 信息，具体代码如下所示：

```
1  public class MainActivity extends Activity {
2      protected void onCreate(Bundle savedInstanceState) {
3          super.onCreate(savedInstanceState);
4          setContentView(R.layout.activity_main);
5          Log.v("MainActivity","Verbose");
6          Log.d("MainActivity","Debug");
7          Log.i("MainActivity","info");
8          Log.w("MainActivity","Warning");
9          Log.e("MainActivity","Error");
10     }
11 }
```

在 Eclipse 依次选择 Window→Show View→LogCat 打开 LogCat 控制台窗口，如图 2-23 所示。

运行程序，此时 LogCat 控制台窗口中会打印所有的 Log 信息，如图 2-24 所示。

图 2-23　打开 LogCat 控制台窗口

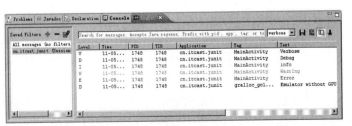

图 2-24　LogCat 窗口

从图 2-24 可以看出，LogCat 区域中的日志信息显示的颜色不同，而且 Level 列中共有 5 种类型的字母，分别为 V、D、I、W、E，这些字母表示 LogCat 输出的日志级别不同，具体说明如下：

- Verbose（V）：显示全部信息，黑色。
- Debug（D）：显示调试信息，蓝色。
- Info（I）：显示一般信息，绿色。
- Warning（W）：显示警告信息，橙色。
- Error（E）：显示错误信息，红色。

由于 LogCat 中输出的信息多而繁杂，找到所需要的 Log 信息会比较困难，因此可以使用过滤器，过滤掉不需要的信息，单击加号图标 ，弹出 LogCat 信息过滤器，如图 2-25 所示。

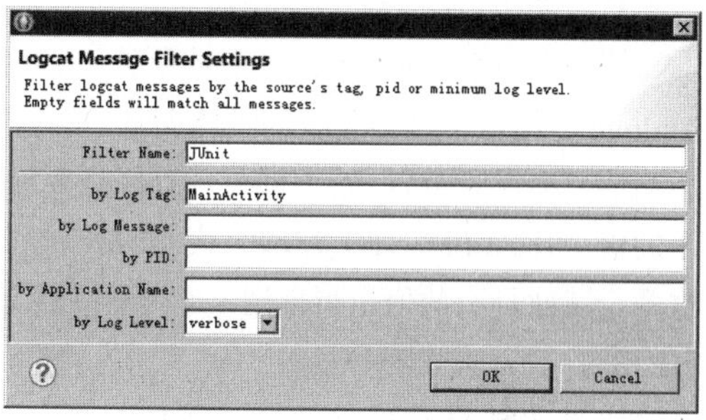

从图 2-25 可以看出，日志过滤器共有 6 个条目，每个条目都有其特定的功能，具体说明如下：

- Filter Name：过滤器的名称，同样使用项目名称。

图 2-25　Log Cat 信息过滤器

- by Log Tag：根据自定义的 TAG 过滤信息，通常使用类名。
- by Log Message：根据输出的内容过滤信息。
- by PID：根据进程 id 过滤信息。
- by Application Name：根据应用名称过滤信息。
- by Log Level：根据 Log 日志的级别过滤信息，分别为 Verbose、Debug、Info、Warning、Error。

除了设置过滤器过滤出所需要的信息外，还可以直接根据 Log 的级别过滤信息，如图 2-26 所示。

图 2-26　根据 Log 级别过滤信息

从图 2-26 可以看出，LogCat 窗口的右上角有一个下拉列表可以选择日志的级别。例如，当前选择输出的日志级别为 error，那么在日志窗口显示的就只有错误级别的日志。

Android 中除了通过 LogCat 来进行日志输出外，也支持通过 System.out.println（""）;把信息直接输出到 LogCat 控制台里，但是一般不推荐使用。因为如果 Java 类很多，使用这种方式输出的调试信息很难定位到具体代码中。

2.6.3 Toast 的使用

前面讲解了如何使用 JUnit 和 LogCat 进行程序调试，在实际开发中，好多 Android 开发者也将 Toast 作为调试工具，通过 Toast 组件显示各种变量值，以观察错误。

Toast 会显示一个小消息告诉用户一些必要信息，该消息在显示短时间后自动消失，并不会干扰用户操作。Toast 组件有两个方法：makeText()和 show()，其中 makeText()方法用于设置要显示的字符串，show()方法显示消息框，其基本语法如下：

```
Toast 变量名称=Toast.makeText(Context,Text,Time);
变量名称.show();
```

第一个参数 Context 是一个抽象类，表示应用程序环境的信息，即当前组件的上下文环境。Android 中提供了该抽象类的具体实现，通过实现类可以获取应用程序的资源等，在 Activity 中使用当前"主程序类名.this"即可。Text 是要显示的消息字符串，Time 表示显示时长，该属性是特定的值，Toast.LENGTH_LONG 表示较长时间显示，Toast.LENGTH_SHORT 表示较短时间显示，这两个属性具有的值也可以用 int 类型整数 0 和 1 代替，"0"代表 SHORT，"1"代表 LONG。

上述语法格式可以简写。例如，要在程序中创建一个 Toast 显示"这是弹出消息！"，示例代码如下：

```
Toast.makeText(MainActivity.this,"这是弹出消息！",Toast.LENGTH_SHORT).show();
```

接下来将上面的示例代码添加到 Junit 单元测试的 MainActivity 文件中，重新运行程序，运行结果如图 2-27 所示。

从图 2-27 可以看出，Toast 组件是在默认显示在屏幕的下方，不适于观察代码中详细错误，多用于信息提醒。例如，网络未连接、用户名密码输入错误或者退出应用时都可以用 Toast 进行提醒。

图 2-27 运行结果

小 结

本章主要讲解了 Android 中的布局以及程序调试等知识。首先介绍了 UI 概念，以及 Android 中的 6 种布局，并通过一个用户注册的案例将这些知识融合在一起。然后讲解了如何通过样式和主题设置界面风格。最后讲解了 Android 最常用的单元测试、日志以及 Toast。本章所讲解的内容在实际开发中非常重要，基本上每个 Android 程序都会使用这些内容，因此要求初学者必须熟练掌握，为后面的学习做好铺垫。

习 题

一、填空题

1. Android 中的布局分为 6 种，分别是_____、_____、_____、_____、_____和_____。
2. Android 相对布局中，表示"是否跟父布局左对齐"的属性是_____。
3. 线性布局主要有两种形式，一种_____线性布局，另一种是_____线性布局。

4. 创建 Android 程序时，默认使用的布局是_____。
5. LogCat 区域中有 V、D、I、W 和 E 等 5 个字母，其中 V，代表_____、D 代表_____、I 代表_____、W 代表_____、E 代表_____。

二、判断题

1. 相对布局中 android:layout_alignRight 属性表示"与指定控件右对齐"。（   ）
2. Toast 的作用是显示一些提示信息。（   ）
3. TableRow 必须要设置 layout_width 和 layout_height 属性。（   ）
4. 帧布局中可以添加多个控件，这些控件会重叠的在屏幕左上角显示。（   ）
5. Android 程序中是不支持国际化的。（   ）

三、选择题

1. 以下属性中，（   ）属性可以"在指定控件左边"。
   A. android:layout_alignLeft　　　　B. android:layout_alignParentLeft
   C. android:layout_left　　　　　　D. android:layout_toLeftOf
2. 表格布局中 android:layout_column 属性的作用是指定（   ）。
   A. 行数　　　　B. 列数　　　　C. 总行数　　　　D. 总列数
3. 实际开发中刮刮乐游戏的布局是按照（   ）写的。
   A. 相对布局　　B. 线性布局　　C. 帧布局　　　　D. 绝对布局
4. 网格布局是 Android（   ）新增的布局。
   A. 3.0　　　　B. 3.1　　　　　C. 3.2　　　　　　D. 4.0
5. 相对布局中，"是否跟父布局底部对齐"是属性（   ）。
   A. android:layout_alignBottom　　　B. android:layout_alignParentBottom
   C. android:layout_alignBaseline　　　D. android:layout_below

四、简答题

1. 请简述一下如何在程序中使用 Toast。
2. 请说明布局有几种类型，以及每种类型的作用。

五、编程题

1. 请编写一个用户登录界面，界面中必须要有文本提示信息（TextView）、编辑框（EditText）、按钮（Button），分别用于显示用户名、密码，输入用户名、密码，登录功能。
2. 自定义一个样式，使用这个样式修改界面中的背景色，并且美化界面中的文字信息。

【思考题】
1. 请思考 Android 中有几种布局，并说明每种布局的特点。
2. 请思考在对程序进行测试时，使用 Junit 测试的步骤。

扫描右方二维码，查看思考题答案！

第 3 章 Activity

学习目标

- 掌握 Activity 的生命周期。
- 掌握 Activity 的 4 种启动模式。
- 掌握隐式意图和显式意图的使用。
- 学会使用 Intent 传递数据。

在现实生活中，经常会使用手机打电话、发短信、玩游戏等，这就需要与手机界面进行交互。在 Android 系统中，用户与程序的交互是通过 Activity 完成的。同时，Activity 也是 Android 四大组件中最常用的一个。本章将针对 Activity 的相关知识进行详细的讲解。

3.1 Activity 入门

3.1.1 Activity 简介

Activity 是 Android 应用程序的四大组件之一，它负责管理 Android 应用程序的用户界面。一个应用程序一般会包含若干个 Activity，每一个 Activity 组件负责一个用户界面的展现。同时，Activity 是通过调用 setContentView()方法来显示指定组件的。需要注意的是，setContentView()方法既可以接收 View 对象为参数，也可以接收布局文件对应的资源 id 为参数。

在应用程序中，Activity 就像一个界面管理员，用户在界面上的操作是通过 Activity 来管理的，下面列举几个 Activity 的常用事件，具体如下：

- onKeyDown(int keyCode,KeyEvent event)：对应按键按下事件。
- onKeyUp(int keyCode,KeyEvent event)：对应按键松开事件。
- onTouchEvent(MotionEvent event)：对应点击屏幕事件。

当用户在手机界面上点击按键时，就会触发 Activity 中对应的事件 onKeyDown()来响应用户的操作。接下来通过应用程序 ActivityBasic 演示上述三个事件的使用。首先，需要在 MainActivity 中重写相应的方法，具体代码如下所示：

```
1  public class MainActivity extends Activity {
2      protected void onCreate(Bundle savedInstanceState) {
3          super.onCreate(savedInstanceState);
4          setContentView(R.layout.activity_main);
5      }
6      //响应按键按下事件
```

```
7   public boolean onKeyDown(int keyCode,KeyEvent event) {
8       Toast.makeText(this,"按键按下! ",0).show();
9       return super.onKeyDown(keyCode,event);
10  }
11  //响应按键松开事件
12  public boolean onKeyUp(int keyCode,KeyEvent event) {
13      Toast.makeText(this,"按键弹起! ",0).show();
14      return super.onKeyUp(keyCode,event);
15  }
16  //响应屏幕触摸事件
17  public boolean onTouchEvent(MotionEvent event) {
18      float x=event.getX();        //获取触摸点的X坐标
19      float y=event.getY();        //获取触摸点的Y坐标
20      Toast.makeText(this,"点击的坐标为("+x+":"+y+")",0).show();
21      return super.onTouchEvent(event);
22  }
23 }
```

运行 ActivityBasic 程序，并进行相应的操作，能看到屏幕中显示的效果，如图 3-1 所示。

图 3-1 Activity 常用事件

在图 3-1 中，展示了按键按下事件和点击屏幕的事件。当按键松开时，也会自动执行 onKeyUp 事件，弹出 Toast 显示"按键弹起"。此处省略截图，初学者可以自己进行测试。

3.1.2 Activity 的创建

在 Android 应用中，可以创建一个或多个 Activity，创建 Activity 步骤如下所示：
（1）定义一个类继承自 android.app.Activity 或者其子类。
（2）在 res/layout 目录中创建一个 xml 文件，用于创建 Activity 的布局。

(3)在 AndroidManifest.xml 文件中注册 Activity。

(4)重写 Activity 的 onCreate()方法,并在该方法中使用 setContentView()加载指定的布局文件。

为了初学者掌握 Activity 的创建,接下来在 ActivityBasic 程序中添加一个 Activity,名为 ActivityExample。右击包名,依次选择 New→Class,弹出 New Java Class 窗口,然后在该窗中的 Name 文本框中输入名称,并设置 Superclass 为 android.app.Activity,如图 3-2 所示。

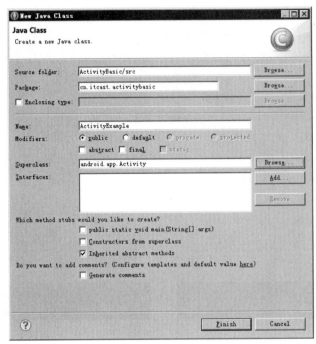

图 3-2 创建 Activity

单击图 3-2 中的 Finish 按钮,此时 Activity 便创建成功了。接下来在 res/layout 目录下创建 Activity 的布局文件 activity_example.xml,具体代码如下所示:

```
<?xml version="1.0" encoding="utf-8"?>
<RelativeLayout xmlns:android="http://schemas.android.com/apk/res/android"
    android:layout_width="match_parent"
    android:layout_height="match_parent" >
    <TextView
        android:layout_width="wrap_content"
        android:layout_height="wrap_content"
        android:layout_centerHorizontal="true"
        android:layout_centerVertical="true"
        android:textSize="25dp"
        android:textColor="#005522"
        android:text="我是新创建的Activity" />
</RelativeLayout>
```

在上述布局文件中,采用了相对布局的方式,在布局文件中添加了一个 TextView 控件用于展示信息。接下来在 AndroidManifest.xml 文件中，对 ActivityExample 进行注册，具体代码如下所示：

```xml
<activity
    android:name="cn.itcast.activitybasic.ActivityExample"
    android:label="ActivityExample" >
    <intent-filter>
        <action android:name="android.intent.action.MAIN" />
        <category android:name="android.intent.category.LAUNCHER" />
    </intent-filter>
</activity>
```

要把 ActivityExample 设置为应用程序默认启动的界面，需要在<activity>节点中配置<intent-filter>节点。该节点中的<action android:name="android.intent.action.MAIN" />表示将当前 Activity 设置为程序最先启动的 Activity。<category android:name="android.intent.category.LAUNCHER" />表示让当前 Activity 在桌面上创建图标。

最后，在 ActivityExample 中，重写 onCreate()方法，并设置要加载的布局文件，具体代码如下所示：

```java
public class ActivityExample extends Activity {
    protected void onCreate(Bundle savedInstanceState) {
        super.onCreate(savedInstanceState);
        setContentView(R.layout.activity_example);
    }
}
```

运行程序，能看到图 3-3 所示的结果。

从图 3-3 可以看出，应用一启动就显示 ActivityExample 界面，说明 ActivityExample 在清单文件中配置生效并创建成功。

图 3-3　ActivityExample 界面

3.1.3　Activity 生命周期

生命周期就是一个对象从创建到销毁的过程，每一个对象都有自己的生命周期。同样，Activity 也具有相应的生命周期，Activity 的生命周期中分为三种状态，分别是运行状态、暂停状态和停止状态。接下来将针对 Activity 生命周期的三种状态进行详细的讲解。

1. 运行状态

当 Activity 在屏幕的最前端时，它是可见的、有焦点的，可以用来处理用户的常见操作，如点击、双击、长按事件等，这种状态称为运行状态。

2. 暂停状态

在某些情况下，Activity 对用户来说仍然是可见的，但它不再拥有焦点，即用户对它的操作是没有实际意义的。例如，当最上面的 Activity 没有完全覆盖屏幕或者是透明的，被覆盖的 Activity 仍然对用户可见，并且存活（它保留着所有的状态和成员信息并保持与 Activity 管理器的连接）。但当内存不足时，这个暂停状态的 Activity 可能会被杀死。

3. 停止状态

当 Activity 完全不可见时，它就处于停止状态，但仍然保留着当前状态和成员信息。然而这些对用户来说都是不可见的，如果当系统内存不足时，这个 Activity 很容易被杀死。

值得一提的是，当 Activity 处于运行状态时，Android 会尽可能地保持它的运行，即使出现内存不足的情况，Android 也会先杀死栈底部的 Activity，来确保可见的 Activity 正常运行。

Activity 从一种状态转变到另一种状态时会触发一些事件，执行一些回调方法来通知状态的变化，具体方法如下所示：

- onCreate(Bundle savedInstanceState)：创建时执行。
- onStart()：可见时执行。
- onRestart()：回到前台，再次可见时执行。
- onResume()：获取焦点时执行。
- onPause()：失去焦点时执行。
- onStop()：用户不可见进入后台时执行。
- onDestroy()：销毁时执行。

为了让初学者更好地理解 Activity 的三种状态以及处于不同状态时使用的方法，Google 公司专门提供了一个 Activity 生命周期模型的图例，具体如图 3-4 所示。

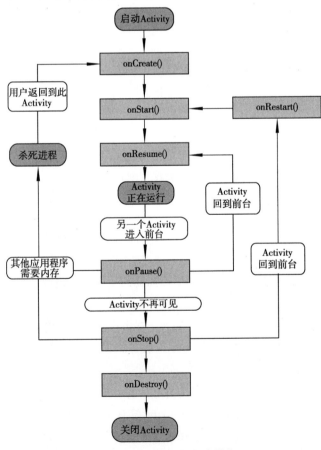

图 3-4　Activity 的生命周期

从图 3-4 可以看出，当 Activity 从启动到关闭时，会依次执行 onCreate()→onStart()→onResume()→onPause()→onStop()→onDestroy()方法。当 Activity 执行到 onPause()方法失去焦点时，重新调用回到前台会执行 onResume()方法。当执行到 onStop()方法 Activity 不可见时，再次回到前台会执行 onRestart()方法和 onStart()方法，如果进程被杀死，Activity 会重新执行 onCreate()方法。

3.1.4 案例——Activity 的存活

为了让初学者掌握 Activity 生命周期，接下来通过案例"Activity 的存活"来演示。本案例实现了两个 Activity 之间跳转时生命周期方法变化的过程，具体步骤如下：

1. 创建程序

首先创建一个名为"Activity 的存活"的应用程序，将包名修改为 cn.itcast.activity，设计用户交互界面，具体如图 3-5 所示。

对应布局文件（activity01.xml）的代码如下所示：

图 3-5 第一个 Activity 界面

```
<RelativeLayout xmlns:android="http://schemas.
android.com/apk/res/android"
    xmlns:tools="http://schemas.android.com/tools"
    android:layout_width="match_parent"
    android:layout_height="match_parent"
    tools:context=".Activity01" >
    <Button
        android:layout_width="wrap_content"
        android:layout_height="wrap_content"
        android:layout_centerHorizontal="true"
        android:layout_centerVertical="true"
        android:onClick="click"
        android:text="开启 Activity02" />
</RelativeLayout>
```

2. 创建第一个 Activity 界面

在当前项目中创建一个类 Activity01 继承自 Activity，该类主要用于重写 Activity 的生命周期方法，并在每个方法中打印出 Log 以便观察，具体代码如下所示：

```
1  public class Activity01 extends Activity {
2      //当Activity被创建的时候调用的方法
3      public void onCreate(Bundle savedInstanceState) {
4          super.onCreate(savedInstanceState);
5          setContentView(R.layout.activity_life01);
6          Log.i("Activity01","onCreate()");
7      }
```

```java
8       //当这个Activity变成用户可见的时候调用的方法
9       protected void onStart() {
10          super.onStart();
11          Log.i("Activity01","onStart()");
12      }
13      protected void onRestart() {
14          super.onRestart();
15          Log.i("Activity01","onRestart()");
16      }
17      //当Activity获取到焦点的时候调用的方法
18      protected void onResume() {
19          super.onResume();
20          Log.i("Activity01","onResume()");
21      }
22      //当Activity失去焦点的时候调用的方法
23      protected void onPause() {
24          super.onPause();
25          Log.i("Activity01","onPause()");
26      }
27      //当Activity用户不可见的时候调用的方法
28      protected void onStop() {
29          super.onStop();
30          Log.i("Activity01","onStop()");
31      }
32      //当Activity被销毁的时候调用的方法
33      protected void onDestroy() {
34          super.onDestroy();
35          Log.i("Activity01","onDestroy()");
36      }
37      //界面中按钮的点击事件
38      public void click(View view) {
39          //创建一个Intent对象,通过该对象开启第2个Activity
40          Intent intent=new Intent(this,Activity02.class);
41          startActivity(intent);
42      }
43  }
```

上述代码中,首先重写了 Activity 生命周期中的回调方法,通过回调方法中输出的日志来观察 Activity 生命周期的过程,接着在 click()方法中定义了一个 Intent 对象,该对象用于开启另一个新的 Activity。关于 Intent 的具体知识会在后面讲解,在这里大家了解即可。

当点击按钮时会自动触发 click(View view)方法，因为之前在布局文件中为 Button 定义了 onClick 属性，它的作用就是为按钮设置点击事件，以 onClick 属性的值为方法名创建一个方法，在参数中传入 View 对象，这样当点击按钮时就会触发该方法，可以在方法中写入点击事件的逻辑。

需要注意的是，只有当布局文件中 onClick 的值与方法名一致，并且参数中传入了 View 对象，系统才会认为该方法是控件的点击事件方法。

3. 创建第二个 Activity 界面

为了观察 Activity01 停止状态时的生命周期，需要在当前项目中创建第二个 Activity，由于不需要对第二个 Activity 进行界面操作，因此新添加一个 activity02.xml 文件即可。在第二个 Activity 中同样实现 Activity 生命周期中的方法，在每个方法中打印 Log 信息。

```
1  public class Activity02 extends Activity {
2      protected void onCreate(Bundle savedInstanceState) {
3          super.onCreate(savedInstanceState);
4          setContentView(R.layout.activity02);
5          Log.i("Activity02","onCreate()");
6      }
7      protected void onStart() {
8          super.onStart();
9          Log.i("Activity02","onStart()");
10     }
11     protected void onRestart() {
12         super.onRestart();
13         Log.i("Activity02","onRestart()");
14     }
15     protected void onResume() {
16         super.onResume();
17         Log.i("Activity02","onResume()");
18     }
19     protected void onPause() {
20         super.onPause();
21         Log.i("Activity02","onPause()");
22     }
23     protected void onStop() {
24         super.onStop();
25         Log.i("Activity02","onStop()");
26     }
27     protected void onDestroy() {
28         super.onDestroy();
29         Log.i("Activity02","onDestroy()");
30     }
31 }
```

4. 在清单文件中配置 Activity

在 AndroidManifest.xml 文件中注册已经创建好的 Activity，即在清单文件中添加一个 <activity>结点，指定 Activity 全路径名。

```xml
<application
    android:allowBackup="true"
    android:icon="@drawable/ic_launcher"
    android:label="@string/app_name"
    android:theme="@style/AppTheme" >
    <activity
        android:name="cn.itcast.activitybasic.ActivityLife01"
        android:label="@string/app_name">
        <intent-filter>
            <action android:name="android.intent.action.MAIN" />
            <category android:name="android.intent.category.LAUNCHER" />
        </intent-filter>
    </activity>
    <activity
        android:name="cn.itcast.activitybasic.Activity02"
        android:label="我是Activity02" >
    </activity>
</application>
```

需要注意的是，在配置 Activity01 时，需要添加一个<intent-filter>结点，指定 action 和 category 让 Activity01 作为应用程序的入口。

5. 观察 Activity 生命周期

上述操作完成后运行程序，首先会显示第一个 Activity 界面，如图 3-6 所示。当图 3-6 所示的界面显示时，Log 窗口会打印 Activity01 生命周期中的执行方法，如图 3-7 所示。

图 3-6　第一个 Activity 界面

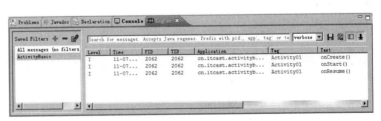

图 3-7　第一个 Activity 生命周期

从图 3-7 可以看到，应用程序启动 Activity01 依次输出了 onCreate()、onStart()、onResume()，这个顺序是第一个 Activity 从创建到显示在前台到用户可点击的过程。

接下来单击图 3-6 中的 Button 按钮，开启第二个 Activity，如图 3-8 所示。当第一个界面跳转到第二个界面时，Log 窗口会打印 Activity01 和 Activity02 生命周期中的执行方法，对应的 Log 信息如图 3-9 所示。

图 3-8　第二个 Activity 界面

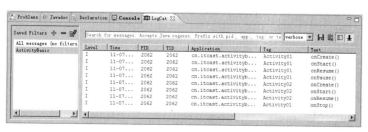

图 3-9　跳转时 Activity 生命周期

从图 3-9 可以看到，当跳转到第二个界面时，Activity01 首先失去焦点执行了 onPause() 方法，然后 Activity02 依次执行了 onCreate()、onStart()、onResume() 方法从创建到前台可见，这时 Activity01 执行了 onStop() 方法。

现在再观察一下从第二个 Activity 按返回键回到第一个 Activity 生命周期的 Log，如图 3-10 所示。

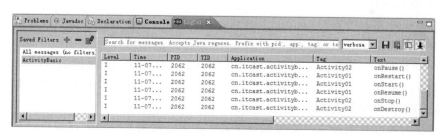

图 3-10　返回第一个 Activity

从图 3-10 可以看到，单击返回键之后，Activity02 同样先执行了 onPause() 方法，然后 Activity01 执行了 onRestart()、onStart()、onResume() 方法，随后 Activity02 才彻底关闭，执行了 onStop()、onDestory()。在 Activity01 打开 Activity02 时，Activity01 并没有执行 finish() 方法而是执行了 onStop() 方法。因此，从 Activity02 返回到 Activity01 时，Activity01 执行了 onRestart() 方法。

从 Log 窗口打印的日志可以看出，Activity 失去焦点时，首先必然会执行 onPause() 方法，因此项目中需要保存数据时，可以在 onPause() 方法中保存。同时，当两个 Activity 跳转时，Activity01 会先失去焦点让 Activity02 得到焦点，等到 Activity02 完全显示在前台时 Activity01 才会切换到后台。

> **多学一招**：横竖屏切换时的生命周期
>
> 现实生活中，使用手机时会根据不同情况进行横竖屏切换。当手机横竖屏切换时，Activity 会销毁重建（模拟器中横竖屏切换可以使用【Ctrl+F11】组合键）。
>
> 这种情况对实际开发肯定会有影响，如果不希望在横竖屏切换时 Activity 被销毁重建，可以在 AndroidManifest.xml 文件中设置 Activity 的 android:configChanges 的属性，这样无论怎样切换 Activity 都不会销毁重新创建，具体代码如下所示：
>
> ```
> android:configChanges="orientation|keyboardHidden|screenSize"
> ```
>
> 如果希望某一个界面一直处于竖屏或者横屏状态，不随手机的晃动而改变，同样可以在清单文件中通过设置 Activity 的参数来完成，具体代码如下所示：
>
> ```
> 竖屏：android: screenOrientation="portrait"
> 横屏：android: screenOrientation="landscape"
> ```

> **多学一招**：View 的点击事件
>
> Android 程序中 View 的点击事件共有 4 种，除了上述讲解的在布局文件中为按钮设置 onClick 属性指定点击方法名之外，还有三种方式用于设置 View 的点击事件，这三种方式都用到了 OnClickListener 接口，只不过是不同形式而已。
>
> OnClickListener 是监听 View 点击事件的接口，接口中定义控件被点击时的回调方法 onClick()。View 需要在 setOnclickListener(OnClickListener listener)方法的参数中传入 OnClickListener 接口监听 View 的点击事件。
>
> 下面针对这三种形式以及 OnClickListener 接口的使用进行讲解。
>
> 1. 创建内部类
>
> 创建一个内部类实现 OnClickListener 接口并重写 onClick()方法，在方法中写入点击事件的逻辑。
>
> 内部类写完之后需要为按钮设置 setOnClickListener(Listener listener)属性，在参数中传入之前创建好内部类对象即可，这样当点击按钮时就会自动触发内部类中的 onClick()方法调用事件逻辑。
>
> 这里比较重要的一点，要为按钮设置点击事件前要先获取到该控件的引用，需要在布局文件中为按钮设置 id 属性，在代码中使用 findViewById(R.id)方法得到该控件的 View 对象，最后通过强制类型转换得到该控件，具体代码如下：
>
> 为控件设置 id 属性：
>
> ```
> <Button
>     android:id="@+id/button1"//为控件设置id属性
>     …
> />
> ```
>
> 得到控件引用，创建内部类实现 OnClickListener 接口：
>
> ```
> protected void onCreate(Bundle savedInstanceState) {
>     super.onCreate(savedInstanceState);
> ```

```
        setContentView(R.layout.activity_main);
        Button button1=(Button) findViewById(R.id.button1);
        Button button2=(Button) findViewById(R.id.button2);
        //传入实现了 OnClickListener 接口的类的对象
        button1.setOnClickListener(new MyButton());
        button2.setOnClickListener(new MyButton());
    }
    private class MyButton implements OnClickListener {
      @Override
      public void onClick(View v) {
        switch(v.getId()) {
          case R.id.button:
              Log.i("定义属性响应按钮点击事件");
              break;
          case R.id.button1:
              Log.i("定义属性响应按钮点击事件");
              break;
        }
      }
    }
}
```

使用这种点击事件的好处是,当按钮较多时可以在 onClick(View v)方法中使用 switch 语句 case 属性设置各自不同的点击事件逻辑。

2. **主类中实现 OnClickListener 接口**

除了创建内部类实现 OnClickListener 接口之外,还可以在主类中实现该接口,然后重写 onClick()方法,并通过 switch 语句判断是哪个按钮被点击,然后执行相应操作,具体代码如下:

```
public class MainActivity extends Activity implements OnClickListener {
    protected void onCreate(Bundle savedInstanceState) {
        super.onCreate(savedInstanceState);
        setContentView(R.layout.activity_main);
        Button button1=(Button) findViewById(R.id.button1);
        Button button2=(Button) findViewById(R.id.button2);
        //按钮绑定接口
        button1.setOnClickListener(this);
        button2.setOnClickListener(this);
    }
    //在重载的方法中实现点击设置
```

```java
@Override
public void onClick(View v) {
    switch(v.getId()) {
        case R.id.button:
            Log.i("定义属性响应按钮点击事件");
            break;
        case R.id.button1:
            Log.i("定义属性响应按钮点击事件");
            break;
    }
}
```

需要注意的是，button.setOnClickListener(this);方法中接收了一个参数this，这个this代表的是该Activity的引用。由于Activity实现了OnClickListener接口，所以在这里this代表了OnClickListener的引用，在方法中传入this就代表该控件绑定了点击事件的接口。

3. 匿名内部类

当按钮较少或者只有一个按钮时，就不需要再单独创建一个类实现OnClickListener接口了，可以直接创建OnClickListener的匿名内部类传入按钮的setOnClickListener()参数中，具体代码如下：

```java
Button button1=(Button) findViewById(R.id.button1);
button1.setOnClickListener(new OnClickListener() {
    @Override
    public void onClick(View v) {
        Log.i("定义属性响应按钮点击事件");
    }
});
```

按钮的点击事件学完了，这里需要注意的是，在实现OnClickListener接口时该接口在Android的两个包下面都有，分别是android.view.View和andriod.content.DialogInteface。要为按钮设置点击事件要导入android.view.View包。

3.2 Activity 的启动模式

Android采用任务栈（Task）的方式来管理Activity的实例。当启动一个应用时，Android就会为之创建一个任务栈。先启动的Activity压在栈底，后启动的Activity放在栈顶，通过启动模式可以控制Activity在任务栈中的加载情况。本节将针对Activity的启动模式进行详细的讲解。

3.2.1 Android 下的任务栈

在开发 Android 应用时，经常会涉及一些消耗大量系统内存的情况，例如视频播放、大量图片或者程序中开启多个 Activity 没有及时关闭等，会导致程序出现错误。为了避免这种问题，Google 提供了一套完整的机制让开发人员控制 Android 中的任务栈。

Android 系统中的任务栈，类似于一个容器，用于管理所有的 Activity 实例。在存放 Activity 时，满足"先进后出（First-In/Last-Out）"的原则。接下来通过一个图例来说明任务栈中如何存放 Activity，如图 3-11 所示。

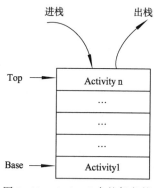

图 3-11 Android 中的任务栈

从图 3-11 可以看出，先加入任务栈中的 Activity 会处于容器下面，后加入的处于容器上面，而从任务栈中取出 Activity 是从最顶端先取出，最后取出的是最底端的 Activity。

3.2.2 Activity 的 4 种启动模式

在实际开发中，应根据特定的需求为每个 Activity 指定恰当的启动模式。Activity 的启动模式有 4 种，分别是 standard、singleTop、singleTask 和 singleInstance。在 AndroidManifest.xml 中，通过<activity>标签的 android:launchMode 属性可以设置启动模式。下面针对这 4 种启动模式分别进行详细的讲解。

1. standard 模式

standard 是 Activity 默认的启动模式，在不指定 Activity 启动模式的情况下，所有 Activity 使用的都是 standard 模式。因此，前面使用的 Activity 都是 standard 启动模式。

在 standard 模式下，每当启动一个新的 Activity，它就会进入任务栈，并处于栈顶的位置，对于使用 standard 模式的 Activity，系统不会判断该 Activity 在栈中是否存在，每次启动都会创建一个新的实例。

接下来通过一个图例展示 standard 模式下 Activity 在栈中的存放情况，如图 3-12 所示。

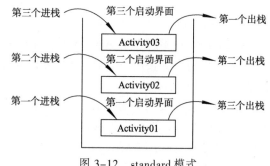

图 3-12 standard 模式

从图 3-12 中可以看出，在 standard 启动模式下 Activity01 最先进栈，其次是 Activity02，最后是 Activity03；出栈时，Activity03 最先出栈，其次是 Activity02，最后是 Activity01，满足"先进后出"的原则。

2. singleTop 模式

singleTop 模式与 standard 类似，不同的是，当启动的 Activity 已经位于栈顶时，则直接使用它不创建新的实例。如果启动的 Activity 没有位于栈顶时，则创建一个新的实例位于栈顶。

接下来通过一个图例展示 singleTop 模式下 Activity 在栈中的存放情况，如图 3-13 所示。

从图 3-13 中可以看出，当前栈顶中的元素是 Activity03，如果再次启动的界面还是 Activity03，则复用当前栈顶的 Activity 实例，如果再次启动的界面没有位于栈顶，则会重新创建一个实例。

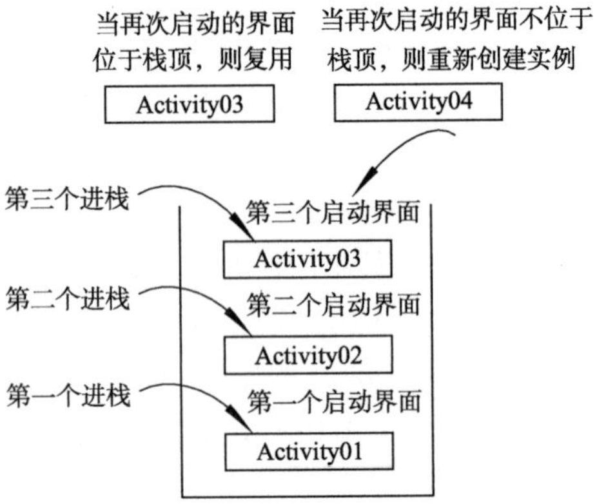

3. singleTask 模式

如果希望 Activity 在整个应用程序中只存在一个实例，可以使用 singleTask 模式，当 Activity 的启动模式指定为 singleTask，每次启动该 Activity 时，系统首先会检查栈中是否存在该 Activity 的实例，如果发现已经存在则直接使用该实例，并将当前 Activity 之上的所有 Activity 出栈，如果没有发现则创建一个新的实例。

图 3-13　singleTop 模式

接下来通过一个图例展示 singleTask 模式下 Activity 在栈中的存放情况，如图 3-14 所示。

从图 3-14 可以看出，当再次启动 Activity02 时，并没有新创建实例，而是将 Activity03 实例移除，复用 Activity02 实例，这就是 singleTask 模式，让某个 Activity 在当前栈中只存在一个实例。

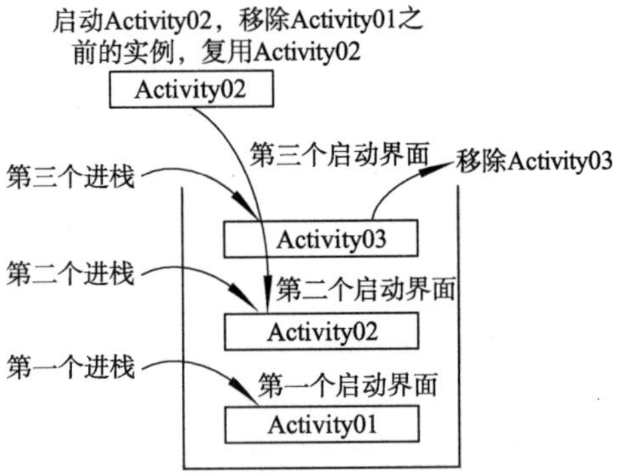

4. singleInstance 模式

在程序开发中，如果需要 Activity 在整个系统中都只有一个实例，这时就需要用到 singleInstance 模式。不同于上述三种模式，指定为 singleInstance 模式的 Activity 会启动一个新的任务栈来管理这个 Activity。

图 3-14　singleTask 模式

singleInstance 模式加载 Activity 时，无论从哪个任务栈中启动该 Activity，只会创建一个 Activity 实例，并且会使用一个全新的任务栈来装载该 Activity 实例。采用这种模式启动 Activity 会分为以下两种情况：

第一种：如果要启动的 Activity 不存在，系统会先创建一个新的任务栈，再创建该 Activity 的实例，并把该 Activity 加入栈顶，如图 3-15 所示。

第二种：如果要启动的 Activity 已经存在，无论位于哪个应用程序或者哪个任务栈中，系统都会把该 Activity 所在的任务栈转到前台，从而使该 Activity 显示出来。

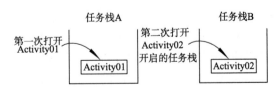

图 3-15　singleInstance 模式第一种情况

至此，Activity 的 4 种启动模式已经讲解完成，在实际开发中，需要根据实际情况来选择合适的启动模式。

3.3 在 Activity 中使用 Intent

3.3.1 Intent 介绍

通信技术不发达时,人们通过信件的方式互相通信,其中邮递员起到了传递信息的作用。在 Android 系统中,组件之间也可以完成通信功能,此时就需要使用 Intent。

Intent 中文翻译为"意图",Intent 最常见的用途是绑定应用程序组件,并在应用程序之间进行通信。Intent 一般用于启动 Activity、启动服务、发送广播等,承担了 Android 应用程序三大核心组件相互间的通信功能。

接下来通过一个表来列举 Intent 启动组件的常用的方法,具体如表 3-1 所示。

表 3-1 Intent 开启的三个组件

方法声明	功能描述
Activity	startActivity(Intent intent)
	startActivityForResult(Intent intent)
Service	ComponentName startService(Intent intent)
	boolean bindService(Intent service,ServiceConnection conn,int flags)
BroadcastReceiver	sendBroadcast(Intent intent)
	sendBroadcast(Intent intent,String receiverPermission)
	sendOrderedBroadcast(Intent intent,String receiverPermission)

在表 3-1 中,列举了通过 Intent 来开启不同组件的常用方法。需要注意的是,使用 Intent 开启 Activity 和开启 Service 只有两个方法,而开启 BroadcastReceiver 有多个方法,在此只列举了三个常用的方法,初学者感兴趣可以自己查阅相关 API 进行学习。

3.3.2 显式意图和隐式意图

Android 中 Intent 寻找目标组件的方式分为两种,一种是显式意图,另一种是隐式意图。接下来分别针对这两种意图进行详细的讲解。

1. 显式意图

显式意图,即在通过 Intent 启动 Activity 时,需要明确指定激活组件的名称。在程序中,如果需要在本应用中启动其他的 Activity 时,可以使用显式意图来启动 Activity,其示例代码具体如下:

```
Intent intent=new Intent(this,Activity02.class);    //创建 Intent 对象
startActivity(intent);                              //开启 Activity
```

在上述示例代码中,通过 Intent 的构造方法来创建 Intent 对象。构造方法接收两个参数,第一个参数 Context 要求提供一个启动 Activity 的上下文,第二个参数 Class 则是指定要启动的目标 Activity,通过构造方法就可以构建出 Intent 对象。

除了通过指定类名开启组件外,显式意图还可以根据目标组件的包名、全路径名来指定开启组件,代码如下所示:

```
intent.setClassName("cn.itcast.xxx","cn.itcast.xxx.xxxx");
startActivity(intent);
```

在上述实例代码中，通过 setClassName(包名，类全路径名)函数指定要开启组件的包名和全路径名来启动另一个组件。

Activity 类中提供了一个 startActivity（Intent intent）方法，该方法专门用于开启 Activity，它接收一个 Intent 参数，这里将构建好的 Intent 传入该方法即可启动目标 Activity。

使用这种方式开启的 Activity，"意图"非常明显，因此称之为显式意图。

2. 隐式意图

没有明确指定组件名的 Intent 称为隐式意图。Android 系统会根据隐式意图中设置的动作（action）、类别（category）、数据（Uri 和数据类型）找到最合适的组件。具体代码如下所示：

```
<activity android:name="com.itcast.intent.Activity02">
    <intent-filter>
        <!--设置 action 属性,需要在代码中根据所设置的 name 打开指定的组件-->
        <action android:name="cn.itscast.xxx"/>
        <category android:name="android.intent.category.DEFAULT"/>
    </intent-filter>
</activity>
```

在上述代码中，<action>标签指明了当前 Activity 可以响应的动作为"cn.itscast.xxx"，而<category>标签则包含了一些类别信息，只有当<action>和<category>中的内容同时匹配时，Activity 才会被开启。

使用隐式意图开启 Activity 的示例代码如下所示：

```
Intent intent=new Intent();
// 设置动作和清单文件一样
intent.setAction("cn.itscast.xxx");
startActivity(intent);
```

在上述代码中，Intent 指定了 setAction("cn.itscast.xxx");这个动作，但是并没有指定 category，这是因为清单文件中配置的"android.intent.category.DEFAULT"是一种默认的 category，在调用 startActivity()方法时，会自动将这个 category 添加到 Intent 中。

在上述两种意图中，显式意图开启组件时必须要指定组件的名称，一般只在本应用程序切换组件时使用。而隐式意图的功能要比显式意图更加强大，不仅可以开启本应用的组件，还可以开启其他应用的组件，例如打开系统自带的照相机、浏览器等。

3.3.3 案例——打开系统照相机

在实际开发中，避免不了要调用其他应用程序的组件。例如，在开发新浪微博时，需要启动系统的照相机功能。通过前面的讲解可知，使用隐式意图可启动其他应用程序的组件。接下来通过案例"打开系统照相机"向大家演示如何使用隐式意图，具体步骤如下：

1. 创建程序

创建一个名为"打开系统照相机"的 Android 工程，将包名修改为 cn.itcast.opencamera。设计用户交互界面，具体如图 3-16 所示。

程序对应布局文件（activity_main.xml）的代码如下所示：

图 3-16　程序主界面

```xml
<RelativeLayout xmlns:android="http://schemas.android.com/apk/res/android"
    xmlns:tools="http://schemas.android.com/tools"
    android:layout_width="match_parent"
    android:layout_height="match_parent"
    tools:context=".MainActivity" >
    <Button
        android:id="@+id/openCamera"
        android:layout_width="wrap_content"
        android:layout_height="wrap_content"
        android:layout_centerHorizontal="true"
        android:layout_centerVertical="true"
        android:text="打开照相机" />
</RelativeLayout>
```

2. 清单文件中的配置

由于模拟器打开系统照相机会直接报错，为了能让初学者在模拟器上看到效果，因此在这里创建一个 Activity02 用来模拟系统照相机。具体代码如下所示：

```xml
<activity android:name="cn.itcast.opencamera.Activity02" >
    <intent-filter>
        <action android:name="android.media.action.IMAGE_CAPTURE" />
        <category android:name="android.intent.category.DEFAULT" />
    </intent-filter>
</activity>
```

需要注意的是，这里配置的 action 和 category 与系统照相机的 action 和 category 一致。当使用隐式意图来开启 Activity 时，系统会找到两个符合条件的 Activity，因此会弹出一个选择的对话框，让用户来选择要打开的页面。

3. 隐式意图开启照相机

在 MainActivity 中，通过隐式意图开启系统中的照相机，具体代码如下所示：

```java
1  public class MainActivity extends Activity {
2      protected void onCreate(Bundle savedInstanceState) {
3          super.onCreate(savedInstanceState);
4          setContentView(R.layout.activity_main);
5          //获取界面上的按钮
6          Button button=(Button) findViewById(R.id.openCamera);
7          //给 Button 按钮添加点击事件
8          button.setOnClickListener(new OnClickListener() {
9              public void onClick(View v) {
10                 Intent intent=new Intent();
11                 intent.setAction("android.media.action.IMAGE_CAPTURE");
12                 intent.addCategory("android.intent.category.DEFAULT");
```

```
13            startActivity(intent);
14        }
15    });
16  }
17 }
```

上述代码中，实现了通过隐式意图开启照相机的功能。通过 setAction 设置需要开启 Activity 的动作为 "android.media.action.IMAGE_CAPTURE"，addCategory 设置类别"android.intent.category.DEFAULT"。

4. 运行程序打开系统相机

接下来运行程序，单击屏幕中的"打开系统照相机"按钮，如图 3-17 所示。

在图 3-17 中，当单击屏幕中的按钮后出现了一个选择界面，左侧是系统照相机，而右侧是自己创建的 Activity，出现这种情况的原因是，Activity02 在清单文件中注册的 action 和 addCategory 是和系统中照相机一样。因此，当用隐式意图找目标组件时，会将自己创建的照相机和系统自带的照相机都显示在界面中。

图 3-17 "打开系统照相机"运行界面

3.4 Activity 中的数据传递

3.4.1 数据传递方式

在 Android 开发中，经常要在 Activity 之间传递数据。通过前面的讲解可知，Intent 可以用来开启 Activity，同样它也可以用来在 Activity 之间传递数据。

使用 Intent 传递数据只需调用 putExtra()方法将想要存储的数据存在 Intent 中即可。当启动了另一个 Activity 后，再把这些数据从 Intent 中取出即可。例如，Activity01 中存储了一个字符串，现在要将这个字符串传递到 Activity02 中，可以使用如下代码：

```
String data="Hello Activity02"
Intent intent=new Intent(this,Activity02.class);
intent.putExtra("extra_data",data);
startActivity(intent);
```

在上述代码中，通过显式意图开启 Activity02，并通过 putExtra()方法传递了一个字符串 data。putExtra()方法中第一个参数接收的是 key，第二个参数接收的是 value。

如果想要在 Activity02 中取出传递过来的数据，可以使用如下代码：

```
Intent intent=getIntent();
String data==intent.getStringExtra("extra_data");
Log.i("Activity02",data);
```

上述这种数据传递方式是最简单的一种数据传递方式，还有一种传递数据的方式是调用

putExtras()方法传递数据,该方法传递的是 Bundle 对象。调用 putExtras()方法传递数据可以使用如下代码:

```
Bundle bundle=new Bundle();
bundle.putString("name","Linda");
bundle.putInt("age",20);
Intent intent=new Intent(this,Activity02.class);
intent.putExtras(bundle);
startActivity(intent);
```

如果想要在 Activity02 中取出上述方式传递的数据,可以使用如下代码:

```
Intent intent=getIntent();
Bundle bundle=intent.getExtras();
String stuName=bundle.getString("name");
int stuAge=bundle.getString("age");
```

在上述代码中,在接收 Bundle 对象封装的数据时,需要先创建对应的 Bundle 对象,然后再根据存入的 key 值取出 value。其实用 Intent 传递数据以及对象时,它的内部也是调用了 Bundle 对象相应的 put()方法,也就是说 Intent 内部也是用 Bundle 来实现数据传递的,只是封装了一层而已。

3.4.2 案例——用户注册

为了让初学者掌握 Activity 中的数据传递,接下来通过 "用户注册" 的案例来演示 Activity 中的数据传递,案例实现的步骤如下:

1. 创建程序

创建一个名为"用户注册"的应用程序,将包名修改为 cn.itcast.passdata,设计用户交互界面,具体如图 3-18 所示。

第一个 Activity 对应布局文件(activity01.xml)的代码如下所示:

图 3-18 第一个 Activity 界面

```
<RelativeLayout xmlns:android="http://schemas.android.com/apk/res/android"
    android:layout_width="match_parent"
    android:layout_height="match_parent"
    android:orientation="vertical" >
    <LinearLayout
        android:id="@+id/regist_username"
        android:layout_width="match_parent"
        android:layout_height="wrap_content"
        android:layout_centerHorizontal="true"
        android:layout_marginLeft="10dp"
        android:layout_marginRight="10dp"
        android:layout_marginTop="22dp"
```

```xml
        android:orientation="horizontal" >
        <TextView
            android:layout_width="80dp"
            android:layout_height="wrap_content"
            android:gravity="right"
            android:paddingRight="5dp"
            android:text="用户名 :" />
        <EditText
            android:id="@+id/et_name"
            android:layout_width="match_parent"
            android:layout_height="wrap_content"
            android:hint="请输入您的用户名"
            android:textSize="14dp" />
    </LinearLayout>
    <LinearLayout
        android:id="@+id/regist_password"
        android:layout_width="match_parent"
        android:layout_height="wrap_content"
        android:layout_below="@+id/regist_username"
        android:layout_centerHorizontal="true"
        android:layout_marginLeft="10dp"
        android:layout_marginRight="10dp"
        android:layout_marginTop="5dp"
        android:orientation="horizontal" >
        <TextView
            android:layout_width="80dp"
            android:layout_height="wrap_content"
            android:gravity="right"
            android:paddingRight="5dp"
            android:text="密    码 :" />
        <EditText
            android:id="@+id/et_password"
            android:layout_width="match_parent"
            android:layout_height="wrap_content"
            android:hint="请输入您的密码"
            android:inputType="textPassword"
            android:textSize="14dp" />
    </LinearLayout>
    <RadioGroup
```

```xml
        android:id="@+id/radioGroup"
        android:layout_width="wrap_content"
        android:layout_height="wrap_content"
        android:layout_below="@+id/regist_password"
        android:layout_marginLeft="30dp"
        android:contentDescription="性别"
        android:orientation="horizontal" >
        <RadioButton
            android:id="@+id/radioMale"
            android:layout_width="wrap_content"
            android:layout_height="wrap_content"
            android:checked="true"
            android:text="男" >
        </RadioButton>
        <RadioButton
            android:id="@+id/radioFemale"
            android:layout_width="wrap_content"
            android:layout_height="wrap_content"
            android:text="女" />
    </RadioGroup>
    <Button
        android:id="@+id/btn_send"
        android:layout_width="wrap_content"
        android:layout_height="wrap_content"
        android:layout_below="@+id/radioGroup"
        android:layout_centerHorizontal="true"
        android:layout_marginTop="24dp"
        android:text="提交用户信息" />
</RelativeLayout>
```

在上述代码中，定义了一个相对布局 RelativeLayout，该布局中创建了一个 EditText 和一个 Button 按钮，分别用于输入内容和单击"提交用户信息"按钮进行数据传递。

2. 创建接收数据 Activity 界面

接下来在 PassData 程序中创建一个用于数据接收的界面 activity02.xml，该界面的布局比较简单，只添加了三个 TextView 用来展示用户信息，因此不展示界面效果。activity02.xml 界面代码如下所示：

```xml
<LinearLayout xmlns:android="http://schemas.android.com/apk/res/android"
    xmlns:tools="http://schemas.android.com/tools"
    android:layout_width="match_parent"
    android:layout_height="match_parent"
```

```xml
        android:orientation="vertical">
    <TextView
        android:id="@+id/tv_name"
        android:layout_width="wrap_content"
        android:layout_height="wrap_content"
        android:gravity="center"
        android:layout_marginTop="10dp"
        android:textSize="20dp" />
    <TextView
        android:id="@+id/tv_password"
        android:layout_width="wrap_content"
        android:layout_height="wrap_content"
        android:gravity="center"
        android:layout_marginTop="10dp"
        android:textSize="20dp" />
    <TextView
        android:id="@+id/tv_sex"
        android:layout_width="wrap_content"
        android:layout_height="wrap_content"
        android:gravity="center"
        android:layout_marginTop="10dp"
        android:textSize="20dp" />
</LinearLayout>
```

3. **编写界面交互代码（MainActivity）**

当界面创建好之后，需要在 Activity01 中编写与页面交互的代码，用于实现数据传递，具体代码如下所示：

```
1   public class Activity01 extends Activity{
2     private RadioButton manRadio;
3     private RadioButton womanRadio;
4     private EditText et_password;
5     private Button btn_send;
6     private EditText et_name;
7     protected void onCreate(Bundle savedInstanceState) {
8       super.onCreate(savedInstanceState);
9       setContentView(R.layout.activity01);
10      et_name=(EditText) findViewById(R.id.et_name);
11      et_password=(EditText) findViewById(R.id.et_password);
12      btn_send=(Button) findViewById(R.id.btn_send);
13      manRadio=(RadioButton) findViewById(R.id.radioMale);
```

```
14      womanRadio=(RadioButton) findViewById(R.id.radioFemale);
15      btn_send=(Button) findViewById(R.id.btn_send);
16      //点击提交用户信息按钮进行数据传递
17      btn_send.setOnClickListener(new OnClickListener() {
18          public void onClick(View v) {
19              passDate();
20          }
21      });
22   }
23   //传递数据
24   public void passDate() {
25      //创建 Intent 对象，启动 Activity02
26      Intent intent=new Intent(this,Activity02.class);
27      //将数据存入 Intent 对象
28      intent.putExtra("name",et_name.getText().toString().trim());
29      intent.putExtra("password",et_password.getText().toString().trim());
30      String str="";
31      if(manRadio.isChecked()){
32          str="男";
33      }else if(womanRadio.isChecked()){
34          str="女";
35      }
36      intent.putExtra("sex",str);
37      startActivity(intent);
38   }
39 }
```

在上述代码中，passDate()方法实现了获取用户输入数据，并且将 Intent 作为载体进行数据传递。为了让初学者看到数据传递效果，接下来再创建一个 Activity02，用于接收数据并展示，具体代码如下所示：

```
1 public class Activity02 extends Activity {
2    private TextView tv_name,tv_password,tv_sex;
3    protected void onCreate(Bundle savedInstanceState) {
4       super.onCreate(savedInstanceState);
5       setContentView(R.layout.activity02);
6       //获取 Intent 对象
7       Intent intent=getIntent();
8       //取出 key 对应的 value 值
9       String name=intent.getStringExtra("name");
10      String password=intent.getStringExtra("password");
```

```
11        String sex=intent.getStringExtra("sex");
12        tv_name=(TextView) findViewById(R.id.tv_name);
13        tv_password=(TextView) findViewById(R.id.tv_password);
14        tv_sex=(TextView) findViewById(R.id.tv_sex);
15        tv_name.setText("用户名: "+name);
16        tv_password.setText("密    码: "+password);
17        tv_sex.setText("性    别: "+sex);
18    }
19 }
```

在上述代码中，第7~17行代码通过getIntent()方法获取到Intent对象，然后通过该对象的getStringExtra()方法获取输入的用户名，并将得到的用户名绑定在TextView控件中进行显示。需要注意的是，getStringExtra(String str)方法传入的参数必须是Activity01中intent.putExtra()方法中传入的key，否则会返回null。

4. 清单文件的配置

接下来在清单文件中，配置Activity，具体代码如下所示：

```xml
<application
    android:allowBackup="true"
    android:icon="@drawable/ic_launcher"
    android:label="@string/app_name"
    android:theme="@style/AppTheme" >
    <activity
        android:name="cn.itcast.passdata.Activity01"
        android:label="填写用户信息" >
        <intent-filter>
            <action android:name="android.intent.action.MAIN" />
            <category android:name="android.intent.category.LAUNCHER" />
        </intent-filter>
    </activity>
    <activity
        android:name="cn.itcast.passdata.Activity02"
        android:label="展示用户信息" >
    </activity>
</application>
```

需要注意的是，android:label属性是用来指定显示在标题栏上的名称的，如果Activity设置了该属性，则跳到该Activity页面时标题栏会显示在Activity中配置的名称，否则显示在Application中配置的名称。

5. 运行程序注册信息

程序编写完成后，接下来运行程序进行测试，首先在Activity01的文本框中输入"Linda"，单击"提交用户信息"按钮，此时会跳转到 Activity02 界面，显示输入的信息，如图 3-19 所示。

图 3-19 注册用户运行界面

从图 3-19 中可以看出，Activity01 中输入的数据 username 成功地传递给 Activity02，这就是使用 Intent 进行不同界面传递数据的用法。

3.4.3 回传数据

在使用新浪微博 APP 时，能发现在微博发布页面进入图库选择图片后，会回到微博发布页面并带回了图片选择页面的图片信息。由于这种需求十分常见，因此，Android 提供了一个 startActivityForResult()方法，来实现回传数据。

接下来通过一段示例代码来显示如何使用 startActivityForResult()。Activity01 具体代码如下所示：

```
Intent intent=new Intent(this,Activity02.class);
startActivityForResult(intent,1);
```

上述示例代码中，startActivityForResult()方法接收两个参数，第一个参数是 Intent，第二个参数是请求码，用于在判断数据的来源。

接下来在 Activity02 中添加数据返回的示例代码，具体如下所示：

```
Intent intent=new Intent();
intent.putExtra("extra_data","Hello Activity01");
setResult(1,intent);
finish();
```

上述代码中，实现了回传数据的功能。其中，setResult()方法接收两个参数，第一个参数 resultCode 结果码，一般使用 0 或 1；第二个参数则是把带有数据的 Intent 传递回去，最后调用 finish()方法销毁当前 Activity。

由于使用了 startActivityForResult()方法启动 Activity02，因此会在 Activity01 页面回调 onActivityResult()方法，需要在 Activity01 中重写该方法来获取返回的数据，具体代码如下所示：

```
protected void onActivityResult(int requestCode, int resultCode, Intent data) {
    super.onActivityResult(requestCode,resultCode,data);
    if(resultCode==1) {
        String content=data.getStringExtra("extra_data");
        Log.i("Activity01",content);
    }
}
```

在上述代码中，实现了获取返回数据的功能。onActivityResult()方法有三个参数，第一个参数 requestCode，表示在启动 Activity 时传递的请求码；第二个参数 resultCode，表示在返回数据时传入结果码；第三个参数 data，表示携带返回数据的 Intent。

需要注意的是，在一个 Activity 中很可能调用 startActivityForResult()方法启动多个 Activity，每一个 Activity 返回的数据都会回调到 onActivityResult()这个方法中，因此，首先要做的就是通过检查 requestCode 的值来判断数据来源，确定数据是从 Activity02 返回的，然后再通过 resultCode 的值来判断数据处理结果是否成功，最后从 data 中取出数据并打印，这样就完成了 Activity 中数据返回的功能。

3.4.4　案例——装备选择

为了让初学者掌握 Activity 回传数据，接下来通过案例装备选择来演示 Activity 回传数据。本案例实现了购买装备增加生命值的功能，实现案例的具体步骤如下：

1．创建程序

创建一个名为"装备选择"的工程，将包名修改为 cn.itcast.select。设计用户交互界面，具体如图 3-20 所示。

装备选择程序对应的布局文件（activity_main.xml）如下所示：

图 3-20　装备选择主界面

```xml
<LinearLayout xmlns:android="http://schemas.android.com/apk/res/android"
    xmlns:tools="http://schemas.android.com/tools"
    android:layout_width="match_parent"
    android:layout_height="match_parent"
    android:orientation="vertical"
    android:gravity="center"
    tools:context=".MainActivity" >
    <ImageView
        android:id="@+id/pet_imgv"
        android:layout_width="wrap_content"
        android:layout_height="wrap_content"
        android:layout_gravity="center_horizontal"
```

```xml
            android:layout_marginBottom="5dp"
            android:layout_marginTop="30dp"
            android:src="@drawable/baby" />
        <TextView
            android:id="@+id/pet_dialog_tv"
            android:layout_width="wrap_content"
            android:layout_height="wrap_content"
            android:layout_gravity="center_horizontal"
            android:layout_marginBottom="25dp"
            android:gravity="center"
            android:text="主人,快给小宝宝购买装备吧" />
        <TableLayout
            android:layout_width="fill_parent"
            android:layout_height="wrap_content"
            android:layout_gravity="center"
            android:layout_marginBottom="20dp" >
            <TableRow
                android:layout_width="fill_parent"
                android:layout_height="wrap_content" >
                <TextView
                    android:layout_width="0dip"
                    android:layout_height="wrap_content"
                    android:layout_weight="1"
                    android:text="生命值:"
                    android:textColor="@android:color/black"
                    android:textSize="14sp" />
                <ProgressBar
                    android:id="@+id/progressBar1"
                    style="?android:attr/progressBarStyleHorizontal"
                    android:layout_width="0dip"
                    android:layout_height="wrap_content"
                    android:layout_gravity="center"
                    android:layout_weight="2" />
                <TextView
                    android:id="@+id/tv_life_progress"
                    android:layout_width="0dip"
                    android:layout_height="wrap_content"
```

```xml
            android:layout_weight="1"
            android:text="0"
            android:gravity="center"
            android:textColor="#000000" />
    </TableRow>
    <TableRow
        android:layout_width="fill_parent"
        android:layout_height="wrap_content" >
        <TextView
            android:layout_width="0dip"
            android:layout_height="wrap_content"
            android:layout_weight="1"
            android:text="攻击力:"
            android:textColor="@android:color/black"
            android:textSize="14sp" />
        <ProgressBar
            android:id="@+id/progressBar2"
            style="?android:attr/progressBarStyleHorizontal"
            android:layout_width="0dip"
            android:layout_height="wrap_content"
            android:layout_weight="2" />
        <TextView
            android:id="@+id/tv_attack_progress"
            android:layout_width="0dip"
            android:layout_height="wrap_content"
            android:layout_weight="1"
            android:text="0"
            android:gravity="center"
            android:textColor="#000000" />
    </TableRow>
    <TableRow
        android:layout_width="fill_parent"
        android:layout_height="wrap_content" >
        <TextView
            android:layout_width="0dip"
            android:layout_height="wrap_content"
            android:layout_weight="1"
```

```xml
            android:text="敏捷:"
            android:textColor="@android:color/black"
            android:textSize="14sp" />
        <ProgressBar
            android:id="@+id/progressBar3"
            style="?android:attr/progressBarStyleHorizontal"
            android:layout_width="0dip"
            android:layout_height="wrap_content"
            android:layout_weight="2" />
        <TextView
            android:id="@+id/tv_speed_progress"
            android:layout_width="0dip"
            android:layout_height="wrap_content"
            android:layout_weight="1"
            android:text="0"
            android:gravity="center"
            android:textColor="#000000" />
    </TableRow>
</TableLayout>
<RelativeLayout
    android:layout_width="match_parent"
    android:layout_height="wrap_content"
    android:layout_marginLeft="50dp"
    android:layout_marginRight="50dp"
    android:layout_marginTop="20dp" >
    <Button
        android:id="@+id/btn_baby"
        android:layout_width="match_parent"
        android:layout_height="wrap_content"
        android:drawablePadding="3dp"
        android:drawableRight="@android:drawable/ic_menu_add"
        android:onClick="click"
        android:text="小宝宝购买装备"
        android:textSize="14sp" />
</RelativeLayout>
</LinearLayout>
```

上述布局代码使用到了控件 ProgressBar（进度条），它是用来显示小宝宝的生命值、攻击力和敏捷度的。ProgressBar 通常用于访问网络展示 Loading 对话框以及下载文件时显示的进度。它有两种表现形式，一种是水平的（即本案例用到的），另一种是环形的。它的表现形式是由 style 属性控制的，ProgressBar 几个常用方法属性如下所示：

- style 属性：控制 ProgressBar 的表现形式，水平进度条需设置 style 的属性值为 "?android:attr/progressBarStyleHorizontal"，环形进度条需设置 style 的属性值为 "?android:attr/progressBarStyleLarge"。
- setMax()方法：设置进度条的最大值。
- setProgress()方法：设置当前进度。
- getProgress()方法：获取当前进度。

2. 创建装备界面

创建装备界面 activity_shop.xml，该界面是来展示装备的，界面编写完成后，运行效果如图 3-21 所示。

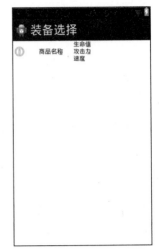

图 3-21　购买装备页面

购买装备界面（activity_shop.xml）对应的布局文件如下所示：

```xml
<?xml version="1.0" encoding="utf-8"?>
<RelativeLayout xmlns:android="http://schemas.android.com/apk/res/android"
    android:id="@+id/rl"
    android:layout_width="match_parent"
    android:layout_height="wrap_content"
    android:orientation="vertical" >
    <View
        android:layout_width="30dp"
        android:layout_height="30dp"
        android:background="@android:drawable/ic_menu_info_details"
        android:layout_centerVertical="true"
        android:layout_alignParentLeft="true"/>
    <TextView
        android:id="@+id/tv_name"
        android:layout_width="wrap_content"
        android:layout_height="wrap_content"
        android:layout_centerVertical="true"
        android:layout_marginLeft="60dp"
        android:text="商品名称"/>
    <LinearLayout
        android:layout_width="wrap_content"
        android:layout_height="wrap_content"
        android:layout_centerInParent="true"
        android:orientation="vertical">
        <TextView
```

```
                android:id="@+id/tv_life"
                android:layout_width="wrap_content"
                android:layout_height="wrap_content"
                android:textSize="13sp"
                android:text="生命值"/>
            <TextView
                android:id="@+id/tv_attack"
                android:layout_width="wrap_content"
                android:layout_height="wrap_content"
                android:textSize="13sp"
                android:text="攻击力"/>
            <TextView
                android:id="@+id/tv_speed"
                android:layout_width="wrap_content"
                android:layout_height="wrap_content"
                android:textSize="13sp"
                android:text="速度"/>
        </LinearLayout>
</RelativeLayout>
```

3. 创建 ItemInfo 类

在程序中创建一个 cn.itcast.domain 包，在该包中创建一个 ItemInfo 类，用于封装装备信息。具体代码如下所示：

```
1  public class ItemInfo implements Serializable{
2      private String name;
3      private int acctack;
4      private int life;
5      private int speed;
6      public ItemInfo(String name,int acctack,int life,int speed) {
7          this.name=name;
8          this.acctack=acctack;
9          this.life=life;
10         this.speed=speed;
11     }
12     public String getName() {
13         return name;
14     }
15     public void setName(String name) {
16         this.name=name;
17     }
```

```
18    public int getAcctack() {
19        return acctack;
20    }
21    public void setAcctack(int acctack) {
22        this.acctack=acctack;
23    }
24    public int getLife() {
25        return life;
26    }
27    public void setLife(int life) {
28        this.life=life;
29    }
30    public int getSpeed() {
31        return speed;
32    }
33    public void setSpeed(int speed) {
34        this.speed=speed;
35    }
36    public String toString() {
37        return " [name="+name+",acctack="+acctack+",life="+life
38            +",speed="+speed+"]";
39    }
40}
```

需要注意的是，Intent 除了传递基本类型之外，也能传递 Serializable 或 Parcelable 类型的数据。为了方便数据传递，在这里让 ItemInfo 类实现 Serializable 接口。

4. 创建 ShopActivity

ShopActivity 是用来展示装备信息的，当单击 ShopActivity 的装备时，会调回 MainActivity 并将装备信息回传给 MainActivity。ShopActivity 的具体代码如下所示：

```
1  public class ShopActivity extends Activity implements OnClickListener {
2      private ItemInfo itemInfo;
3      protected void onCreate(Bundle savedInstanceState) {
4          super.onCreate(savedInstanceState);
5          setContentView(R.layout.activity_shop);
6          itemInfo=new ItemInfo("金剑",100,20,20);
7          findViewById(R.id.rl).setOnClickListener(this);
8          TextView mLifeTV=(TextView)findViewById(R.id.tv_life);
9          TextView mNameTV=(TextView)findViewById(R.id.tv_name);
10         TextView mSpeedTV=(TextView)findViewById(R.id.tv_speed);
```

```
11      TextView mAttackTV=(TextView)findViewById(R.id.tv_attack);
12      //TextView 显示字符串,这里传入 int 值编译不会报错,运行会出错
13      mLifeTV.setText("生命值+"+itemInfo.getLife() );
14      mNameTV.setText(itemInfo.getName()+"");
15      mSpeedTV.setText("敏捷度+"+itemInfo.getSpeed());
16      mAttackTV.setText("攻击力+"+itemInfo.getAcctack());
17   }
18   @Override
19   public void onClick(View v) {
20      //TODO Auto-generated method stub
21      switch(v.getId()) {
22      case R.id.rl:
23         Intent intent=new Intent();
24         intent.putExtra("equipment",itemInfo);
25         setResult(1,intent);
26         finish();
27         break;
28      }
29   }
30 }
```

上述代码中的重点代码是第 23~26 行,从这段代码中可以看出,setReult()方法的作用是让当前 Activity 返回到它的调用者,在这里可以理解为让 ShopActivity 返回到 MainActivity。

5. 编写界面交互代码(MainActivity)

接下来编写 MainActivity。MainActivity 主要用于响应按钮的点击事件,并将返回的装备信息显示到指定的 ListView 控件中,具体代码如下所示:

```
1  public class MainActivity extends Activity {
2     private ProgressBar mProgressBar1;
3     private ProgressBar mProgressBar2;
4     private ProgressBar mProgressBar3;
5     private TextView mLifeTV;
6     private TextView mAttackTV;
7     private TextView mSpeedTV;
8     protected void onCreate(Bundle savedInstanceState) {
9        super.onCreate(savedInstanceState);
10       setContentView(R.layout.activity_main);
11       mLifeTV=(TextView)findViewById(R.id.tv_life_progress);
12       mAttackTV=(TextView)findViewById(R.id.tv_attack_progress);
13       mSpeedTV=(TextView)findViewById(R.id.tv_speed_progress);
```

```java
14        initProgress();                          //初始化进度条
15    }
16    private void initProgress() {
17        mProgressBar1=(ProgressBar)findViewById(R.id.progressBar1);
18        mProgressBar2=(ProgressBar)findViewById(R.id.progressBar2);
19        mProgressBar3=(ProgressBar)findViewById(R.id.progressBar3);
20        mProgressBar1.setMax(1000);              //设置最大值1000
21        mProgressBar2.setMax(1000);
22        mProgressBar3.setMax(1000);
23    }
24    // 开启新的activity并且想获取他的返回值
25    public void click(View view) {
26        Intent intent=new Intent(this,ShopActivity.class);
27        startActivityForResult(intent,1); //返回请求结果,请求码为1
28    }
29    @Override
30    protected void onActivityResult(int requestCode,
31                          int resultCode,Intent data) {
32        super.onActivityResult(requestCode,resultCode,data);
33        if(data!=null) {
34            //判断结果码是否等于1,等于1为宝宝添加装备
35            if(resultCode==1) {
36                if(requestCode==1) {
37                    ItemInfo info=
38                        (ItemInfo)data.getSerializableExtra("equipment");
39                    //更新ProgressBar的值
40                    updateProgress(info);
41                }
42            }
43        }
44    }
45    //更新ProgressBar的值
46    private void updateProgress(ItemInfo info) {
47        int progress1=mProgressBar1.getProgress();
48        int progress2=mProgressBar2.getProgress();
49        int progress3=mProgressBar3.getProgress();
50        mProgressBar1.setProgress(progress1+info.getLife());
51        mProgressBar2.setProgress(progress2+info.getAcctack());
52        mProgressBar3.setProgress(progress3+info.getSpeed());
53        mLifeTV.setText(mProgressBar1.getProgress()+"");
```

```
54      mAttackTV.setText(mProgressBar2.getProgress()+"");
55      mSpeedTV.setText(mProgressBar3.getProgress()+"");
56    }
57 }
```

上述代码中第 30~44 行实现了获取 ShopActivity 的装备信息,根据装备信息更新 ProgressBar。

6. 清单文件的配置

使用 Activity 时需要在清单文件中配置,具体代码如下所示:

```xml
<activity
    android:name="cn.itcast.select.MainActivity"
    android:label="@string/app_name" >
    <intent-filter>
        <action android:name="android.intent.action.MAIN" />
        <category android:name="android.intent.category.LAUNCHER" />
    </intent-filter>
</activity>
<activity android:name="cn.itcast.select.ShopActivity" >
</activity>
```

7. 运行程序选择装备

运行程序,在主界面中分别单击"主人购买装备""小宝宝购买装备"按钮,会跳转至装备展示页面,装备购买成功后,会看到图 3-22 所示的界面。

图 3-22 选择装备

从图 3-22 可以看出,主人购买装备或小宝宝购买装备都完成了,购买的装备会显示在界面的 ListView 中,并且进度条的值会随着装备的购买而增加。

至此,Activity 数据传递的功能就讲解完了。

小 结

本章主要讲解了 Activity 的相关知识，包括 Activity 入门、Activity 启动模式、Intent 的使用以及 Activity 中的数据传递，并在讲解各个知识点时都编写了实用的案例用来巩固知识点。由于凡是有界面的 Android 程序都会使用到 Activity，因此，要求初学者必须熟练掌握该组件的使用。

习 题

一、填空题

1. Activity 生命周期的三种状态分别是_____、_____和_____。
2. Activity 的 4 种启动模式是_____、_____、_____和_____。
3. Android 中 Intent 寻找目标组件的方式有两种：_____和_____。
4. Activity 生命周期中"回到前台，再次可见时执行"时调用的方法是_____。
5. 要在 Activity 中实现数据回传,则需要使用_____方法开启另一个 Activity。

二、判断题

1. Activity 是 Android 应用程序的四大组件之一。（   ）
2. Intent 一般只用于启动 Activity 不能开启广播和服务。（   ）
3. Intent 可以用来开启 Activity,同样它也可以用来在 Activity 之间传递数据。（   ）
4. Activity 默认的启动模式是 singleTop 模式。（   ）
5. 在数据传递时，如果需要获取返回的数据，需要使用 onActivityResult()方法。（   ）

三、选择题

1. 一个应用程序默认会包含（   ）个 Activity。
   A. 1　　　　　B. 5　　　　　C. 10　　　　　D. 若干
2. 下列方法中，Activity 从第一次启动到关闭不会执行的是（   ）。
   A. onCreate()　　B. onStart()　　C. onResume()　　D. onRestart()
3. 下列组件中，不能使用 Intent 启动的是（   ）。
   A. Activity　　B. 启动服务　　C. 广播　　D. 内容提供者
4. startActivityForResult()方法接收两个参数，第一个是 Intent，第二个是（   ）。
   A. resultCode　　B. request　　C. requestCode　　D. data
5. 下列关于 Activity 的描述，错误的是（   ）。
   A. Activity 是 Android 的四大组件之一
   B. Activity 有 4 种启动模式
   C. Activity 通常用于开启一个广播事件
   D. Activity 就像一个界面管理员，用户在界面上的操作是通过 Activity 来管理

四、简答题

1. 简要说明 Activity 的 4 种启动模式的区别。

2. 简要说明 Activity 的三种状态以及不同状态使用的方法。

五、编程题

1. 编写一个程序，通过隐式意图打开系统中的浏览器。

2. 编写一个数据传递的小程序，要求在第一个界面输入姓名、年龄，第二个界面上面显示"恭喜您！来到这个世界 n 年！"。（n 为输入的年龄）

【思考题】

1. 请思考什么是 Activity，以及 Activity 的作用。

2. 请思考 Activity 生命周期中包含有哪几种状态。

扫描右方二维码，查看思考题答案！

第 4 章

数据存储

学习目标
- 了解 5 种数据存储方式的特点。
- 学会使用文件存储、SharedPreferences 存储数据。
- 掌握 XML 文件的序列化和解析。

大部分应用程序都会涉及数据存储，Android 程序也不例外。Android 中的数据存储方式有 5 种，分别是文件存储、SharedPreferences、SQLite 数据库、ContentProvider 以及网络存储。文件存储有很多种形式，XML 就是其中的一种。XML 存储的数据结构比较清晰，应用比较广泛，因此本章将重点讲解文件存储、XML 序列化和解析以及 SharedPreferences 存储。SQLite 数据库、ContentProvider 和网络存储知识较多，并且存储方式与文件存储、SharedPreferences 有明显差别，所以放在后边的章节中进行详细讲解。

4.1 数据存储方式

Android 系统中的 5 种数据存储方式，每种方式都有其不同的特点。下面将针对这 5 种方式进行简单介绍。

- 文件存储：以 I/O 流形式把数据存入手机内存或者 SD 卡，可以存储大数据，如音乐、图片或者视频等。
- SharedPreferences：它本质上是一个 XML 文件，以 Map<Object,Object>形式存入手机内存中。常用于存储较简单的参数设置，如 QQ 登录账号密码的存储、窗口功能状态的存储等，使用起来简单、方便。
- SQLite 数据库：SQLite 是一个轻量级、跨平台的数据库。数据库中所有信息都存储在单一文件内，占用内存小，并且支持基本 SQL 语法，是项目中经常被采用的一种数据存储方式，通常用于存储用户信息等。
- ContentProvider：又称内容提供者，是 Android 四大组件之一，以数据库形式存入手机内存，可以共享自己的数据给其他应用使用。相对于其他对外共享数据的方式而言，ContentProvider 统一了数据访问方式，使用起来更规范。
- 网络存储：把数据存储到服务器，不存储在本地，使用的时候直接从网络获取，避免了手机端信息丢失以及其他的安全隐患。

需要注意的是，在 Android 中应用程序存储的数据都属于应用私有，如果要将程序中的私有数据分享给其他应用程序，可以使用文件存储、SharedPreferences 以及 ContentProvider，推荐使用 ContentProvider 共享数据。

4.2 文件存储

4.2.1 文件存储简介

文件存储是 Android 中最基本的一种数据存储方式，它与 Java 中的文件存储类似，都是通过 I/O 流的形式把数据原封不动地存储到文档中。不同的是，Android 中的文件存储分为内部存储和外部存储，接下来分别针对这两种存储方式进行详细的讲解。

1. 内部存储

内部存储是指将应用程序中的数据以文件方式存储到设备的内部存储空间中（该文件位于 data/data/<packagename>/files/目录下），内部存储方式存储的文件被其所创建的应用程序私有，如果其他应用程序要操作本应用程序中的文件，需要设置权限。当创建的应用程序被卸载时，其内部存储文件也随之被删除。

内部存储使用的是 Context 提供的 openFileOutput()方法和 openFileInput()方法，通过这两个方法可以分别获取 FileOutputStream 对象和 FileInputStream 对象，具体如下：

```
FileOutputStream openFileOutput(String name,int mode);
FileInputStream openFileInput(String name);
```

上述两个方法中，openFileOutput()用于打开应用程序中对应的输出流，将数据存储到指定的文件中；openFileInput()用于打开应用程序对应的输入流，用于从文件中读取数据。其中，参数 name 表示文件名，mode 表示文件的操作模式，也就是读写文件的方式，它的取值有 4 种，具体如下：

- MODE_PRIVATE：该文件只能被当前程序读写，默认的操作模式。
- MODE_APPEND：该文件的内容可以追加，常用的一种模式。
- MODE_WORLD_READABLE：该文件的内容可以被其他文件读取，安全性低，通常不使用。
- MODE_WORLD_WRITEABLE：该文件的内容可以被其他程序写入，安全性低，通常不使用。

存储数据时，使用 FileOutputStream 对象将数据存储到文件中的示例代码如下：

```
String fileName="data.txt";        //文件名称
String content="helloworld";       //保存数据
FileOutputStream fos;
try {
    fos=openFileOutput(fileName,MODE_PRIVATE);
    fos.write(content.getBytes());
    fos.close();
} catch(Exception e) {
    e.printStackTrace();
}
```

上述代码中，分别定义了 String 类型的文件名 data.txt，以及要写入文件的数据 helloworld，然后创建 FileOutputStream 对象，通过该对象将数据 helloworld 写入到 data.txt 文件。

取出数据时，使用 FileInputStream 对象读取数据的示例代码如下：

```
String content="";
```

```
FileInputStream fis;
try {
    fis=openFileInput("data.txt");
    byte[] buffer=new byte[fis.available()];
    fis.read(buffer);
    content=new String(buffer);
} catch(Exception e) {
    e.printStackTrace();
}
```

上述代码中，首先通过 openFileInput("data.txt")获取到文件输入流对象，然后通过缓冲区 buffer 存储读取的文件，最后将读取到的数据赋值给 String 变量。

2. **外部存储**

外部存储是指将文件存储到一些外围设备上（该文件通常位于 mnt/sdcard 目录下，不同厂商生产的手机这个路径可能会不同），例如 SD 卡或者设备内嵌的存储卡，属于永久性的存储方式。外部存储的文件可以被其他应用程序所共享，当将外围存储设备连接到计算机时，这些文件可以被浏览、修改和删除，因此这种方式不安全。

由于外围存储设备可能被移除、丢失或者处于其他状态，因此在使用外围设备之前必须使用 Environment.getExternalStorageState()方法来确认外围设备是否可用，当外围设备可用并且具有读写权限时，就可以通过 FileInputStream、FileOutputStream 或者 FileReader、FileWriter 对象来读写外围设备中的文件。

向外围设备（SD 卡）中存储数据的示例代码如下所示：

```
String state=Environment.getExternalStorageState();
if(state.equals(Environment.MEDIA_MOUNTED)) {
    File SDPath=Environment.getExternalStorageDirectory();
    File file=new File(SDPath,"data.txt");
    String data="HelloWorld";
    FileOutputStream fos;
    try {
        fos=new FileOutputStream(file);
        fos.write(data.getBytes());
        fos.close();
    } catch(Exception e) {
        e.printStackTrace();
    }
}
```

上述代码中，使用到了 Environment.getExternalStorageDirectory();方法，该方法用于获取 SD 卡根目录的路径。手机厂商不同 SD 卡根目录可能不一致，用这种方法可以避免把路径写死而找不到 SD 卡。

从外围设备（SD 卡）中读取数据的示例代码如下所示：

```
String state=Environment.getExternalStorageState();
if(state.equals(Environment.MEDIA_MOUNTED)) {
    File SDPath=Environment.getExternalStorageDirectory();
    File file=new File(SDPath,"data.txt");
    FileInputStream fis;
    try {
        fis=new FileInputStream(file);
        BufferedReader br=new BufferedReader(new InputStreamReader(fis));
        String data=br.readLine();
        fis.close();
    } catch(Exception e) {
        e.printStackTrace();
    }
}
```

读取外围设备中的数据时，同样需要判断外围设备是否可用以及是否具有读写权限，然后通过 FileInputStream 对象读取指定目录下的文件。

需要注意的是，Android 系统为了保证应用程序的安全性做了相应规定，如果程序需要访问系统的一些关键信息，必须要在清单文件中声明权限才可以，否则程序运行时会直接崩溃。这里操作 SD 卡中的数据就是系统中比较关键的信息，因此需要在清单文件的<manifest>节点下配置权限信息，具体代码如下所示：

```
<uses-permission android:name="android.permission.WRITE_EXTERNAL_STORAGE"/>
<uses-permission android:name="android.permission.READ_EXTERNAL_STORAGE"/>
```

上述代码指定了当前 SD 卡具有可写和可读的权限，因此应用程序便可以操作 SD 卡中的数据。

4.2.2 案例——存储用户信息

在上一小节中，简要介绍了如何使用文件存储数据，以及从文件中读取数据。为了让初学者更好地掌握文件存储数据的方式，接下来通过一个存储用户信息的案例来学习。

1. 创建程序

创建一个名为"存储用户信息"的应用程序，将包名修改为 cn.itcast.filesave。设计用户交互界面，具体如图 4-1 所示。

"存储用户信息"程序对应的布局文件（activity_main.xml）如下所示：

图 4-1 数据存储界面

```
<RelativeLayout xmlns:android="http://schemas.android.com/apk/res/android"
    xmlns:tools="http://schemas.android.com/tools"
    android:layout_width="match_parent"
    android:layout_height="match_parent"
    tools:context=".MainActivity" >
```

```xml
<TextView
    android:id="@+id/textView1"
    android:layout_width="wrap_content"
    android:layout_height="wrap_content"
    android:layout_alignParentLeft="true"
    android:layout_alignParentTop="true"
    android:textSize="20dp"
    android:text="请输入您要存储的信息: "/>
<EditText
    android:id="@+id/et_info"
    android:layout_width="wrap_content"
    android:layout_height="wrap_content"
    android:layout_alignParentLeft="true"
    android:layout_below="@+id/textView1"
    android:ems="10" >
    <requestFocus />
</EditText>
<Button
    android:id="@+id/btn_read"
    android:layout_width="wrap_content"
    android:layout_height="wrap_content"
    android:layout_alignRight="@+id/et_info"
    android:layout_below="@+id/et_info"
    android:text="读取信息" />
<Button
    android:id="@+id/btn_save"
    android:layout_width="wrap_content"
    android:layout_height="wrap_content"
    android:layout_alignParentLeft="true"
    android:layout_below="@+id/et_info"
    android:text="保存信息" />
</RelativeLayout>
```

上述布局文件中，有一个 TextView 控件，一个 EditText 控件，两个 Button 按钮，并且为每一个控件都设置了 id，在 MainActivity 中可以通过这个 id 找到对应控件，对其进行操作。这三个控件分别用于提示用户输入信息、编写用户信息、保存用户信息和读取用户信息。

2. 编写界面交互代码（MainActivity）

在 MainActivity 中编写代码，实现用户存储数据到文件，以及从文件中读取数据的功能，具体代码如下：

```
1 public class MainActivity extends Activity {
```

```java
2    private EditText et_info;
3    private Button btn_save;
4    private Button btn_read;
5    protected void onCreate(Bundle savedInstanceState) {
6        super.onCreate(savedInstanceState);
7        setContentView(R.layout.activity_main);
8        //获取布局文件中的控件
9        et_info=(EditText) findViewById(R.id.et_info);
10       btn_save=(Button) findViewById(R.id.btn_save);
11       btn_read=(Button) findViewById(R.id.btn_read);
12       btn_save.setOnClickListener(new ButtonListener());
13       btn_read.setOnClickListener(new ButtonListener());
14   }
15   //定义Button按钮的点击事件
16   private class ButtonListener implements OnClickListener {
17       public void onClick(View v) {
18           switch(v.getId()) {
19           case R.id.btn_save:
20               String saveinfo=et_info.getText().toString().trim();
21               FileOutputStream fos;
22               try {
23                   //保存数据
24                   fos=openFileOutput("data.txt",Context.MODE_APPEND);
25                   fos.write(saveinfo.getBytes());
26                   fos.close();
27               } catch(Exception e) {
28                   e.printStackTrace();
29               }
30               Toast.makeText(MainActivity.this,"数据保存成功",0).show();
31               break;
32           case R.id.btn_read:
33               String content="";
34               try {
35                   //获取保存的数据
36                   FileInputStream fis=openFileInput("data.txt");
37                   byte[] buffer=new byte[fis.available()];
38                   fis.read(buffer);
39                   content=new String(buffer);
40                   fis.close();
```

```
41          } catch(Exception e) {
42              e.printStackTrace();
43          }
44          Toast.makeText(MainActivity.this,"保存的数据是: "+content,
45                  0).show();
46          break;
47      default:
48          break;
49      }
50   }
51 }
52}
```

上述代码中，核心内容就是为按钮设置点击事件然后操作数据，在第 9～11 行代码中通过 findViewById(R.id.ID 名称)方法找到当前控件并将其转化为对应的 View 控件。在第 12～13 行代码为 btn_save 按钮和 btn_read 按钮设置点击事件，并传入一个 ButtonListener()实例对象。第 16～51 行代码定义了一个 ButtonListener 类实现 OnClickListener 接口，重写 onClick(View v) 方法，在该方法中定义 switch 语句通过 v.getId 判断哪个按钮被点击，如果点击的是 btn_save 按钮，则保存用于信息，如果点击 btn_read 按钮则读取存入的信息。

3. 运行程序

程序运行成功后，在界面中填入 zhangsan，然后单击"保存信息"按钮，会弹出提示信息显示"数据保存成功"，单击"读取信息"按钮，数据就会显示在界面中，如图 4-2 所示。

图 4-2 运行效果

为了验证程序确实操作成功了，可以到 data/data 目录中找到对应的 data.txt 文件，并通过 DDMS 视图中右上方的导出图标将文件导出，data/data 目录如图 4-3 所示。

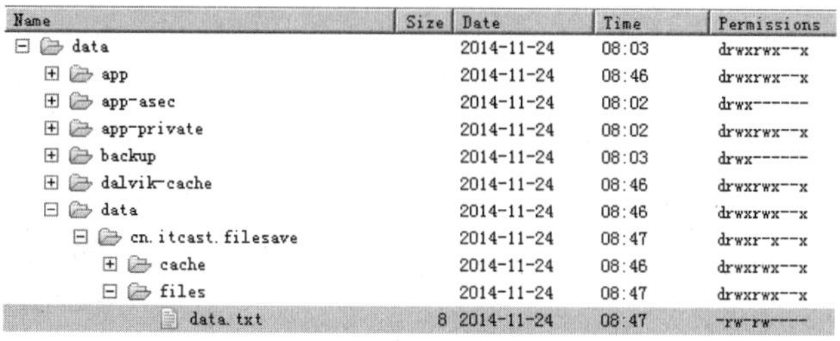

Name	Size	Date	Time	Permissions
⊟ 📁 data		2014-11-24	08:03	drwxrwx--x
⊞ 📁 app		2014-11-24	08:46	drwxrwx--x
⊞ 📁 app-asec		2014-11-24	08:02	drwx------
⊞ 📁 app-private		2014-11-24	08:02	drwxrwx--x
⊞ 📁 backup		2014-11-24	08:03	drwx------
⊞ 📁 dalvik-cache		2014-11-24	08:46	drwxrwx--x
⊟ 📁 data		2014-11-24	08:46	drwxrwx--x
⊟ 📁 cn.itcast.filesave		2014-11-24	08:47	drwxr-x--x
⊞ 📁 cache		2014-11-24	08:46	drwxrwx--x
⊟ 📁 files		2014-11-24	08:47	drwxrwx--x
📄 data.txt	8	2014-11-24	08:47	-rw-rw----

图 4-3 data.txt

至此，文件存储的相关知识学习完了，其实所用到的核心就是使用 I/O 流进行文件读写操作，其中 openFileInput() 和 openFileOutput() 方法的用法一定要掌握。

4.3 XML 序列化和解析

4.3.1 XML 序列化

序列化是将对象状态转换为可保持或传输的过程。在序列化对象时，需要使用 XmlSerialize 序列化器（XmlSerializer 类），它可以将 I/O 流中传输的对象变得像基本类型数据一样，实现传递的功能。

序列化之后的对象以 XML 形式保存，因此，下面先来看一下 person.xml 文件。

```xml
<?xml version="1.0" encoding="UTF-8" standalone="true"?>
<persons>
  <person id="0">
        <name>张三</name>
        <age>20</age>
  </person>
  <person id="1">
        <name>李四</name>
        <age>19</age>
  </person>
    ...
</persons>
```

要将数据序列化，首先要做的是创建与该 XML 相对应的序列化器（XmlSerializer），然后将 Person 对象转换为上述的 XML 文件。

XML 序列化的示例代码如下：

```
XmlSerializer serializer=Xml.newSerializer();          //创建XmlSerializer对象
serializer.setOutput(fileOutputStream,"utf-8");        //设置文件编码方式
serializer.startDocument("utf-8",true);                //写入 XML 文件标志
serializer.startTag(null,"persons");                   //开始结点
serializer.text("张三");                                //写入的内容
serizlizer.endTag(null,"persons");                     //结束结点
```

```
serializer.endDocument();
```

上述代码中,通过 XmlSerializer 对象可以设置 XML 文件的编码方式,然后向文件写入 XML 文件标志,也就是<?xml version="1.0" encoding="utf-8" standalone="yes" ?>代码。通过 serializer.startTag(null,"persons")创建根节点<persons>,通过 serializer.text()向该节点写入数据,最后创建结束节点</persons>,当执行到 serializer.endDocument() 时,表示整个文档写入结束。

4.3.2 案例——XML 序列化

上一个小节对 XML 序列化进行简单介绍,为了让初学者更好地掌握 XML 序列化,接下来通过一个"XML 序列化"的案例来演示如何将 Person 对象序列化为 XML 文件。

1. 创建程序

创建一个名为"XML 序列化"的应用程序,将包名修改为 cn.itcast.serialize,设计用户交互界面,具体如图 4-4 所示。

"XML 序列化"界面对应的布局文件(activity_main.xml)如下所示:

图 4-4 "XML 序列化"界面

```xml
<RelativeLayout xmlns:android="http://schemas.android.com/apk/res/android"
    xmlns:tools="http://schemas.android.com/tools"
    android:layout_width="match_parent"
    android:layout_height="match_parent"
    tools:context=".MainActivity" >
    <Button
        android:layout_width="wrap_content"
        android:layout_height="wrap_content"
        android:layout_centerHorizontal="true"
        android:layout_centerVertical="true"
        android:onClick="Serializer"
        android:text="序列化 XML 文件"/>
</RelativeLayout>
```

2. 创建 PersonInfo 类

创建 person.xml 对应的实体类 PersonInfo,该类中封装三个属性 name、age、score,具体代码如下所示:

```
1  public class PersonInfo {
2      private String name;
3      private Integer age;
4      private Integer score;
5      public PersonInfo(String name,Integer age,Integer score) {
6          super();
```

```
7       this.name=name;
8       this.age=age;
9       this.score=score;
10    }
11    public String getName() {
12       return name;
13    }
14    public void setName(String name) {
15       this.name=name;
16    }
17    public Integer getAge() {
18       return age;
19    }
20    public void setAge(Integer age) {
21       this.age=age;
22    }
23    public Integer getScore() {
24       return score;
25    }
26    public void setScore(Integer score) {
27       this.score=score;
28    }
29    public String toString() {
30       return "Person [name="+name+",age="+age+",score="+score+"]";
31    }
32 }
```

从上述代码可以看出，PersonInfo 中封装了三个属性以及重写了一个 toString()方法，指定返回字符串的格式。

3. 编写界面交互代码（MainActivity）

MainActivity 中的代码主要是自定义一些数据，并将这些数据通过 XmlSerializer 序列化器保存到 SD 卡中，具体代码如下所示：

```
1 public class MainActivity extends Activity {
2    private List<PersonInfo> userData;  //保存数据的集合
3    protected void onCreate(Bundle savedInstanceState) {
4       super.onCreate(savedInstanceState);
5       setContentView(R.layout.activity_main);
6       //创建保存数据的集合,模拟假数据
7       userData=new ArrayList<PersonInfo>();
8       for(int i=0;i<3;i++) {
```

```
9            userData.add(new PersonInfo("王"+i,100-i,80-i));
10       }
11   }
12   //将Person对象保存为XML格式
13   public void Serializer(View view) {
14       try {
15           XmlSerializer serializer=Xml.newSerializer();
16           File file=new File(Environment.getExternalStorageDirectory(),
17                   "person.xml");
18           FileOutputStream os=new FileOutputStream(file);
19           serializer.setOutput(os,"UTF-8");
20           serializer.startDocument("UTF-8",true);
21           serializer.startTag(null,"persons");
22           int count=0;
23           for(PersonInfo person : userData) {
24               serializer.startTag(null,"person");
25               serializer.attribute(null,"id",count+"");
26               //将Person对象的name属性写入XML文件
27               serializer.startTag(null,"name");
28               serializer.text(person.getName());
29               serializer.endTag(null,"name");
30               //将Person对象的age属性写入XML文件
31               serializer.startTag(null,"age");
32               serializer.text(String.valueOf(person.getAge()));
33               serializer.endTag(null,"age");
34               //将Person对象的score属性写入XML文件
35               serializer.startTag(null,"score");
36               serializer.text(String.valueOf(person.getScore()));
37               serializer.endTag(null,"score");
38               serializer.endTag(null,"person");
39               count++;
40           }
41           serializer.endTag(null,"persons");
42           serializer.endDocument();
43           serializer.flush();
44           os.close();
45           Toast.makeText(this,"操作成功",0).show();
46       } catch(Exception e) {
47           e.printStackTrace();
```

```
48            Toast.makeText(this,"操作失败",0).show();
49        }
50    }
51}
```

需要注意的是，在 XML 文件中，除了文本文件之外，带有< >的都是开始标签，serializer.startTag()写入开始标签；带有</ >的都是结束标签，用 serializer.endTag()写入结束标签。XML 文档的开始和结束分别用 serializer.startDocument()和 serializer.endDocument()来表示。

4. 添加权限

由于本案例需要将文件保存至 SD 卡，因此需要在清单文件中添加相应的权限，具体代码如下所示：

```
<uses-permission android:name="android.permission.WRITE_EXTERNAL_STORAGE"/>
```

5. 运行程序进行序列化

运行序列化程序，单击界面中的"序列化 XML 文件"按钮，此时会弹出操作成功的 Toast，如图 4-5 所示。

为了验证程序确实操作成功了，可以到 SD 卡目录（mnt/sdcard）中找到对应的 person.xml 文件，并将对应的文件导出，SD 目录如图 4-6 所示。

图 4-5　序列化 XML 文件　　　　　　图 4-6　SD 卡目录

接下来选中 person.xml 文件，单击 DDMS 视图中右上方的"导出"图标，将该文件导出到计算机上，person.xml 文件如下所示：

```xml
<?xml version="1.0" encoding="UTF-8" standalone="true"?>
<persons>
    <person id="0">
        <name>王 0</name>
        <age>100</age>
        <score>80</score>
    </person>
    <person id="1">
```

```xml
        <name>王1</name>
        <age>99</age>
        <score>79</score>
    </person>
    <person id="2">
    <name>王2</name>
    <age>98</age>
    <score>78</score>
    </person>
</persons>
```

从上述文件可以看出，该文件中存储的数据和自定义的数据一致，因此，说明 XML 文件序列化成功了。

注意：使用 XML 序列化器来存储 XML 文件时，一定要严格按照 XML 的格式来写，每个节点都有开始节点和结束节点，都是相对应的，可以先把一个节点的开始标签和结束标签同时写出来，再在中间写入节点内容，这样不会出现遗漏。

4.3.3 XML 解析

若要操作 XML 文档，首先需要将 XML 文档解析出来。通常情况下，解析 XML 文件有三种方式，分别是 DOM 解析、SAX 解析和 PULL 解析，接下来针对这三种方式进行简单的介绍。

1. DOM 解析

DOM（Document Object Mode）解析是一种基于对象的 API，它会将 XML 文件的所有内容以文档树方式存放在内存中，然后允许使用 DOM API 遍历 XML 树、检索所需的数据，这样便能根据树的结构以节点形式来对文件进行操作。

使用 DOM 操作 XML 的代码看起来是比较直观的，而且在编码方面比 SAX 解析更加简单。但是，由于 DOM 需要将整个 XML 文件以文档树的形式存放在内存中，消耗内存比较大。因此，较小的 XML 文件可以采用这种方式解析，但较大的文件不建议采用这种方式来解析。

2. SAX 解析

SAX 解析会逐行扫描 XML 文档，当遇到标签时触发解析处理器，采用事件处理的方式解析 XML。它在读取文档的同时即可对 XML 进行处理，不必等到文档加载结束，相对快捷。而且也不需要将整个文档加载进内存，因此不存在占用内存的问题，可以解析超大 XML。但是，SAX 解析只能用来读取 XML 中的数据，无法进行增删改。

3. PULL 解析

PULL 解析器是一个开源的 Java 项目，既可以用于 Android 应用，也可以用于 JavaEE 程序。Android 已经集成了 PULL 解析器，因此，在 Android 中最常用的解析方式就是 PULL 解析。

使用 PULL 解析 XML 文档，首先要创建 XmlPullParser 解析器，该解析器提供了很多属性，通过这些属性可以解析出 XML 文件中的各个节点内容。

XmlPullParser 的常用属性如下：

- XmlPullParser.START_DOCUMENT：XML 文档的开始，如 <?xml version="1.0" encoding="utf-8"?>。
- XmlPullParser.END_DOCUMENT：XML 文档的结束。
- XmlPullParser.START_TAG：开始节点，在 XML 文件中，除了文本之外，带有尖括号< >的都是开始节点，如<weather>。
- XmlPullParser.END_TAG：结束节点，带有</ >都是结束节点，如</weather>。

接下来介绍下 PULL 解析器的用法，具体步骤如下所示：

（1）通过调用 Xml.newPullParser();得到一个 XmlPullParser 对象。
（2）通过 parser.getEventType()获取到当前的事件类型。
（3）通过 while 循环判断当前操作事件类型是否为文档结束，是则跳出 while 循环。
（4）while 循环中通过 switch 语句判断当前事件类型是否为开始标签，是则获取该标签中的内容。

4.3.4 案例——天气预报

实际生活中，大多数人会在手机中安装一个天气预报的软件，如墨迹天气、懒人天气等。这些软件在获取天气信息时，都是通过解析 XML 文件得到的，下面就通过一个案例"天气预报"来演示如何解析 XML 文件。

1. 创建程序

创建一个名为"天气预报"的应用程序，将包名修改为 cn.itcast.weather，设计用户交互界面，具体如图 4-7 所示。

解析天气预报程序对应的布局文件（activity_main.xml）如下所示：

图 4-7 "天气预报"界面

```
<RelativeLayout xmlns:android="http://schemas.android.com/apk/res/android"
    xmlns:tools="http://schemas.android.com/tools"
    android:layout_width="match_parent"
    android:layout_height="match_parent"
    android:background="@drawable/weather"
    tools:context=".MainActivity" >
    <LinearLayout
        android:id="@+id/ll_btn"
        android:layout_width="wrap_content"
        android:layout_height="wrap_content"
        android:layout_alignParentBottom="true"
        android:layout_centerHorizontal="true"
        android:orientation="horizontal" >
        <Button
            android:id="@+id/city_bj"
            android:layout_width="wrap_content"
```

```xml
            android:layout_height="wrap_content"
            android:text="北京" />
        <Button
            android:id="@+id/city_sh"
            android:layout_width="wrap_content"
            android:layout_height="wrap_content"
            android:text="上海" />
        <Button
            android:id="@+id/city_jl
            android:layout_width="wrap_content"
            android:layout_height="wrap_content"
            android:text="吉林" />
    </LinearLayout>
    <TextView
        android:id="@+id/select_city"
        android:layout_width="wrap_content"
        android:layout_height="wrap_content"
        android:layout_alignParentTop="true"
        android:layout_marginTop="34dp"
        android:layout_toLeftOf="@+id/icon"
        android:text="上海"
        android:textSize="20sp" />
    <ImageView
        android:id="@+id/icon"
        android:src="@drawable/ic_launcher"
        android:layout_width="70dp"
        android:layout_height="70dp"
        android:layout_alignLeft="@+id/ll_btn"
        android:layout_below="@+id/select_city"
        android:layout_marginTop="25dp"
        android:paddingBottom="5dp" />
    <TextView
        android:id="@+id/select_weather"
        android:layout_width="wrap_content"
        android:layout_height="wrap_content"
        android:layout_alignRight="@+id/icon"
        android:layout_below="@+id/icon"
        android:layout_marginRight="15dp"
        android:layout_marginTop="18dp"
```

```xml
            android:gravity="center"
            android:text="多云"
            android:textSize="18sp" />
        <LinearLayout
            android:id="@+id/linearLayout1"
            android:layout_width="wrap_content"
            android:layout_height="wrap_content"
            android:layout_alignBottom="@+id/select_weather"
            android:layout_marginBottom="10dp"
            android:layout_alignRight="@+id/ll_btn"
            android:gravity="center"
            android:orientation="vertical" >
            <TextView
                android:id="@+id/temp"
                android:layout_width="wrap_content"
                android:layout_height="wrap_content"
                android:layout_marginTop="10dp"
                android:gravity="center_vertical"
                android:text="-7℃"
                android:textSize="22sp" />
            <TextView
                android:id="@+id/wind"
                android:layout_width="wrap_content"
                android:layout_height="wrap_content"
                android:text="风力:3 级"
                android:textSize="18sp" />
            <TextView
                android:id="@+id/pm"
                android:layout_width="73dp"
                android:layout_height="wrap_content"
                android:text="pm"
                android:textSize="18sp" />
        </LinearLayout>
</RelativeLayout>
```

上述布局文件中，底部放置一个 Linearlayout 包含三个按钮，单击切换不同城市信息；左侧分别放置了两个 TextView 和一个 ImageView，TextView 分别显示城市和天气状况，图片显示当前天气；布局右侧则放置了一个 Linearlayout，里面包含三个 TextView 分别显示温度、风力和 PM2.5 值。

2. 创建 weather.xml 文件

在工程 src 根目录中创建一个 weather.xml 文件，该文件中包含三个城市的天气信息，具体如下所示：

```xml
<?xml version="1.0" encoding="utf-8"?>
<infos>
    <city id="1">
        <temp>20℃/30℃</temp>
        <weather>晴天多云</weather>
        <name>上海</name>
        <pm>80</pm>
        <wind>1 级</wind>
    </city>
    <city id="2">
        <temp>26℃/32℃</temp>
        <weather>晴天</weather>
        <name>北京</name>
        <pm>98</pm>
        <wind>3 级</wind>
    </city>
    <city id="3">
        <temp>15℃/24℃</temp>
        <weather>多云</weather>
        <name>吉林</name>
        <pm>30</pm>
        <wind>5 级</wind>
    </city>
</infos>
```

上述 xml 文件主要包含了三个城市的天气信息，每一个城市都由 id、temp、weather、name、pm 和 wind 属性组成。

3. 创建 WeatherInfo 类

从 weather.xml 代码中可以看出，每个城市天气信息都包含 id、temp、weather、name、pm 和 wind 属性，为了方便后续的使用，我们可以将这 6 个属性封装成一个 JavaBean 代码，具体如下：

```
1 public class WeatherInfo {
2     private int id;
3     private String name;
4     private String weather;
5     private String temp;
6     private String pm;
```

```java
7      private String wind;
8      public int getId() {
9          return id;
10     }
11     public void setId(int id) {
12         this.id=id;
13     }
14     public String getName() {
15         return name;
16     }
17     public void setName(String name) {
18         this.name=name;
19     }
20     public String getWeather() {
21         return weather;
22     }
23     public void setWeather(String weather) {
24         this.weather=weather;
25     }
26     public String getTemp() {
27         return temp;
28     }
29     public void setTemp(String temp) {
30         this.temp=temp;
31     }
32     public String getPm() {
33         return pm;
34     }
35     public void setPm(String pm) {
36         this.pm=pm;
37     }
38     public String getWind() {
39         return wind;
40     }
41     public void setWind(String wind) {
42         this.wind=wind;
43     }
44 }
```

上述代码一共封装了 6 个属性，分别对应 XML 文件中的是 id、name、weather、temp、pm 和 wind。

4. 创建 WeatherService 工具类

为了代码的更加易于阅读，避免大量代码都在一个类中，因此创建一个用来解析 XML 文件的工具类 WeatherService。WeatherService 类中定义了一个 getWeatherInfos()方法，该方法中包含了解析 XML 文件的逻辑代码。WeatherService 具体代码如下：

```
1  public class WeatherService {
2      //返回天气信息的集合
3      public static List<WeatherInfo> getWeatherInfos(InputStream is)
4          throws Exception {
5          //得到 pull 解析器
6          XmlPullParser parser = Xml.newPullParser();
7          //初始化解析器,第一个参数代表包含 xml 的数据
8          parser.setInput(is,"utf-8");
9          List<WeatherInfo> weatherInfos=null;
10         WeatherInfo weatherInfo=null;
11         //得到当前事件的类型
12         int type=parser.getEventType();
13         //END_DOCUMENT 文档结束标签
14         while(type!=XmlPullParser.END_DOCUMENT) {
15             switch(type) {
16             //一个结点的开始标签
17             case XmlPullParser.START_TAG:
18                 //解析到全局开始的标签 infos 根结点
19                 if("infos".equals(parser.getName())){
20                     weatherInfos=new ArrayList<WeatherInfo>();
21                 }else if("city".equals(parser.getName())){
22                     weatherInfo=new WeatherInfo();
23                     String idStr=parser.getAttributeValue(0);
24                     weatherInfo.setId(Integer.parseInt(idStr));
25                 }else if("temp".equals(parser.getName())){
26                     //parset.nextText()得到该 tag 结点中的内容
27                     String temp = parser.nextText();
28                     weatherInfo.setTemp(temp);
29                 }else if("weather".equals(parser.getName())){
30                     String weather=parser.nextText();
31                     weatherInfo.setWeather(weather);
32                 }else if("name".equals(parser.getName())){
33                     String name=parser.nextText();
```

```
34                weatherInfo.setName(name);
35            }else if("pm".equals(parser.getName())){
36                String pm=parser.nextText();
37                weatherInfo.setPm(pm);
38            }else if("wind".equals(parser.getName())){
39                String wind=parser.nextText();
40                weatherInfo.setWind(wind);
41            }
42            break;
43            //一个结点结束的标签
44        case XmlPullParser.END_TAG:
45            //一个城市的信息处理完毕,city的结束标签
46            if("city".equals(parser.getName())){
47                //一个城市的信息 已经处理完毕了.
48                weatherInfos.add(weatherInfo);
49                weatherInfo=null;
50            }
51            break;
52        }
53        //只要不解析到文档末尾,就解析下一个条目。得到下一个结点的事件类型
54        //注意,这个一定不能忘,否则会成为死循环
55        type=parser.next();
56    }
57    return weatherInfos;
58 }
59}
```

上述代码需要注意的是,type = parser.next();这行代码一定不能忘记,因为在 while 循环中,当一个节点信息解析完毕,会继续解析下一个节点,只有 type 的类型为 END_DOCUMENT 时才会结束循环,因此必须要把 parser.next();获取到的类型赋值给 type,不然会成为死循环。

5. 编写界面交互代码(MainActivity)

在 MainActivity 中,调用 WeatherService 类中的 getWeatherInfos()方法解析 weather.xml 文件,并将读取到的数据存入 List<WeatherInfo>集合。然后遍历该集合中的每一条数据,最后将遍历到的数据显示在文本控件中,具体代码如下:

```
1 public class MainActivity extends Activity implements OnClickListener {
2    private TextView select_city,select_weather,select_temp,select_wind,
3        select_pm;
4    private Map<String,String> map;
5    private List<Map<String,String>> list;
```

```java
6      private String temp,weather,name,pm,wind;
7      private ImageView icon;
8      protected void onCreate(Bundle savedInstanceState) {
9          super.onCreate(savedInstanceState);
10         setContentView(R.layout.activity_main);
11         //初始化文本控件
12         select_city=(TextView) findViewById(R.id.select_city);
13         select_weather=(TextView) findViewById(R.id.select_weather);
14         select_temp=(TextView) findViewById(R.id.temp);
15         select_wind=(TextView) findViewById(R.id.wind);
16         select_pm=(TextView) findViewById(R.id.pm);
17         icon=(ImageView) findViewById(R.id.icon);
18         findViewById(R.id.city_sh).setOnClickListener(this);
19         findViewById(R.id.city_bj).setOnClickListener(this);
20         findViewById(R.id.city_jl).setOnClickListener(this);
21         try {
22             // 调用上边写好的解析方法,weather.xml 就在类的目录下,使用类加载器进行加载
23             // infos 就是每个城市的天气信息集合,里边有我们所需要的所有数据。
24             List<WeatherInfo> infos=WeatherService
25                     .getWeatherInfos(MainActivity.class.getClassLoader()
26                     .getResourceAsStream("weather.xml"));
27             //循环读取 infos 中的每一条数据
28             list=new ArrayList<Map<String,String>>();
29             for(WeatherInfo info : infos) {
30                 map=new HashMap<String,String>();
31                 map.put("temp",info.getTemp());
32                 map.put("weather",info.getWeather());
33                 map.put("name",info.getName());
34                 map.put("pm",info.getPm());
35                 map.put("wind",info.getWind());
36                 list.add(map);
37             }
38             //显示天气信息到文本控件中
39         } catch(Exception e) {
40             e.printStackTrace();
41             Toast.makeText(this,"解析信息失败",0).show();
42         }
43         getMap(1,R.drawable.sun);
44     }
```

```
45      @Override
46      public void onClick(View v) {
47          switch(v.getId()) {
48          case R.id.city_sh:
49              getMap(0,R.drawable.cloud_sun);
50              break;
51          case R.id.city_bj:
52              getMap(1,R.drawable.sun);
53              break;
54          case R.id.city_jl:
55              getMap(2,R.drawable.clouds);
56              break;
57          }
58      }
59      private void getMap(int number, int iconNumber) {
60          Map<String, String> bjMap=list.get(number);
61          temp=bjMap.get("temp");
62          weather=bjMap.get("weather");
63          name=bjMap.get("name");
64          pm=bjMap.get("pm");
65          wind=bjMap.get("wind");
66          select_city.setText(name);
67          select_weather.setText(weather);
68          select_temp.setText(""+temp);
69          select_wind.setText("风力   : "+wind);
70          select_pm.setText("pm: "+pm);
71          icon.setImageResource(iconNumber);
72      }
73 }
```

上述代码第 24 行调用了 WeatherService 的解析 XML 文件方法，返回的是保存有天气信息的集合，然后把集合中的数据按照三个城市的信息分别放在不同的 Map 集合中，再把 Map 集合都存入 List 集合中。当我们点击按钮时，会触发 getMap(int number, int iconNumber)方法，三个不同的按钮会传进不同的 int 值用于取出 List 中相对应的 Map 集合。最后从 Map 集合中把城市信息取出来分条展示在界面上。

6. 运行程序查看天气

运行当前程序，分别选择城市"上海""北京"，能看到图 4-8 所示的结果。从图可以看出，"天气预报"程序成功地解析出了存储在 weather.xml 文件中的天气信息，并且将解析出来的天气信息展示在界面上。

图 4-8　天气预报

至此，解析 XML 文件已经学习完了，由于 XML 文件经常用于服务器与客户端中的数据传输，因此掌握如何解析 XML 文件是非常重要的。

4.4　SharedPreferences

4.4.1　SharedPreferences 的使用

SharedPreferences 是 Android 平台上一个轻量级的存储类，主要用于存储一些应用程序的配置参数，例如用户名、密码、自定义参数的设置等。SharedPreferences 中存储的数据是以 key/value 键值对的形式保存在 XML 文件中，该文件位于 data/data/<packagename>/ shared_prefs 文件夹中。需要注意的是，SharedPreferences 中的 value 值只能是 float、int、long、boolean、String、StringSet 类型数据。

使用 SharedPreferences 类存储数据时，首先需要通过 context.getSharedPreferences(String name,int mode)获取 SharedPreferences 的实例对象（在 Activity 中可以直接使用 this 代表上下文，如果不是在 Activity 中则需要传入一个 Context 对象获取上下文），示例代码如下：

```
SharedPreferences sp=context.getSharedPreferences(String name,int mode);
```

上述代码中，name 表示文件名，mode 表示文件操作模式，该模式有多个值可供选择，具体如下：

- MODE_PRIVATE：指定该 SharedPreferences 中的数据只能被本应用程序读写。
- MODE_APPEND：该文件的内容可以追加。
- MODE_WORLD_READABLE：指定该 SharedPreferences 中的数据可以被其他应用程序读。
- MODE_WORLD_WRITEABLE：指定该 SharedPreferences 中的数据可以被其他应用程序读写。

SharedPreferences 提供了一系列方法用于获取应用程序中的数据，具体如表 4-1 所示。

表 4-1　SharedPreferences 的相关方法

方法声明	功能描述
Boolean contains(String key)	判断 SharedPreferences 是否包含特定 key 的数据
abstract Map<String,?> getAll()	获取 SharedPreferences 中的全部 key/value 键值对
boolean getBoolean(String key,boolean defValue)	获取 SharedPreferences 中指定 key 对应的 boolean 值
int getInt(String key,int defValue)	获取 SharedPreferences 中指定 key 对应的 int 值
float getFloat (String key,float defValue)	获取 SharedPreferences 中指定 key 对应的 float 值
long getLong(String key,long defValue)	获取 SharedPreferences 中指定 key 对应的 long 值
String getString(String key,String defValue)	获取 SharedPreferences 中指定 key 对应的 String 值
Set<String> getStringSet(String key,Set<String> value)	获取 SharedPreferences 中指定 key 对应的 Set 值

需要注意的是，SharedPreferences 对象本身只能获取数据，并不支持数据的存储和修改。数据的存储和修改需要通过 SharedPreferences.Editor()对象实现，要想获取 Editor 实例对象，需要调用 SharedPreferences.Editor edit()方法。SharedPreferences.Editor 对象的相关方法如表 4-2 所示。

表 4-2　SharedPreferences.Editor 对象的相关方法

方法声明	功能描述
SharedPreferences.Editor edit()	创建一个 Editor 对象
SharedPreferences.Editor putString(String key, String value)	向 SharedPreferences 中存入指定 key 对应的 String 值
SharedPreferences.Editor putString(String key, int value)	向 SharedPreferences 中存入指定 key 对应的 int 值
SharedPreferences.Editor putString(String key, float value)	向 SharedPreferences 中存入指定 key 对应的 float 值
SharedPreferences.Editor putString(String key, long value)	向 SharedPreferences 中存入指定 key 对应的 long 值
SharedPreferences.Editor putString(String key, boolean value)	向 SharedPreferences 中存入指定 key 对应的 boolean 值
SharedPreferences.Editor putStringSet(String key,Set<String> value)	向 SharedPreferences 中存入指定 key 对应的 Set 值
SharedPreferences.Editor remove(String key)	删除 SharedPreferences 指定 key 所对应的数据
SharedPreferences.Editor clear()	清空 SharedPreferences 中的所有数据
boolean commit()	编辑结束后，调用该方法提交

表 4-1 和表 4-2 分别介绍了 SharedPreferences 对象和 SharedPreferences.Editor 对象的相关方法，接下来演示一下如何使用这些方法向 SharedPreferences 对象中存入数据以及取出数据。

使用 SharedPreferences 存储数据时，需要先获取 SharedPreferences 对象，通过该对象获取到 Editor 对象，然后通过 Editor 对象的相关方法存储数据，具体代码如下：

```
SharedPreferences sp = getSharedPreferences("data",MODE_PRIVATE);
//data 表示文件名
Editor editor=sp.edit();                //获取编辑器
editor.putString("name","传智播客");     //存入 String 类型数据
editor.putInt("age",8);                 //存入 int 类型数据
editor.commit();                        //提交修改
```

SharedPreferences 获取数据时比较简单，只需要创建 SharedPreferences 对象，然后使用该对象获取相应 key 的值即可，具体代码如下：

```
SharedPreferences sp=context.getSharedPreferences();
String data       =sp.getString("name","");      //获取用户名
```

SharedPreferences 删除数据时与存储数据类似，同样需要先获取到 Editor 对象，然后通过该对象删除数据，最后提交，具体代码如下：

```
SharedPreferences sp=context.getSharedPreferences ();
Editor editor=sp.edit();
editor.remove("name");                //删除一条数据
editor.clear();                       //删除所有数据
editor.commit();                      //提交修改
```

注意：

SharedPreferences 使用很简单，但一定要注意以下几点：
- 存入数据和删除数据时，一定要在最后使用 editor.commit()方法提交数据。
- 获取数据的 key 值与存入数据的 key 值的数据类型要一致，否则查找不到数据。
- 保存 SharedPreferences 的 key 值时，可以用静态变量保存，以免存储、删除时写错了。
  如：private static final String key = "itcast";。

4.4.2 案例——QQ 登录

大多数人使用计算机都会登录 QQ，为了方便，大家通常会使用记住密码功能，直接单击"登录"按钮即可完成登录功能，避免了每次输入密码的麻烦。在 Android 手机中，同样可以实现这个功能。接下来通过一个"QQ 登录"的案例来演示如何使用 SharedPreferences 存储数据。

1. 创建程序

创建一个名为"QQ 登录"的应用程序，将包名修改为 cn.itcast.saveqq。设计用户交互界面，具体如图 4-9 所示。

"QQ 登录"程序对应的布局文件（activity_main.xml）如下所示：

图 4-9 "QQ 登录"界面

```xml
<RelativeLayout xmlns:android="http://schemas.android.com/apk/res/android"
    xmlns:tools="http://schemas.android.com/tools"
    android:layout_width="match_parent"
    android:layout_height="match_parent"
    android:background="#E6E6E6"
    android:orientation="vertical" >
    <ImageView
        android:id="@+id/iv_head"
        android:layout_width="50dp"
        android:layout_height="50dp"
```

```xml
        android:layout_centerHorizontal="true"
        android:layout_marginTop="40dp"
        android:src="@drawable/dddss" />
    <LinearLayout
        android:id="@+id/layout"
        android:layout_width="match_parent"
        android:layout_height="wrap_content"
        android:layout_below="@+id/iv_head"
        android:layout_margin="10dp"
        android:background="#ffffff"
        android:orientation="vertical" >
        <RelativeLayout
            android:id="@+id/rl_username"
            android:layout_width="match_parent"
            android:layout_height="wrap_content"
            android:layout_margin="10dp" >
            <TextView
                android:id="@+id/tv_name"
                android:layout_width="wrap_content"
                android:layout_height="wrap_content"
                android:layout_centerVertical="true"
                android:text="账号" />
            <EditText
                android:id="@+id/et_number"
                android:layout_width="match_parent"
                android:layout_height="wrap_content"
                android:layout_marginLeft="5dp"
                android:layout_toRightOf="@+id/tv_name"
                android:background="@null" />
        </RelativeLayout>
        <View
            android:layout_width="match_parent"
            android:layout_height="2dp"
            android:background="#E6E6E6" />
        <RelativeLayout
            android:id="@+id/rl_userpsw"
            android:layout_width="match_parent"
            android:layout_height="wrap_content"
            android:layout_margin="10dp" >
```

```xml
        <TextView
            android:id="@+id/tv_psw"
            android:layout_width="wrap_content"
            android:layout_height="wrap_content"
            android:layout_centerVertical="true"
            android:text="密码" />
        <EditText
            android:id="@+id/et_password"
            android:layout_width="match_parent"
            android:layout_height="wrap_content"
            android:layout_marginLeft="5dp"
            android:layout_toRightOf="@+id/tv_psw"
            android:inputType="textPassword"
            android:background="@null" />
    </RelativeLayout>
</LinearLayout>
<Button
    android:id="@+id/btn_login"
    android:layout_width="match_parent"
    android:layout_height="wrap_content"
    android:layout_below="@+id/layout"
    android:layout_centerHorizontal="true"
    android:layout_marginLeft="10dp"
    android:layout_marginRight="10dp"
    android:layout_marginTop="20dp"
    android:background="#3C8DC4"
    android:text="登录"
    android:textColor="#ffffff" />
</RelativeLayout>
```

该布局根节点放置了一个相对布局，在这个相对布局中有一个线性布局 LinearLayout，该 LinearLayout 主要用于放置登录所输入的用户名和密码，用户名和密码条目又分别使用两个相对布局放置，这两个相对布局中都是放置了一个 TextView 和一个 EditText。TextView 用于提示用户名和密码的文字，EditText 用于输入。最后在这个线性布局下方设置了一个按钮 Button，用于单击保存用户名和密码。

2. 创建工具类

使用 SharedPreferences 存储数据是一个比较独立的模块，因此，添加一个 cn.itcast.saveqq.utils 包，在该包中编写一个 Utils 类，用于实现 QQ 号码和密码的存储与获取功能。Utils 中的代码如下所示：

```
1 public class Utils {
```

```
2       //保存QQ号码和登录密码到data.xml文件中
3       public static boolean saveUserInfo(Context context, String number,
4         String password) {
5           SharedPreferences sp=context.getSharedPreferences("data",
6                               Context.MODE_PRIVATE);
7           Editor edit=sp.edit();
8           edit.putString("userName",number);
9           edit.putString("pwd",password);
10          edit.commit();
11          return true;
12      }
13      //从data.xml文件中获取存储的QQ号码和密码
14      public static Map<String, String> getUserInfo(Context context) {
15          SharedPreferences sp=context.getSharedPreferences("data",
16                              Context.MODE_PRIVATE);
17          String number=sp.getString("userName",null);
18          String password=sp.getString("pwd",null);
19          Map<String, String> userMap=new HashMap<String,String>();
20          userMap.put("number",number);
21          userMap.put("password",password);
22          return userMap;
23      }
24  }
```

上述代码中，saveUserInfo()方法是保存数据到 XML 文件中，getUserInfo()方法是从 XML 文件中获取信息的逻辑。

3. 编写界面交互代码（MainActivity）

在 MainActivity 中，实现当用户输入完 QQ 号码和密码后，选择记住密码，单击"登录"按钮时调用 Utils.saveUserInfo()方法保存 QQ 密码。

```
1  public class MainActivity extends Activity implements OnClickListener {
2      private EditText etNumber;
3      private EditText etPassword;
4      protected void onCreate(Bundle savedInstanceState) {
5          super.onCreate(savedInstanceState);
6          setContentView(R.layout.activity_main);
7          initView();
8          //取出号码
9          Map<String, String> userInfo=Utils.getUserInfo(this);
10         if(userInfo!=null) {
11             //显示在界面上
12             etNumber.setText(userInfo.get("number"));
13             etPassword.setText(userInfo.get("password"));
14         }
```

```java
15      }
16
17      private void initView() {
18          etNumber=(EditText) findViewById(R.id.et_number);
19          etPassword=(EditText) findViewById(R.id.et_password);
20              findViewById(R.id.btn_login).setOnClickListener(this);
21      }
22
23      public void onClick(View v) {
24          //当单击"登录"按钮时,获取QQ号码和密码
25          String number=etNumber.getText().toString().trim();
26          String password=etPassword.getText().toString();
27          //检验号码和密码是否正确
28          if(TextUtils.isEmpty(number)) {
29              Toast.makeText(this,"请输入QQ号码",Toast.LENGTH_SHORT).show();
30              return;
31          }
32          if(TextUtils.isEmpty(password)) {
33              Toast.makeText(this,"请输入密码", Toast.LENGTH_SHORT).show();
34              return;
35          }
36          //登录成功
37          Toast.makeText(this,"登录成功",Toast.LENGTH_SHORT).show();
38          // 如果正确,判断是否勾选了记住密码
39          Log.i("MainActivity","记住密码:"+number+","+password);
40          //保存用户信息
41          boolean isSaveSuccess=Utils.saveUserInfo(this,number,password);
42          if(isSaveSuccess) {
43              Toast.makeText(this,"保存成功",Toast.LENGTH_SHORT).show();
44          } else {
45              Toast.makeText(this,"保存失败",Toast.LENGTH_SHORT).show();
46          }
47      }
48 }
```

上述代码中,首先在 initView()方法中获取到控件,然后在 onClick 方法中实现了单击"登录"按钮时调用 Utils 类中的 saveUserInfo()方法保存数据。为了程序的健壮性,这里加了判断:如果用户名或者密码为空时就弹出一个 Toast 提示,提示用户填写用户名或密码。

4. 运行程序登录 QQ

运行程序,输入 QQ 号码和密码,然后选择记住密码单击"登录"按钮。此时,会弹出登录成功的 Toast, 如图 4-10 所示。

此时,如果将程序退出了,再重新打开会发现 QQ 号码和密码仍然显示在当前 EditText 中,说明 QQ 信息存储在 SharedPreferences 中。

为了证明 QQ 信息确实保存到 SharedPreferences 中，可以打开 DDMS 窗口，在该窗口中找到 QQLogin 程序，然后找到 data.xml 文件，并将该文件导出到桌面，如图 4-11 所示。

图 4-10　保存 QQ 信息　　　　　　　　图 4-11　data.xml 文件

data.xml 代码如下所示：

```
<?xml version='1.0' encoding='utf-8' standalone='yes' ?>
<map>
    <string name="userName">1003800</string>
    <string name="pwd">itcast</string>
</map>
```

从上述代码可以看出，存储 QQ 密码程序使用 SharedPreferences 成功地将 userName 和 pwd 以 XML 的形式保存到了 data.xml 文件中。

至此，SharedPreferences 的相关知识已经学完，会发现 SharedPreferences 存取数据非常简单，而且使用方便，这种数据存储方式在实际开发中经常使用，初学者一定要掌握。

小　　结

本章主要讲解了 Android 中的数据存储，首先介绍了 Android 中常见的数据存储方式，然后讲解了文件存储以及 XML 序列化和解析，最后讲解了 SharedPreferences。数据存储是 Android 开发中非常重要的内容，每个应用程序基本上都会涉及数据存储，因此要求初学者必须熟练掌握本章知识。

习　　题

一、填空题

1. 序列化是将对象状态转换为_____的过程。
2. Android 中的文件可以存储在_____和_____中。
3. 通常情况下，解析 XML 文件有三种方式，分别为_____、_____、_____。
4. SharedPreferences 是一个轻量级的存储类，主要用于存储一些应用程序的_____。
5. Android 中的数据存储方式有 5 种，分别是_____、_____、_____、_____、和_____。

二、判断题

1. SharedPreferences 本质上是一个 XML 文件，以 Map<key,value>形式存入文件中。（   ）
2. 文件存储是通过 I/O 流的形式把数据存储到文档中。（   ）
3. XML 文件只能用来保存本地数据，不能在网络中传输。（   ）
4. ContentProvider 表示内容提供者，用于显示程序中的数据。（   ）
5. 当用户将文件保存至 SD 卡时，需要在清单文件中添加权限"android.permission.WRITE_EXTERNAL_STORAGE"。（   ）

三、选择题

1. 下列文件操作权限中，指定文件内容可以追加的是（   ）。
   A. MODE_PRIVATE   B. MODE_WORLD_READABLE
   C. MODE_APPEND   D. MODE_WORLD_WRITEABLE
2. 下列代码中，用于获取 SD 卡路径的是（   ）。
   A. Environment.getSD ();   B. Environment.getExternalStorageState();
   C. Environment.getSDDirectory();   D. Environment.getExternalStorageDirectory();
3. 下列选项中，关于文件存储数据的说法错误的是（   ）。
   A. 文件存储是以流的形式来操作数据的   B. 文件存储可以将数据存储到 SD 卡中
   C. 文件存储可以将数据存储到内存中   D. Android 中只能使用文件存储数据
4. 下列选项中，关于 XML 序列化和解析描述合理的是（   ）。
   A. DOM 解析会将 XML 文件的所有内容以文档树方式存放在内存中
   B. 在序列化对象时，需要使用 XmlSerialize 序列化器，即 XmlSerializer 类
   C. XmlSerializer 类的 startDocument()方法用于写入序列号的开始结点
   D. XmlSerializer 类的 setOutput()方法用于设置文件的编码方式
5. 如果要将程序中的私有数据分享给其他应用程序，可以使用的是（   ）。
   A. 文件存储   B. SharedPreferences   C. ContentProvider   D. SQLite

四、简答题

1. 请简述 Android 系统中的 5 种数据存储方式各自的特点。
2. 请简述 SharedPreferences 如何存储数据。

五、编程题

1. 请自定义一个 XML 文件，并将 XML 文件中的内容解析出来。
2. 请编写一个短信草稿箱的程序，要求用户在文本编辑框中输入短信内容后，单击"保存短信"按钮，将短信保存在 SharedPreferences 中。

【思考题】
1. 请思考 Android 中有几种数据存储方式以及各自特点。
2. 请思考在 Android 中如何使用 SharedPreferences 存储数据。

扫描右方二维码，查看思考题答案！

第5章 SQLite 数据库

学习目标
- 学会 SQLite 数据库的基本操作。
- 学会使用 sqlite3 工具操作数据库。
- 学会使用 ListView 控件展示数据。

前面介绍了如何使用 SharedPreferences 和文件存储来存储数据。但是当需要存储大量数据时，这两种方式显然不适合，为此 Android 系统中提供了 SQLite 数据库，它可以存储应用程序中的大量数据，并对数据进行管理和维护。本章将针对 SQLite 数据库进行详细的讲解。

5.1 SQLite 数据库简介

SQLite 是一个轻量级数据库，第一个版本诞生于 2000 年 5 月。它最初是为嵌入式设计的，占用资源非常少，在内存中只需要占用几百 KB 的存储空间。这也是 Android 移动设备采用 SQLite 数据库的重要原因之一。

SQLite 是遵守 ACID 关联式的数据库管理系统。这里的 ACID 是指数据库事务正确执行的 4 个基本要素，即原子性（Atomicity）、一致性（Consistency）、隔离性（Isolation）、持久性（Durability）。同时 SQLite 还支持 SQL 语言、事务处理等功能。

SQLite 没有服务器进程，它通过文件保存数据，该文件是跨平台的，可以放在其他平台中使用。在保存数据时，支持 NULL、INTEGER、REAL（浮点数字）、TEXT（字符串文本）和 BLOB（二进制对象）5 种数据类型。但实际上 SQLite 也接收 varchar(n)、char(n)、decimal(p,s) 等数据类型，只不过在运算或保存时会转换成对应的 5 种数据类型。因此，可以将各种类型的数据保存到任何字段中，而不用关心字段声明的数据类型。这也是 SQLite 数据库的最大特点。

5.2 SQLite 数据库的使用

5.2.1 SQLite 操作 API

为了方便使用 SQLite 数据库，Android SDK 提供了一系列对数据库进行操作的类和接口，接下来针对这些类和接口进行简单的介绍。

1. SQLiteOpenHelper 类

SQLiteOpenHelper 是一个抽象类，该类用于创建数据库和数据库版本更新。SQLiteOpenHelper 常用的方法如表 5-1 所示。

表 5-1 SQLiteOpenHelper 常用方法

方法名称	功能描述
public SQLiteOpenHelper(Context context, String name, CursorFactory factory, int version)	构造方法，一般需要传递一个创建的数据库名称即 name 参数，版本号 version 最小为 1
public void onCreate (SQLiteDatabase db)	创建数据库时调用的方法
public void onUpgrade (SQLiteDatabase db, int oldVersion, int newVersion)	数据库版本更新时调用
public SQLiteDatabase getReadableDatabase()	创建或打开一个只读的数据库
public SQLiteDatabase getWritableDatabase()	创建或打开一个读写的数据库

2. SQLiteDatabase 类

SQLiteDatabase 是一个数据库访问类，该类封装了一系列数据库操作的 API，可以对数据进行增、删、改、查操作。SQLiteDatabase 操作数据库的常用方法如表 5-2 所示。

表 5-2 SQLiteDatabase 常用方法

方法名称	功能描述
public long insert(String table, String nullColumnHack, ContentValues values)	该方法用于添加一条记录，其参数 table 代表表名，nullColmnHack 代表列名，values 代表参数集合
public Cursor query(String table, String[] columns, String selection,String[] selectionArgs, String groupBy, String having, String orderBy)	该方法用于查询数据，其参数 columns 代表列名数据，selection 代表查询条件，selectionArgs 代表查询参数值，groupBy 代表分组，having 代表聚合函数，orderBy 代表排序
public Cursor rawQuery(String sql, String[] selectionArgs)	执行带占位符的 SQL 查询
public int update(String table, ContentValues values, String whereClause, String[] whereArgs)	修改特定数据
public int delete(String table, String whereClause, String[] whereArgs)	删除表中特定记录
public void execSQL(String sql, Object[] bindArgs)	执行一条带占位符的 SQL 语句
public void close()	关闭数据库

3. Cursor 接口

Cursor 是一个游标接口，在数据库操作中作为返回值，相当于结果集 ResultSet。Cursor 的一些常见方法如表 5-3 所示。

表 5-3 Cursor 常用方法

方法名称	功能描述
boolean moveToNext()	移动光标到下一行
int getInt(int columnIndex)	获取指定列的整型值
int getColumnIndex(String columnName)	返回指定列索引值，如果列不存在则返回 −1
String getString(int columnIndex)	获取指定列的字符串
boolean moveToFirst()	移动光标到第一行
boolean moveToLast();	移动光标到最后一行
boolean moveToPrevious();	移动光标到上一行

续表

方法名称	功能描述
boolean moveToPosition(int position)	移动光标到指定位置
int getCount()	返回 Cursor 中的行数
int getPosition()	返回当前 Cursor 的位置
String getColumnName(int columnIndex)	根据列的索引值获取列的名称
String[] getColumnNames();	获取 Cursor 所有列的名称的数组

以上就是 Android SDK 提供操作 SQLite 数据的一些类和接口及其常用方法的介绍。掌握这些类和方法，可以更快速地操作 SQLite 数据库。

5.2.2 数据库的常用操作

前面介绍了 Android SDK 提供的一系列操作 SQLite 数据库的 API。接下来将针对如何使用上述 API 操作 SQLite 数据库进行详细的讲解。

1. 创建 SQLite 数据库

Android 系统推荐使用 SQLiteOpenHelper 的子类创建 SQLite 数据库，因此需要创建一个类继承自 SQLiteOpenHelper，重写 onCreate()方法，并在该方法中执行创建数据库的命令。具体代码如下所示：

```java
public class PersonSQLiteOpenHelper extends SQLiteOpenHelper {
    //数据库的构造方法,用来定义数据库的名称,数据库查询的结果集,数据库的版本
    public PersonSQLiteOpenHelper(Context context) {
        super(context,"person.db",null,5);
    }
    //数据库第一次被创建时调用该方法
    public void onCreate(SQLiteDatabase db) {
        //初始化数据库的表结构,执行一条建表的 SQL 语句
        db.execSQL("create table person (
            id integer primary key autoincrement,"+
            "name varchar(20),"+
            "number varchar(20)) ");
    }
    //当数据库的版本号增加时调用
    public void onUpgrade(SQLiteDatabase db,int oldVersion,int newVersion) {
        db.execSQL("alter table person add account varchar(20)");
    }
}
```

上述代码中，创建数据库表的 SQL 语句被定义在 onCreate()方法中，当数据库第一次被创建时会自动调用该方法，并执行方法中的 SQL 语句。当数据库版本号增加时会调用 onUpgrade()方法，如果版本号不增加，该方法则不会被调用。

需要注意的是，创建的数据库被放置在/data/data/<your package name>/database 目录下。

2. 增加一条数据

前面介绍了如何创建数据库，接下来以 person 表为例，介绍如何向表中插入一条数据。在操作数据库之前，首先要得到一个可读写的 SQLiteDatabase 对象，具体代码如下所示：

```
public long add(String name,String number){
    //拿到一个读写的 SQLiteDatabase 对象
    SQLiteDatabase db=helper.getWritableDatabase();
    //将参数名和列添加到 ContentValues 对象里面
    ContentValues values=new ContentValues();
    values.put("name",name);
    values.put("number",number);
    //插入一天数据到 person 表里
    long id=db.insert("person",null,values);
    //关闭数据库
    db.close();
    return id;
}
```

上述代码介绍了使用 insert()方法将数据插入到 person 表中。需要注意的是，第 5 行代码使用 ContentValues 类，该类用于放置参数，它的底层是利用 Map 集合实现的。key 表示插入数据的列名，value 表示要插入的数据。

除了上述介绍的方法之外，还有一个方法可以实现该功能，具体代码如下：

```
db.execSQL("insert into person (name,number) values (?,?)",
                                            new Object[]{name,number});
```

与 insert()方法不同的是，execSQL()方法的第一个参数表示将要执行的 SQL 语句，并用占位符表示参数，第二参数表示占位符对应的参数。后面将要讲解的修改数据、删除数据都可以通过该方法完成，只需要修改相应的 SQL 语句即可。

3. 修改一条数据

接下来向大家介绍如何使用 SQLiteDatabase 的 update()方法修改 person 表中的数据，具体代码如下所示：

```
//修改一条数据
public int update(String name,String newnumber){
    //获取一个可读写的 SQLiteDatabse 对象
    SQLiteDatabase db=helper.getWritableDatabase();
    //创建一个 ContentValues 对象
    ContentValues values=new ContentValues();
    //将参数以 key,value 的形式添加进去
    values.put("number",newnumber);
    //执行修改的方法
```

```
    int number=db.update("person",values,"name=?",new String[]{name});
    //关闭数据库
    db.close();
    return number;
}
```

上述代码讲解了如何向 person 表中修改一条数据。需要注意的是，使用完 SQLiteDatabase 对象后一定要关闭，否则数据库连接会一直存在，会不断消耗内存，并且会报出数据库未关闭异常，当系统内存不足时将获取不到 SQLiteDatabase 对象。

4. 删除一条数据

接下来向大家介绍如何使用 SQLiteDatabase 的 delete()方法删除 person 表中的数据，具体代码如下所示：

```
//删除一条数据
public int delete(String name){
    //获取一个可写的 SQLiteDatabase 对象
    SQLiteDatabase db=helper.getWritableDatabase();
    //删除数据
    int number=db.delete("person","name=?",new String[]{name});
    //关闭数据库
    db.close();
    return number;
}
```

需要注意的是，删除数据不同于增加和修改数据，删除数据时不需要使用 ContentValue 来添加参数，而是使用一个字符串和一个字符串数组来添加参数名和参数值。

5. 查询一条数据

查询数据首先要获得一个可读的 SQLiteDatabase 对象。SQLiteDatabase 提供两个用于查询数据的方法，一个是 rawQuery()方法，另一个是 query()方法。接下来先讲解通过 query()方法查询数据，具体代码如下所示：

```
//查询数据
public boolean find(String name){
    //获取一个可读的数据库
    SQLiteDatabase db=helper.getReadableDatabase();
    //查询数据库的操作 参数1：表名，参数2：查询的列名，参数3：查询条件，
    //参数4：查询参数值，参数5：分组条件，参数6：having条件，参数7：排序方式
    Cursor cursor=db.query("person",null,"name=?",
     new String[]{name},null,null,null);
    //是否有下一条值
    boolean result=cursor.moveToNext();
    //关闭游标
```

```
    cursor.close();
    //关闭数据库
    db.close();
    return result;
}
```

上述代码介绍了使用 query()方法查询 person 表中的数据。接下来介绍使用 rawQuery()方法查询数据，具体代码如下所示：

```
//执行查询的SQL语句
Cursor cursor=db.rawQuery("select * from person where name=?",
                                              new String[]{name});
```

与前面介绍的增、删、改操作的不同之处是，前面三个操作都可以用 execSQL()方法执行 SQL 语句，而这里却使用 rawQuery。这是因为查询数据库会返回一个结果集 Cursor，而 execSQL() 方法没有返回值。

需要注意的是，在使用完 Cursor 对象时，一定要及时关闭，否则会造成内存泄露。

5.2.3 SQLite 事务操作

现实生活中，人们经常会进行转账操作。转账可以分为两部分来完成：转入和转出，只有这两个部分都完成才认为转账成功。在数据库中，这个过程是使用两条语句来完成的，如果其中任何一条语句出现异常没有执行，则会导致两个账户的金额不同步。

为了防止上述情况的发生，SQLite 中引入了事务。所谓的事务就是针对数据库的一组操作，它可以由一条或多条 SQL 语句组成，同一个事务的操作具备同步的特点，如果其中有一条语句无法执行，那么所有的语句都不会执行，也就是说，事务中的语句要么都执行，要么都不执行。

在下面的代码中，通过使用 SQLite 的事务来模拟银行转账功能。首先，要得到一个可写的 SQLiteDatabase 对象，然后开启事务执行转入和转出操作，最后关闭事务。具体代码如下所示：

```
PersonSQLiteOpenHelper helper=new PersonSQLiteOpenHelper(getContext());
    //获取一个可写的SQLiteDataBase对象
    SQLiteDatabase db=helper.getWritableDatabase();
    //开始数据库的事务
    db.beginTransaction();
    try {
        //执行转出操作
        db.execSQL("update person set account=account-1000 where name =?",
                                              new Object[] { "zhangsan" });
        //执行转入操作
        db.execSQL("update person set account=account+1000 where name =?",
                                              new Object[] { "wangwu" });
        //标记数据库事务执行成功
        db.setTransactionSuccessful();
```

```
            }catch (Exception e) {
                Log.i("事务处理失败",e.toString());
            } finally {
                db.endTransaction();      //关闭事务
                db.close();               //关闭数据库
            }
        }
```

需要注意的是，事务操作完成后一定要使用 endTransaction()方法关闭事务，当执行到 endTransaction()方法时首先会检查是否有事务执行成功的标记，有则提交数据，无则回滚数据。最后会关闭事务，如果不关闭事务，事务只有到超时才自动结束，会降低数据库并发效率。因此，通常情况下该方法放在 finally 中执行。

5.2.4 sqlite3 工具

在 Android 开发中，使用真机进行测试无法进入 data 目录（只有获得 Root 权限的手机可以进入 data 目录），因此也无法直接操作应用程序下的数据库。为了解决这个问题，SQLite 数据库为开发者提供了一个 sqlite3.exe 工具，通过这个工具可以直接操作数据库。

sqlite3.exe 是一个简单的 SQLite 数据库管理工具，位于 Android ADT Eclipse 中的 sdk/tools 目录下。由于 Android 是在运行时（run-time）集成了 sqlite3.exe，因此在使用 sqlite3.exe 工具之前必须要开启模拟器或者连接真实设备。在使用该工具时，首先需要打开 DOS 命令行，依次输入如下命令：

（1）adb shell（挂载到 Linux 的空间）。
（2）cd data/data（进入 data/data 目录）。
（3）cd cn.itcast.db（应用程序包名）。
（4）ls（列出当前文件夹下的文件）。
（5）cd databases （进入 databases 文件夹）。
（6）ls –l（列出当前文件夹所有文件的详细格式）。
（7）sqlite3 person.db（使用 sqlite3 操作应用程序下的数据库）。
（8）select * from person;（利用 SQL 语句查询 person 表中的信息）。

依次输入以上指令后就能看到如下结果：

```
C:\Users\admin>adb shell
# cd data/data
cd data/data
# cd cn.itcast.db
cd con.itcast.db
# ls
ls
cache
databases
lib
```

```
# cd databases
cd databases
# ls -l
ls -l
-rw-rw----  u0_a46   u0_a46        20480 2014-11-01 09:05 person.db
-rw-------  u0_a46   u0_a46         8720 2014-11-01 09:05 person.db-journal
# sqlite3 person.db
sqlite3 person.db
SQLite version 3.7.11 2012-03-20 11:35:50
Enter ".help" for instructions
Enter SQL statements terminated with a ";"
sqlite> select * from person;
select * from person;
1|wangwu|123
2|zhangsan|321
sqlite>
```

从上述运行结果中可以看出，使用 DOS 命令可以看到 data/data/<应用程序包名>下的文件。在进入到 databases 目录的时候可以看到 person.db 数据库文件，然后使用 sqlite3 工具操作这个数据库。

5.3 ListView 控件

在日常生活中，人们经常会使用新闻客户端、淘宝客户端等应用程序。这些应用程序通常会有一个页面能展示多个条目信息，并且每个条目信息的布局都是一样的。通常要实现这种功能都会想到创建大量相同的布局，但是这种方法并不利于程序维护和扩展。为此，Android 系统中提供了一个 ListView 控件，该控件可以解决上述问题，本节将针对 ListView 进行讲解。

5.3.1 ListView 控件的使用

在 Android 开发中 ListView 是一个比较常用的控件。它以列表的形式展示具体数据内容，并且能够根据数据的长度自适应屏幕显示。接下来介绍一下 ListView 的常见属性，如表 5-4 所示。

表 5-4 ListView 常见属性

属 性 名 称	属 性 功 能
android:cacheColorHint	设置拖动的背景色
android:divider	设置分割线
android:dividerHeight	设置分割线的高度
android:listSelector	设置 ListView item 选中时的颜色
android:scrollbars	设置 ListView 的滚动条
android:fadeScrollbars	设置为 true 就可以实现滚动条的自动隐藏和显示

表 5-4 介绍了 ListView 的常用属性。接下来通过代码演示 ListView 的使用。首先，需要新建一个 Android 程序 ListView，然后在程序目录下的 activity_main.xml 文件中添加 ListView 控件，具体代码如下：

```xml
<LinearLayout xmlns:android="http://schemas.android.com/apk/res/android"
    xmlns:tools="http://schemas.android.com/tools"
    android:id="@+id/ll_root"
    android:layout_width="match_parent"
    android:layout_height="match_parent"
    android:orientation="vertical"
    tools:context=".MainActivity" >
    <ListView
        android:id="@+id/lv"
        android:layout_width="match_parent"
        android:layout_height="match_parent">
    </ListView>
</LinearLayout>
```

从上述代码中可以看出 ListView 和 Android 系统中提供的其他控件一样需要指定宽、高、id，上述代码图形化界面如图 5-1 所示。

从图 5-1 中可以看出，ListView 是一个列表视图，由很多 Item（条目）组成，每个 Item 的布局都是一样的。需要注意的是，在布局文件中指定了 ListView 的 id 之后才会在图形化视图中看到图 5-1 所示的界面。同时，如果不对 ListView 进行数据适配，那么就无法在界面上看到布局文件中创建的 ListView。下面的小节将为大家讲解如何对 ListView 进行数据适配。

图 5-1　activity_main.xml 图形化视图

5.3.2　常用数据适配器（Adapter）

前面提到在使用 ListView 时需要对其进行数据适配。为了实现这个功能，Android 系统提供一系列的适配器（Adapter）对 ListView 进行数据适配。可以将适配器理解为界面数据绑定。适配器就像显示器，把复杂的数据按人们易于接受的方式来展示。接下来介绍下几种常用的 Adapter。

1. BaseAdapter

BaseAdapter 顾名思义即基本的适配器。它实际上就是一个抽象类，该类拥有 4 个抽象方法。在 Android 开发中，就是根据这几个抽象方法来对 ListView 进行数据适配的。BaseAdapter 的 4 个抽象方法的功能如表 5-5 所示。

表 5-5 介绍了 BaseAdapter 的 4 个抽象方法。这 4 个抽象方法分别用于设置 Item 的总数、获取 Item 对象、获取 Item id、得到 Item 视图。开发者在适配数据到 ListView 时，需要创建一个类继承 BaseAdapter 并重写这 4 个抽象方法。

表 5-5 BaseAdapter 的几个抽象方法

方法名称	方法描述
public int getCount()	得到 Item 的总数
public Object getItem(int position)	根据 position 得到某个 Item 的对象
public long getItemId(int position)	根据 position 得到某个 Item 的 id
public View getView(int position, View convertView, ViewGroup parent)	得到相应 position 对应的 Item 视图，position 当前 Item 的位置，convertView 复用的 View 对象

2. SimpleAdapter

SimpleAdapter 继承自 BaseAdapter，实现了 BaseAdapter 的 4 个抽象方法，分别是 getCount()、getItem()、getItemId()、getView()方法。因此，开发者只需要在创建 SimpleAdapter 实例时，在构造方法里传入相应的参数即可。SimpleAdapter 的构造方法如下所示：

```
public SimpleAdapter(Context context, List<? extends Map<String, ?>> data,int resource,String[] from,int[] to);
```

上述构造方法有多个参数，下面针对这些参数进行介绍：

- Context context：Context 对象，getView()方法中需要用到 Context 将布局转换成 View 对象。
- List<? extends Map<String, ?>> data：数据集合，SimpleAdapter 已经在 getCount()方法中实现将数据集合大小返回。
- int resource：Item 布局的资源 id。
- String[] from：Map 集合里面的 key。
- int[] to：Item 布局相应的控件 id。

需要注意的是，SimpleAdapter 只能适配 Checkable、TextView、ImageView，其中 Checkable 是一个接口，CheckBox 控件就实现了该接口。TextView 适用于显示文本的控件，ImageView 是用来显示图片的控件。如果 int[] to 所代表的控件不是这三种类型则会报 IllegalStateException。

3. ArrayAdapter

ArrayAdapter 也是 BaseAdapter 的子类，与 SimpleAdapter 相同，ArrayAdapter 也不是抽象类，并且用法与 SimpleAdapter 类似，开发者只需要在构造方法里面传入相应参数即可适配数据。ArrayAdapter 通常用于适配 TextView 控件，例如 Android 系统中的 Setting（设置菜单）。ArrayAdapter 的构造方法如下所示：

```
public ArrayAdapter(Context context,int resource,int textViewResourceId,T[] objects);
```

ArrayAdapter 构造方法中同样有多个参数，下面针对这些参数进行介绍：

- Context context：Context 对象。
- int resource：Item 布局的资源 id。
- int textViewResourceId：Item 布局相应的控件 TextView 的 id。
- T[] objects：需要适配的数据数组。

5.3.3 案例——Android 应用市场

前面介绍了 ListView 和几种常见的数据适配器，接下来通过一个案例"Android 应用市场"

来演示如何使用 ListView 以及如何对其进行数据适配。本案例要实现的是将一个字符数组和一组图片资源捆绑到 ListView 上显示，具体步骤如下：

1. **创建程序**

创建一个名为"Android 应用市场"的应用程序，将包名修改为 cn.itcast.mylistview，设计用户交互界面，具体如图 5-2 所示。

ListView 程序对应的布局文件（activity_mian.xml）如下所示：

```
<LinearLayout xmlns:android="http://schemas.android.com/apk/res/android"
    xmlns:tools="http://schemas.android.com/tools"
    android:layout_width="match_parent"
    android:layout_height="match_parent"
    android:orientation="vertical"
    tools:context=".MainActivity" >
    <ListView
        android:id="@+id/lv"
        android:layout_width="match_parent"
        android:layout_height="wrap_content"/>
</LinearLayout>
```

2. **创建 Item 的布局**

创建好 ListView 界面之后接下来需要创建 ListView 的条目，在 res 目录下创建一个 list_item.xml 文件，指定 Item 的布局，图形化界面如图 5-3 所示。

图 5-2 "Android 应用市场"界面

图 5-3 ListView 的 Item 布局

从图 5-3 中可以看出 list_item.xml 文件中添加了一个 TextView，具体代码如下所示：

```
<RelativeLayout xmlns:android="http://schemas.android.com/apk/res/android"
    android:layout_width="match_parent"
    android:layout_height="wrap_content">
    <ImageView
        android:id="@+id/image"
```

```
        android:layout_width="wrap_content"
        android:layout_height="wrap_content"
        android:layout_alignParentLeft="true"
        android:layout_margin="5dp"/>
    <TextView
        android:id="@+id/tv_list"
        android:layout_width="wrap_content"
        android:layout_height="wrap_content"
        android:layout_centerInParent="true"
        android:paddingLeft="15dp"
        android:layout_marginLeft="20dp"
        android:textSize="18sp"
        android:hint="我是ListView的Item布局" />
</RelativeLayout>
```

3. 编写界面交互代码（MainActivity）

创建好了界面，接下来需要在 MainActivity 里面编写适配 ListView 的代码，用于实现将一个字符数组捆绑到 ListView 上显示，由于要适配图片，因此要在 drawable 目录下添加相应的图片资源。具体代码如下所示：

```
1  public class MainActivity extends Activity {
2      private ListView mListView;
3      //需要适配的数据
4      private String[] names ={ "京东商城","QQ","QQ斗地主","新浪微博","天猫",
5                     "UC浏览器","微信" };
6      //图片集合
7      private int[]  icons ={R.drawable.jd,R.drawable.qq,R.drawable.qq_dizhu,
8                     R.drawable.sina,R.drawable.tmall,R.drawable.uc,
9                     R.drawable.weixin};
10     protected void onCreate(Bundle savedInstanceState) {
11         super.onCreate(savedInstanceState);
12         setContentView(R.layout.activity_main);
13         //初始化ListView控件
14         mListView=(ListView) findViewById(R.id.lv);
15         //创建一个Adapter的实例
16         MyBaseAdapter mAdapter=new MyBaseAdapter();
17         //设置Adapter
18         mListView.setAdapter(mAdapter);
19     }
20     //创建一个类继承BaseAdapter
21     class MyBaseAdapter extends BaseAdapter{
22         //得到Item的总数
```

```
23    public int getCount() {
24        //返回 ListView Item 条目的总数
25        return names.length;
26    }
27        //得到 Item 代表的对象
28    public Object getItem(int position) {
29        //返回 ListView Item 条目代表的对象
30        return names[position];
31    }
32    //得到 Item 的 id
33    public long getItemId(int position) {
34        //返回 ListView Item 的 id
35        return position;
36    }
37    //得到 Item 的 View 视图
38    public View getView(int position,View convertView,ViewGroup parent) {
39        //将 list_item.xml 文件找出来并转换成 View 对象
40        View view=View.inflate(MainActivity.this,
41                              R.layout.list_item,null);
42        //找到 list_item.xml 中创建的 TextView
43        TextView mTextView=(TextView) view.findViewById(R.id.tv_list);
44            mTextView.setText(names[position]);
45                ImageView imageView=(ImageView) view.findViewById (R.id.image);
46        imageView.setBackgroundResource(icons[position]);
47        return view;
48    }
49  }
50}
```

上述代码第 20～49 行是 MyBaseAdapter 类，是用来适配数据到 ListView 的。它继承自 BaseAdapter 并实现了 getCount()、getItem()、getItemId()、getView()这 4 个方法。其中，getView()方法中调用了 View.inflate()方法，这个方法的作用是将 list_item 布局找出来。只有在找出了布局之后，才能调用 findViewById()的方法去找到控件。

4. 运行程序查看应用

运行程序，界面效果如图 5-4 所示。

从图 5-4 中可以看出 Android 应用市场程序将一组图片和一个字符数组设置到了 ListView 里。需要注意的是，在使用 ListView 控件时，需要设置 Adapter 捆绑数据。

图 5-4 "Android 应用市场"运行界面

多学一招：如何使用其他 Adapter 适配数据

前面介绍了 SimpleAdapter 和 ArrayAdapter。由于本案例的数据是一个字符串数组，ArrayAdapter 是专门针对数组类型的数据进行适配的。因此，在这里演示如何使用 ArrayAdapter 适配数据。将案例步骤 3 中 MainActivity 中的代码替换为如下代码即可：

```
1  public class MainActivity extends Activity {
2      //需要适配的数据
3      private String[] names = {"我是张三","我是李四","我是王五",
4                                "我是张三1","我是李四1","我是王五1",
5                                "我是张三2","我是李四2","我是王五2",};
6      private ListView mListView;
7      protected void onCreate(Bundle savedInstanceState) {
8          super.onCreate(savedInstanceState);
9          setContentView(R.layout.activity_main);
10         //初始化ListView
11         mListView=(ListView) findViewById(R.id.lv);
12         //使用ArrayAdapter适配数据传入上下文，子条目布局，指定值的
13         //TextView,数组
14         mListView.setAdapter(new ArrayAdapter<String>(this,
15         R.layout.list_item,R.id.tv_list), names));
16     }
17 }
```

从上述代码中可以看出，使用 ArrayAdapter 适配数据只需要一行代码。同样，使用 SimpleAdapter 也只需要一行代码。只需要创建出 SimpleAdapter 的实例传入相应的参数并将该实例传入 ListView 的 setAdapter() 方法中即可。

需要注意的是，使用 SimpleAdapter 需要将数据类型转换成 List<? extends Map<String, ?>> 类型。还需要指定需要显示的值对应的 key 以及相应控件的 id。

通过介绍这三个常用的 Adapter 可以看出，BaseAdapter 的适用范围广，SimpleAdapter 适配的数据类型有局限，ArrayAdapter 只能适配 TextView 并且适配的数据类型只能是数组。

5.3.4 案例——商品展示

在实际开发中,往往避免不了在界面上操作数据库。例如,开发一个购物车,需要将购物车中的商品以列表的形式展示,并且还需要对购物车中的商品进行增、删、改、查操作。要实现这些功能就需要使用 ListView 和 SQLite 数据库。接下来通过一个"商品展示"案例结合 ListView 和 SQLite 数据库来实现在界面上操作数据库,具体步骤如下:

1. 创建程序

首先创建一个名为"商品展示"的应用程序,将包名修改为 cn.itcast.product。设计用户交互界面,如图 5-5 所示。

"商品展示"程序对应的布局文件(activity_main.xml)如下所示:

图 5-5 "商品展示"界面

```xml
<LinearLayout xmlns:android="http://schemas.android.com/apk/res/android"
    xmlns:tools="http://schemas.android.com/tools"
    android:layout_width="match_parent"
    android:layout_height="match_parent"
    android:orientation="vertical"
    android:layout_margin="8dp"
    tools:context=".MainActivity" >
    <LinearLayout
        android:id="@+id/addLL"
        android:layout_width="match_parent"
        android:layout_height="wrap_content"
        android:orientation="horizontal" >
        <EditText
            android:id="@+id/nameET"
            android:layout_width="0dp"
            android:layout_height="wrap_content"
            android:layout_weight="1"
            android:hint="商品名称"
            android:inputType="textPersonName" />
        <EditText
            android:id="@+id/balanceET"
            android:layout_width="0dp"
            android:layout_height="wrap_content"
            android:layout_weight="1"
            android:hint="金额"
            android:inputType="number" />
        <ImageView
            android:onClick="add"
```

```
        android:id="@+id/addIV"
        android:layout_width="wrap_content"
        android:layout_height="wrap_content"
        android:src="@android:drawable/ic_input_add" />
    </LinearLayout>
    <ListView
        android:id="@+id/accountLV"
        android:layout_width="match_parent"
        android:layout_height="match_parent"
        android:layout_below="@id/addLL" >
    </ListView>
</LinearLayout>
```

上述代码中用 Imageview 显示图片。其中使用到了 ImageView 的属性 Android:src 来指定 ImageView 要显示的图片，但是只显示图片原图大小。如果使用 Android:backgroud 属性，图片的大小会根据 ImageView 的大小进行拉伸。

2. 创建 ListView Item 布局

由于本案例用到了 ListView 布局，因此需要编写一个 ListView Item 的布局。在 res/layout 目录下创建一个 item.xml 文件，编写出图 5-6 所示的界面。

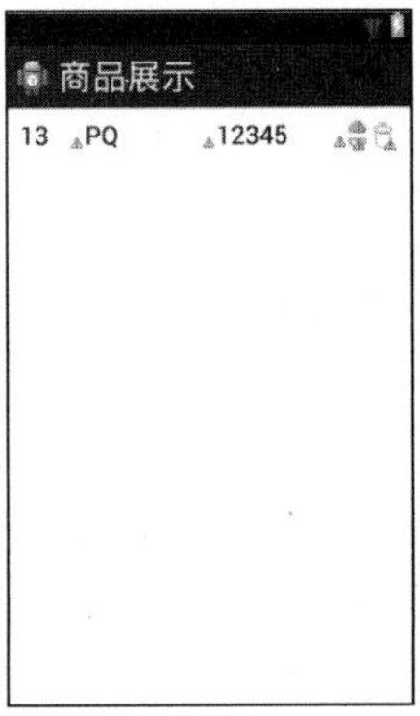

从图 5-6 中可以看出，item.xml 创建了三个 TextView 和三个 ImageView，具体代码如下所示：

图 5-6　item.xml 文件布局

```
<?xml version="1.0" encoding="utf-8"?>
<LinearLayout xmlns:android="http://schemas.android. com/apk/res/android"
    android:layout_width="match_parent"
    android:layout_height="wrap_content"
    android:orientation="horizontal"
    android:padding="10dp" >
    <TextView
        android:id="@+id/idTV"
        android:layout_width="0dp"
        android:layout_height="wrap_content"
        android:layout_weight="1"
        android:text="13"
        android:textColor="#000000"
        android:textSize="20sp" />
    <TextView
        android:id="@+id/nameTV"
        android:layout_width="0dp"
```

```xml
            android:layout_height="wrap_content"
            android:layout_weight="2"
            android:singleLine="true"
            android:text="PQ"
            android:textColor="#000000"
            android:textSize="20sp" />
        <TextView
            android:id="@+id/balanceTV"
            android:layout_width="0dp"
            android:layout_height="wrap_content"
            android:layout_weight="2"
            android:singleLine="true"
            android:text="12345"
            android:textColor="#000000"
            android:textSize="20sp" />
        <LinearLayout
            android:layout_width="wrap_content"
            android:layout_height="wrap_content"
            android:orientation="vertical" >
            <ImageView
                android:id="@+id/upIV"
                android:layout_width="wrap_content"
                android:layout_height="wrap_content"
                android:layout_marginBottom="2dp"
                android:src="@android:drawable/arrow_up_float" />
            <ImageView
                android:id="@+id/downIV"
                android:layout_width="wrap_content"
                android:layout_height="wrap_content"
                android:src="@android:drawable/arrow_down_float" />
        </LinearLayout>
        <ImageView
            android:id="@+id/deleteIV"
            android:layout_width="25dp"
            android:layout_height="25dp"
            android:src="@android:drawable/ic_menu_delete" />
</LinearLayout>
```

上述代码添加了三个 TextView，分别用于显示数据库中的某条数据的 id、商品名称、金额，三个 ImageView 用于增加金额、减少金额、删除数据。

3. 创建数据库

创建数据库属于数据操作，因此需要在 cn.itcast.product 的包下创建一个名为 dao 的包。并在该包下定义一个 MyHelper 类继承自 SQLiteOpenHelper，创建数据库的代码如下：

```java
1  public class MyHelper extends SQLiteOpenHelper {
2      //由于父类没有无参构造函数，所以子类必须指定调用父类哪个有参的构造函数
3      public MyHelper(Context context) {
4          super(context,"itcast.db",null,2);
5      }
6      public void onCreate(SQLiteDatabase db) {
7          System.out.println("onCreate");
8          db.execSQL("CREATE TABLE account(_id INTEGER PRIMARY KEY AUTOINCREMENT,
9                                          name VARCHAR(20),    //商品名称列
10                                         balance INTEGER)");  //金额列
11     }
12     public void onUpgrade(SQLiteDatabase db,int oldVersion, int newVersion) {
13         System.out.println("onUpgrade");
14     }
15 }
```

4. 创建 Account 类

在操作数据库时将数据存放至一个 JavaBean 对象中操作起来会比较方便。因此，需要在 cn.itcast.product 包下创建一个 bean 包用于存放 Javabean 类，然后在 cn.itcast.product.bean 包下定义一个类 Account，具体代码如下：

```java
1  public class Account {
2      private Long id;
3      private String name;
4      private Integer balance;
5      public Long getId() {
6          return id;
7      }
8      public void setId(Long id) {
9          this.id=id;
10     }
11     public String getName() {
12         return name;
13     }
14     public void setName(String name) {
15         this.name=name;
```

```
16    }
17    public Integer getBalance() {
18        return balance;
19    }
20    public void setBalance(Integer balance) {
21        this.balance=balance;
22    }
23    public Account(Long id, String name,Integer balance) {
24        super();
25        this.id=id;
26        this.name=name;
27        this.balance=balance;
28    }
29    public Account(String name,Integer balance) {
30        super();
31        this.name=name;
32        this.balance=balance;
33    }
34    public Account() {
35        super();
36    }
37    public String toString() {
38        return "[序号: "+id+", 商品名称: "+name+", 余额: "+balance+"]";
39    }
40 }
```

5. 创建数据操作逻辑类

前面创建了数据库和 JavaBean，接下来需要编写数据逻辑操作类。在 cn.itcast.product.dao 包下创建一个 AccountDao 类用于操作数据，具体代码如下所示：

```
1  public class AccountDao {
2      private MyHelper helper;
3      public AccountDao(Context context) {
4          //创建 Dao 时，创建 Helper
5          helper=new MyHelper(context);
6      }
7      public void insert(Account account) {
8          //获取数据库对象
9          SQLiteDatabase db=helper.getWritableDatabase();
10         //用来装载要插入的数据的 Map<列名,列的值>
11         ContentValues values=new ContentValues();
```

```
12        values.put("name",account.getName());
13        values.put("balance",account.getBalance());
14        //向account表插入数据values,
15        long id=db.insert("account",null,values);
16        account.setId(id);        //得到id
17        db.close();              //关闭数据库
18    }
19    //根据id删除数据
20    public int delete(long id) {
21        SQLiteDatabase db=helper.getWritableDatabase();
22        // 按条件删除指定表中的数据,返回受影响的行数
23        int count=db.delete("account","_id=?",new String[] { id+"" });
24        db.close();
25        return count;
26    }
27    //更新数据
28    public int update(Account account) {
29        SQLiteDatabase db=helper.getWritableDatabase();
30        ContentValues values=new ContentValues();        //要修改的数据
31        values.put("name",account.getName());
32        values.put("balance",account.getBalance());
33        int count=db.update("account",values,"_id=?",
34            new String[] { account.getId()+"" });        //更新并得到行数
35        db.close();
36        return count;
37    }
38    //查询所有数据倒序排列
39    public List<Account> queryAll() {
40        SQLiteDatabase db=helper.getReadableDatabase();
41        Cursor c=db.query("account",null,null,null,null,null,
42            "balance DESC");
43        List<Account> list=new ArrayList<Account>();
44        while(c.moveToNext()) {
45            //可以根据列名获取索引
46            long id=c.getLong(c.getColumnIndex("_id"));
47            String name=c.getString(1);
48            int balance=c.getInt(2);
```

```
49            list.add(new Account(id,name,balance));
50        }
51        c.close();
52        db.close();
53        return list;
54    }
55 }
```

上述代码是操作数据库的逻辑类 AccountDao，该类创建了对数据进行增、删、改、查操作的方法。需要注意的是，在第 7～18 行代码中的 insert()方法中调用了 db.insert()方法，这个方法第二个参数如果传入 null，是无法插入一条空数据的。如果想插入一条空数据，第二个参数必须写一个列名（任意列），传入的这个列名是用来拼接 SQL 语句的，例如，INSERT INTO account(null) VALUES(NULL)。

6. 编写界面交互代码（MainActivity）

数据库的操作完成之后需要界面与数据库进行交互，用于实现将数据库中的数据以 ListView 的形式展示在界面上，具体代码如下所示：

```
1  public class MainActivity extends Activity {
2     //需要适配的数据集合
3     private List<Account> list;
4     //数据库增删改查操作类
5     private AccountDao dao;
6     //输入姓名的EditText
7     private EditText nameET;
8     //输入金额的EditText
9     private EditText balanceET;
10    //适配器
11    private MyAdapter adapter;
12    //ListView
13    private ListView accountLV;
14    protected void onCreate(Bundle savedInstanceState) {
15       super.onCreate(savedInstanceState);
16       setContentView(R.layout.activity_main);
17       //初始化控件
18       initView();
19       dao=new AccountDao(this);
20       //从数据库查询出所有数据
21       list=dao.queryAll();
22       adapter=new MyAdapter();
23       accountLV.setAdapter(adapter);//给ListView添加适配器（自动把数据生成条目）
24    }
25    //初始化控件
```

```java
26    private void initView() {
27        accountLV=(ListView) findViewById(R.id.accountLV);
28        nameET=(EditText) findViewById(R.id.nameET);
29        balanceET=(EditText) findViewById(R.id.balanceET);
30        //添加监听器，监听条目点击事件
31        accountLV.setOnItemClickListener(new MyOnItemClickListener());
32    }
33    //activity_mian.xml 对应 ImageView 的点击事件触发的方法
34    public void add(View v) {
35        String name=nameET.getText().toString().trim();
36        String balance=balanceET.getText().toString().trim();
37        //三目运算 balance.equals("")则等于0
38        //如果balance 不是空字符串 则进行类型转换
39        Account a=new Account(name, balance.equals("")?0
40                :Integer.parseInt(balance));
41        dao.insert(a);                                  //插入数据库
42        list.add(a);                                    //插入集合
43        adapter.notifyDataSetChanged();                 //刷新界面
44        //选中最后一个
45        accountLV.setSelection(accountLV.getCount()-1);
46        nameET.setText("");
47        balanceET.setText("");
48    }
49
50    //自定义一个适配器(把数据装到 ListView 的工具)
51    private class MyAdapter extends BaseAdapter {
52        public int getCount() {                         // 获取条目总数
53            return list.size();
54        }
55        public Object getItem(int position) {           // 根据位置获取对象
56            return list.get(position);
57        }
58        public long getItemId(int position) {           // 根据位置获取 id
59            return position;
60        }
61        //获取一个条目视图
62        public View getView(int position,View convertView,ViewGroup parent) {
63            //重用convertView
64            View item=convertView!=null?convertView:View.inflate(
65                    getApplicationContext(),R.layout.item,null);
66            //获取该视图中的 TextView
67            TextView idTV=(TextView) item.findViewById(R.id.idTV);
```

```java
68      TextView nameTV=(TextView) item.findViewById(R.id.nameTV);
69      TextView balanceTV=(TextView) item.findViewById(R.id.balanceTV);
70      //根据当前位置获取Account对象
71      final Account a=list.get(position);
72      //把Account对象中的数据放到TextView中
73      idTV.setText(a.getId()+"");
74      nameTV.setText(a.getName());
75      balanceTV.setText(a.getBalance()+"");
76      ImageView upIV=(ImageView) item.findViewById(R.id.upIV);
77      ImageView downIV=(ImageView) item.findViewById(R.id.downIV);
78      ImageView deleteIV=(ImageView) item.findViewById(R.id.deleteIV);
79      //向上箭头的点击事件触发的方法
80      upIV.setOnClickListener(new OnClickListener() {
81          public void onClick(View v) {
82              a.setBalance(a.getBalance()+1);      // 修改值
83              notifyDataSetChanged();              // 刷新界面
84              dao.update(a);                       // 更新数据库
85          }
86      });
87      //向下箭头的点击事件触发的方法
88      downIV.setOnClickListener(new OnClickListener() {
89          public void onClick(View v) {
90              a.setBalance(a.getBalance()-1);
91              notifyDataSetChanged();
92              dao.update(a);
93          }
94      });
95      //删除图片的点击事件触发的方法
96      deleteIV.setOnClickListener(new OnClickListener() {
97          public void onClick(View v) {
98              //删除数据之前首先弹出一个对话框
99              android.content.DialogInterface.OnClickListener listener=
100                 new android.content.DialogInterface.
101                     OnClickListener() {
102                 public void onClick(DialogInterface dialog,int which) {
103                     list.remove(a);                  //从集合中删除
104                     dao.delete(a.getId());           //从数据库中删除
105                     notifyDataSetChanged();          //刷新界面
106                 }
107             };
108             //创建对话框
109             Builder builder=new Builder(MainActivity.this);
```

```
110                builder.setTitle("确定要删除吗?");     //设置标题
111                //设置确定按钮的文本以及监听器
112                builder.setPositiveButton("确定",listener);
113                builder.setNegativeButton("取消",null);   //设置取消按钮
114                builder.show();                          //显示对话框
115            }
116        });
117        return item;
118    }
119 }
120 //ListView 的 Item 点击事件
121 private class MyOnItemClickListener implements OnItemClickListener {
122     public void onItemClick(AdapterView<?> parent,View view,int position,
123         long id) {
124     //获取点击位置上的数据
125        Account a=(Account) parent.getItemAtPosition(position);
126        Toast.makeText(getApplicationContext(),a.toString(),
127            Toast.LENGTH_SHORT).show();
128     }
129 }
130 }
```

上述代码实现了界面管理数据库,接下来解释下上述代码用到的重要知识点:

- ListView 的 setOnItemClickListener()方法:该方法用于监听 Item 的点击事件,在使用该方法时需要传入一个 OnItemClickListener 的实现类对象,并且需要实现 onItemClick 方法。当点击 ListView 的 Item 时就会触发 Item 的点击事件然后会回调 onItemClick()方法。

- ListView 的 setSelection()方法:该方法的作用是设置当前选中的条目。假设当前屏幕一屏只能显示 10 条数据,当添加第 11 条数据时,调用此方法就会将第 11 条数据显示在屏幕上,将第 1 条数据滑出屏幕外。

- Adapter 的 notifyDataSetChange()方法:该方法是用于重新数据,当数据适配器中的内容发生变化时,会调用此方法,重新执行 BaseAdapter 中的 getView() 方法。

7. 运行程序展示商品

运行程序,首先能看到的界面如图 5-7 所示。在图 5-7 中,有一个"添加"按钮和两个 EditText 分别用于输入姓名和金额。输入姓名和金额之后单击"添加"按钮会看到图 5-8 所示的界面。

图 5-7 "商品展示"界面

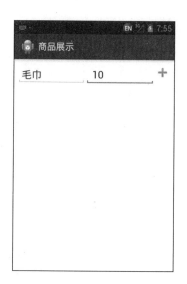

图 5-8 添加一条数据

从图 5-8 中，能看出单击"添加"按钮能将 EditText 中输入的内容添加至数据库并显示适配到 ListView 中。为了让大家看清楚效果多添加几条数据，并单击第一个 Item 的向上箭头，结果如图 5-9 所示。

图 5-9 给第一条数据的金额加二

从图 5-9 中可以看出，当单击第一个条目的向上箭头时会给相应数据的金额+2。要实现这个功能需要在 BaseAdapter 的 getView()方法中监听该图片的点击事件。当单击 Item 中向下的箭头时，相应数据的金额会-1。

接下来观察删除按钮的点击事件效果，如图 5-10 所示。

图 5-10　删除第二条数据

从图 5-10 中能看出单击第二个条目的删除按钮之后，会弹出一个对话框。单击对话框的确认按钮就将第二条数据删除了。要实现这种功能首先要监听删除按钮的点击事件，然后监听对话框的确认按钮点击事件。接下来观察 ListView 条目点击事件的效果，如图 5-11 所示。

从图 5-11 中可以看出，单击第二个条目，会弹出一个 Toast。要实现这种功能需要给 ListView 的 Item 设置条目点击监听事件。

图 5-11　ListView Item 的点击效果

小　　结

本章讲解了 SQLite 数据库和 ListView 控件的相关知识，首先简单地介绍了 SQLite 数据库，然后讲解了如何使用 SQLite 数据库以及 ListView，最后通过一个综合性的案例讲解了 SQLite 数据库和 ListView 的使用。SQLite 数据库和 ListView 这两个知识点非常重要，在实际开发中可以实现很多功能，例如电子商城中的购物车、网易新闻客户端等。因此，要求初学者必须掌握本章知识。

习　　题

一、填空题

1. ListView 的常用适配器有三种，分别是_____、_____和_____。
2. 创建数据库以及数据库版本更新需要继承_____。
3. SQLite 创建时调用_____方法，升级时调用_____方法。

4. 要查询 SQLite 数据库中的信息需要使用_____接口，使用完毕后调用_____关闭。
5. 创建 ListView 的布局界面必须通过_____属性才能使数据显示在界面上。

二、判断题

1. SQLite 数据库使用完后不需要关闭，不影响程序性能。（   ）
2. 使用 ListView 显示较为复杂的数据时最好用 ArrayAdapter 适配器。（   ）
3. SQLite 既支持 Android 的 API 又支持 SQL 语句进行增、删、改、查操作。（   ）
4. 使用 BaseAdapter 控制 ListView 显示多少条数据是通过 getView()方法设置。（   ）
5. SQLite 只支持 NULL、INTEGER、REAL、TEXT 和 BLOB 等 5 种数据类型。（   ）

三、选择题

1. 使用 SQLite 数据库进行查询后，必须要做的操作是（   ）。
   A. 关闭数据库   B. 直接退出   C. 关闭 Cursor   D. 使用 quit 函数退出
2. 关于适配器的说法正确的是（   ）。
   A. 它主要用来存储数据   B. 它主要用来把数据绑定在组件上
   C. 它主要用来存储 XML 数据   D. 它主要用来解析数据
3. 使用 SQLiteOpenHelper 类的（   ）方法可以创建一个可写的数据库对象。
   A. getDatabase()   B. getWriteableDatabase()
   C. getReadableDatabase()   D. getAbleDatabase()
4. SQLite 是遵守 ACID 关联式的数据库系统，下列选项中不属于 ACID 的是（   ）。
   A. 原子性   B. 一致性   C. 关联性   D. 持久性
5. 下列关于 ListView 使用的描述中，不正确的是（   ）。
   A. 要使用 ListView，则必须使用 Adapter 进行数据适配
   B. 要使用 ListView，该布局文件对应的 Activity 必须继承 ListActivity
   C. ListView 中每一项的视图布局既可以使用内置的布局，也可以使用自定义的布局方式
   D. 要实现 ListView 的条目点击，就需要实现 OnItemClickListener 接口

四、简答题

1. 请简要说明 SQLite 数据库创建的过程。
2. 请简要说明 BaseAdapter 适配器 4 个抽象方法以及它们的具体作用。

五、编程题

1. 请使用 ListView 显示 10 行数据在界面上，分别用三种适配器实现。
2. 请创建一个 fruit.db 表，在表中存入 5 种水果信息，并将这些信息显示到 ListView 控件中。

【思考题】
1. 请思考 Android 中的 SQLite 数据库具有哪些特点。
2. 请思考 ListView 控件在实际生活中有哪些应用场景。

扫描右方二维码，查看思考题答案！

第6章 内容提供者

学习目标

- 了解什么是内容提供者。
- 学会使用内容提供者。
- 学会使用 ContentResolver 操作其他应用的数据。
- 学会使用内容观察者观察其他应用数据的变化。

在 Android 开发中，经常需要访问其他应用程序的数据。例如，使用支付宝转账时需要填写收款人的电话号码，此时就需要获取到系统联系人的信息。为了实现这种跨程序共享数据的功能，Android 系统提供了一个组件内容提供者（ContentProvider）。本章将针对内容提供者进行详细的讲解。

6.1 内容提供者简介

内容提供者（ContentProvider）是 Android 系统四大组件之一，用于保存和检索数据，是 Android 系统中不同应用程序之间共享数据的接口。在 Android 系统中，应用程序之间是相互独立的，分别运行在自己的进程中，相互之间没有数据交换。若应用程序之间需要共享数据，就需要用到 ContentProvider。

ContentProvider 是不同应用程序之间进行数据交换的标准 API，它以 Uri 的形式对外提供数据，允许其他应用操作本应用数据。其他应用则使用 ContentResolver，并根据 ContentProvider 提供的 Uri 操作指定数据。接下来通过图例的方式来讲解 ContentProvider 的工作原理，如图 6-1 所示。

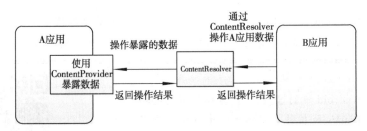

图 6-1 ContentProvider 工作原理图

从图 6-1 可以看出，A 应用需要使用 ContentProvider 暴露数据，才能被其他应用操作。B 应用必须通过 ContentResolver 操作 A 应用暴露出来的数据，而 A 应用会将操作结果返回给 ContentResolver，然后 ContentResolver 再将操作结果返回给 B 应用。

6.2 创建内容提供者

6.2.1 创建一个内容提供者

在创建一个内容提供者时，首先需要定义一个类继承 android.content 包下的 ContentProvider 类。ContentProvider 类是一个抽象类，在使用该类时需要重写它的 onCreate()、delete()、getType()、insert()、query()、update()这几个抽象方法。下面介绍这几个方法的作用，如表 6-1 所示。

表 6-1 ContentProvider 主要方法介绍

方 法 名 称	功 能 描 述
public boolean onCreate()	创建 ContentProvider 时调用
public int delete(Uri uri, String selection, String[] selectionArgs)	根据传入的 Uri 删除指定条件下的数据
public Uri insert(Uri uri, ContentValues values)	根据传入的 Uri 插入数据
public Cursor query(Uri uri, String[] projection, String selection,String[] selectionArgs, String sortOrder)	根据传入的 Uri 查询指定条件下的数据
public int update(Uri uri, ContentValues values, String selection,String[] selectionArgs)	根据传入的 Uri 更新指定条件下的数据
public String getType(Uri uri)	用于返回指定 Uri 代表数据的 MIME 类型

表 6-1 介绍了 ContentProvider 的几个抽象方法，其中 getType()方法是用来获取当前 Uri 路径指定数据的类型。这个类型表示当前 Uri 指定数据的 MIME 类型，例如，在 Windows 系统中.txt 的文件和.jpg 的文件就是两种不同的类型。

如果指定数据的类型属于集合型（多条数据），getType()方法返回的字符串应该以"vnd.android.cursor.dir/"开头。如果属于非集合（单条数据）型则返回的字符串以"vnd.android.cursor.item/"开头。

1. 创建内容提供者

为了让初学者掌握内容提供者的创建，接下来通过一段示例代码来展示，具体如下所示：

```
public class PersonDBProvider extends ContentProvider{
    public boolean onCreate() {
        return false;
    }
    public Cursor query(Uri uri,String[] projection,String selection,
          String[] selectionArgs,String sortOrder) {
        return null;
    }
    public String getType(Uri uri) {
        return null;
    }
```

```
    public Uri insert(Uri uri,ContentValues values) {
        return null;
    }
    public int delete(Uri uri,String selection,String[] selectionArgs) {
        return 0;
    }
    public int update(Uri uri,ContentValues values,String selection,
            String[] selectionArgs) {
        return 0;
    }
}
```

2. 注册内容提供者

ContentProvider 是 Android 的四大组件之一,因此需要和 Activity 一样在清单文件中注册。具体代码如下所示:

```
<provider
    android:name="cn.itcast.db.PersonDBProvider"
    android:authorities="cn.itcast.db.personprovider" >
</provider>
```

上述代码中,注册 provider 时指定了两个属性 android:name 和 android:authorities。其中,android:name 代表继承于 ContentProvider 类的全路径名称,android:authorities 代表了访问本 provider 的路径,注意这里的路径必须要唯一。

> **多学一招:如何让暴露的数据更安全**
>
> 当使用 provider 暴露敏感数据时,为了数据安全,在注册 ContentProvider 时,还可以为其指定一系列的权限,具体如下所示:
> - android:permission 属性:如果在注册 provider 时使用了该属性,那么其他程序在访问 ContentProvider 时必须加上该权限,否则会报异常。例如,PersonDBProvider 注册了 android:permission="mobile.permission.PROVIDER",那么在其他应用使用该 provider 时需要加上权限<uses-permission android:name="mobile.permission.PROVIDER "/>。
> - android:readPermission 属性:如果在注册 provider 时使用了该属性,那么其他应用程序通过 ContentProvider 的 query()方法查询数据时,必须加上该权限。
> - android:writePermission 属性:如果在注册 provider 时使用了该属性,那么其他应用程序通过 ContentProvider 的增、删、改这几个方法操作数据时,必须加上该权限。
>
> 需要注意的是,如果在注册 provider 时,为其指定了自定义权限(即系统不存在的权限)。为了让自定义权限生效,首先需要单击清单文件中 permission 标签页的 Add 按钮,单击该按钮后能看到图 6-2 所示的界面。

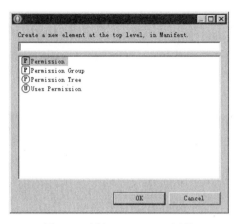

图 6-2　添加 permission 标签

依次单击图 6-2 中的 Permission→OK，会出现图 6-3 所示的窗口。

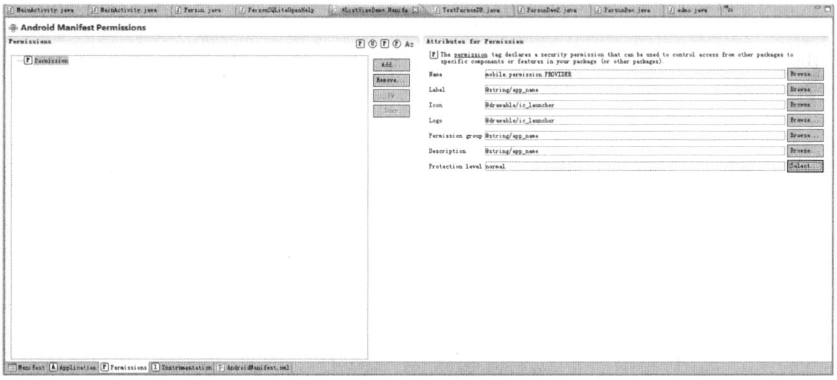

图 6-3　Permission 标签信息填写

按照图 6-3 所示页面的提示将 Permission 的信息填写好并保存，这个 Permission 就生效了。保存后能在清单文件中看到如下所示代码：

```
<permission android:logo="@drawable/ic_launcher"
            android:permissionGroup="@string/app_name"
            android:name="mobile.permission.PROVIDER"
            android:label="@string/app_name"
            android:description="@string/app_name"
            android:protectionLevel="normal"
            android:icon="@drawable/ic_launcher">
</permission>
```

上述代码中的属性 android:name="mobile.permission.PROVIDER"指定的是权限的名称，属性 android:description="@string/app_name"指定的是权限的描述。

6.2.2 Uri 简介

前面介绍了 ContentProvider 的几个抽象方法，这几个抽象方法中有一个参数 Uri uri，它代表了数据的操作方法。Uri 是由 scheme、authorites、path 三部分组成。为了让初学者更直观地看到 Uri 的组成，接下来通过一个图例来向大家展示，如图 6-4 所示。

图 6-4　Uri 组成结构图

从图 6-4 可以看出，scheme 部分 content://是一个标准的前缀，表明这个数据被内容提供者所控制，它不会被修改。authorities 部分 cn.itcast.db.personprovider 是在清单文件中指定的 android:authorities 属性值，该值必须唯一，它表示了当前的内容提供者。path 部分/person 代表资源（或者数据），当访问者需要操作不同数据时，这个部分是动态改变的。

Uri.parse(String str)方法是将字符串转化成 Uri 对象的。为了解析 Uri 对象，Android 系统提供了一个辅助工具类 UriMatcher 用于匹配 Uri。下面介绍下 UriMatcher 的几个常用方法，如表 6-2 所示。

表 6-2　UriMatcher 的常用方法

方 法 名 称	功 能 描 述
public UriMatcher(int code)	创建 UriMatcher 对象时调用，参数通常使用 UriMatcher.NO_MATCH，表示路径不满足条件返回–1
public void addURI(String authority, String path, int code)	添加一组匹配规则，authority 即 Uri 的 authoritites 部分，path 即 Uri 的 path 部分
public int match(Uri uri)	匹配 Uri 与 addURI 方法相对应，匹配成功则返回 addURI 方法中传入的参数 code 的值

表 6-2 介绍 UriMatcher 的这几个常用方法非常重要，要求初学者必须掌握，因为在创建 ContentProvider 时会用到。

6.2.3 案例——读取联系人信息

上节介绍了内容提供者的创建方法，接下来通过一个案例"读取联系人信息"讲解如何使用内容提供者暴露数据。该案例实现了查询自己暴露的数据，并将数据捆绑到 ListView 控件中的功能。案例实现步骤具体如下：

1. 创建程序

创建一个名为"读取联系人信息"的应用程序，将包名修改为 cn.itcast.contentprovider，设计用户交互界面，具体如图 6-5 所示。

"读取联系人信息"程序对应的布局文件（activity_main.xml）如下所示：

```
<LinearLayoutxmlns:android="http://schemas.android.com/apk/res/android"
    xmlns:tools="http://schemas.android.com/tools"
    android:id="@+id/ll_root"
```

```xml
    android:layout_width="match_parent"
    android:layout_height="match_parent"
    android:orientation="vertical"
    tools:context=".MainActivity" >
    <ListView
        android:id="@+id/lv"
        android:layout_width="match_parent"
        android:layout_height="match_parent" >
    </ListView>
</LinearLayout>
```

上述代码在线性布局中添加了一个 ListView 来展示数据，设置它的 id 为 lv。

2. ListView Item UI **界面**

本案例用到了 ListView 来展示获取的数据，因此需要在 res/layout 的目录下创建一个 list_item.xml 文件，编写 Item 的布局，由于本布局需要用到联系人图片，因此需要在 drawable 文件下添加一张名为 default_avatar.png 的图片。list_item.xml 的图形化界面如图 6-6 所示。

图 6-5　程序主界面

图 6-6　ListView Item 布局

list_item.xml 文件的代码如下所示：

```xml
<?xml version="1.0" encoding="utf-8"?>
<LinearLayout xmlns:android="http://schemas.android.com/apk/res/android"
    android:layout_width="match_parent"
    android:layout_height="60dip"
    android:gravity="center_vertical"
    android:orientation="horizontal" >
    <ImageView
        android:layout_width="wrap_content"
        android:layout_height="wrap_content"
        android:layout_marginLeft="5dip"
```

```
                android:src="@drawable/default_avatar" />
        <LinearLayout
            android:layout_width="fill_parent"
            android:layout_height="60dip"
            android:layout_marginLeft="20dip"
            android:gravity="center_vertical"
            android:orientation="vertical" >
            <TextView
                android:id="@+id/tv_name"
                android:layout_width="wrap_content"
                android:layout_height="wrap_content"
                android:layout_marginLeft="5dip"
                android:text="姓名"
                android:textColor="#000000"
                android:textSize="18sp" />
            <TextView
                android:id="@+id/tv_phone"
                android:layout_width="wrap_content"
                android:layout_height="wrap_content"
                android:layout_marginLeft="5dip"
                android:layout_marginTop="3dp"
                android:text="电话"
                android:textColor="#88000000"
                android:textSize="16sp" />
        </LinearLayout>
    </LinearLayout>
```

上述布局中定义了两个TextView，分别用于显示姓名和电话。

3. 创建数据库

本案例要通过内容提供者实现暴露数据库中的数据，因此要在应用程序中创建一个数据库。具体代码如下所示：

```
1 public class PersonSQLiteOpenHelper extends SQLiteOpenHelper {
2    private static final String TAG = "PersonSQLiteOpenHelper";
3    //数据库的构造方法，用来定义数据库的名称、数据库查询的结果集、数据库的版本
4    public PersonSQLiteOpenHelper(Context context) {
5        super(context,"person.db",null,3);
6    }
7    //数据库第一次被创建的时候调用的方法
8    public void onCreate(SQLiteDatabase db) {
```

```
9        //初始化数据库的表结构
10       db.execSQL("create table person (id integer primary key autoincrement,
11               name varchar(20),
12               number varchar(20)) ");
13    }
14    //当数据库的版本号发生变化的时候(增加的时候)调用
15    public void onUpgrade(SQLiteDatabase db,int oldVersion,int newVersion) {
16       Log.i(TAG,"数据库的版本变化了...");
17    }
18}
```

在上述代码中,创建了一个数据库 person.db,用来存放 person 信息。person 表存放三个数据:id、name 和 number。

4. 创建 Person 类

接下来定义一个 Person 类,用于封装 id、name 和 number 属性,具体代码如下所示:

```
1  public class Person {
2     private int id;
3     private String name;
4     private String number;
5     public Person() {
6     }
7     public String toString() {
8        return "Person [id="+id+", name="+name+", number="+number+"]";
9     }
10    public Person(int id, String name, String number) {
11       this.id=id;
12       this.name=name;
13       this.number=number;
14    }
15    public int getId() {
16       return id;
17    }
18    public void setId(int id) {
19       this.id=id;
20    }
21    public String getName() {
22       return name;
23    }
24    public void setName(String name) {
25       this.name=name;
```

```
26    }
27    public String getNumber() {
28        return number;
29    }
30    public void setNumber(String number) {
31        this.number=number;
32    }
33 }
```

5. 创建内容提供者

创建 PersonDBProvider 类继承 ContentProvider，用于实现暴露数据库程序的功能，具体代码如下所示：

```
1  public class PersonDBProvider extends ContentProvider {
2      //定义一个 uri 的匹配器，用于匹配 uri，如果路径不满足条件，返回 -1
3      private static UriMatcher matcher=new UriMatcher(UriMatcher.NO_MATCH);
4      private static final int INSERT=1;      //添加数据匹配 Uri 路径成功时返回码
5      private static final int DELETE=2;      //删除数据匹配 Uri 路径成功时返回码
6      private static final int UPDATE=3;      //更改数据匹配 Uri 路径成功时返回码
7      private static final int QUERY=4;       //查询数据匹配 Uri 路径成功时返回码
8      private static final int QUERYONE=5;    //查询一条数据匹配 Uri 路径成功时返回码
9      //数据库操作类的对象
10     private PersonSQLiteOpenHelper helper;
11     static {
12         //添加一组匹配规则
13         matcher.addURI("cn.itcast.db.personprovider","insert",INSERT);
14         matcher.addURI("cn.itcast.db.personprovider","delete",DELETE);
15         matcher.addURI("cn.itcast.db.personprovider","update",UPDATE);
16         matcher.addURI("cn.itcast.db.personprovider","query",QUERY);
17         //这里的"#"号为通配符凡是符合"query/"皆返回 QUERYONE 的返回码
18         matcher.addURI("cn.itcast.db.personprovider","query/#",QUERYONE);
19     }
20     //当内容提供者被创建的时候调用适合数据的初始化
21     public boolean onCreate() {
22         helper=new PersonSQLiteOpenHelper(getContext());
23         return false;
24     }
25     //查询数据操作
26     public Cursor query(Uri uri,String[] projection,String selection,
27             String[] selectionArgs,String sortOrder) {
```

```
28      if(matcher.match(uri)==QUERY) {  //匹配查询的 Uri 路径
29          //匹配成功,返回查询的结果集
30          SQLiteDatabase db=helper.getReadableDatabase();
31          //调用数据库操作的查询数据的方法
32          Cursor cursor=db.query("person",projection,selection,
33              selectionArgs,null,null,sortOrder);
34          return cursor;
35      } else if (matcher.match(uri)==QUERYONE) {
36          //匹配成功,根据 id 查询数据
38          long id=ContentUris.parseId(uri);
38          SQLiteDatabase db=helper.getReadableDatabase();
39          Cursor cursor=db.query("person",projection,"id=?",
40              new String[]{id+""},null,null,sortOrder);
41          return cursor;
42      } else {
43          throw new IllegalArgumentException("路径不匹配,不能执行查询操作");
44      }
45  }
46  //获取当前 Uri 的数据类型
47  public String getType(Uri uri) {
48      if(matcher.match(uri)==QUERY) {
49          // 返回查询的结果集
50          return "vnd.android.cursor.dir/person";
51      } else if(matcher.match(uri)==QUERYONE) {
52          return "vnd.android.cursor.item/person";
53      }
54      return null;
55  }
56  //添加数据
57  public Uri insert(Uri uri,ContentValues values) {
58      if(matcher.match(uri)==INSERT) {
59          //匹配成功返回查询的结果集
60          SQLiteDatabase db=helper.getWritableDatabase();
61          db.insert("person",null, values);
62      } else {
63          throw new IllegalArgumentException("路径不匹配,不能执行插入操作");
64      }
65      return null;
66  }
```

```
67    //删除数据
68    public int delete(Uri uri,String selection,String[] selectionArgs) {
69        if(matcher.match(uri)==DELETE) {
70            //匹配成功返回查询的结果集
71            SQLiteDatabase db=helper.getWritableDatabase();
72            db.delete("person",selection,selectionArgs);
73        } else {
74            throw new IllegalArgumentException("路径不匹配,不能执行删除操作");
75        }
76        return 0;
77    }
78    //更新数据
79    public int update(Uri uri,ContentValues values,String selection,
80            String[] selectionArgs) {
81        if(matcher.match(uri)==UPDATE) {
82            //匹配成功 返回查询的结果集
83            SQLiteDatabase db=helper.getWritableDatabase();
84            db.update("person",values,selection,selectionArgs);
85        } else {
86            throw new IllegalArgumentException("路径不匹配,不能执行修改操作");
87        }
88        return 0;
89    }
90 }
```

从上述代码中可以看出,在暴露数据的增、删、改、查方法之前,首先需要添加一组用于请求数据操作的 Uri,然后在相应的增删改查方法中匹配 Uri,匹配成功才能对数据进行操作。

6. 数据库逻辑操作类

在使用 ContentProvider 暴露数据之前,首先要保证本地数据库里有数据。本案例创建了一个类 PersonDao2 用于向数据库中添加数据,具体代码如下所示:

```
1  public class PersonDao2 {
2      private PersonSQLiteOpenHelper helper;
3      //在构造方法里面完成 helper 的初始化
4      public PersonDao2(Context context){
5          helper=new PersonSQLiteOpenHelper(context);
6      }
7      //添加一条记录到数据库
8      public long add(String name,String number,int money){
9          SQLiteDatabase db=helper.getWritableDatabase();
10         ContentValues values=new ContentValues();
```

```
11      values.put("name",name);
12      values.put("number",number);
13      long id=db.insert("person",null,values);
14      db.close();
15      return id;
16   }
17}
```

上述代码中使用 SQLiteDatabase 的 insert()方法向数据库中添加 name 和 number 数据。注意数据库使用完后需要关闭。

7. 编写界面交互代码（MainActivity）

数据库操作类与 ContentProvider 都已经创建好，接下来需要在 MainActivity 中使用 ContentResolver 查询数据并将数据显示在 ListView 上，具体代码如下所示：

```
1  public class MainActivity extends Activity {
2     private ListView lv;
3     private List<Person> persons ;
4     //创建一个 Handler 对象用于线程间通信
5     private Handler handler=new Handler(){
6        public void handleMessage(android.os.Message msg) {
7           switch(msg.what) {
8              //接收到数据查询完毕的消息
9              case 100:
10                //UI 线程适配 ListView
11                lv.setAdapter(new MyAdapter());
12                break;
13          }
14       };
15    };
16    protected void onCreate(Bundle savedInstanceState) {
17       super.onCreate(savedInstanceState);
18       setContentView(R.layout.activity_main);
19       lv=(ListView) findViewById(R.id.lv);
20       //由于添加数据、查询数据是比较耗时的,因此需要在子线程中做这两个操作
21       new Thread(){
22          public void run() {
23             //添加数据
24             AddData();
25             //获取 persons 集合
```

```
26            getPersons();
27            //如果查询到数据 则向 UI 线程发送消息
28            if(persons.size()>0){
29                handler.sendEmptyMessage(100);
30            }
31        };
32    }.start();
33 }
34 //往 person 表中插入 10 条数据
35 public void addData(){
36    PersonDao2 dao=new PersonDao2(this);
37    long number=8859000001;
38    Random random=new Random();
39    for(int i=0;i<10;i++){
40        dao.add("wangwu"+i, Long.toString(number+i), random.nextInt(5000));
41    }
42 }
43 //利用 ContentResolver 对象查询本应用程序使用 ContentProvider 暴露的数据
44 private void getPersons() {
45    //首先要获取查询的 uri
46    String path="content://cn.itcast.db.personprovider/query";
47    Uri uri=Uri.parse(path);
48    //获取 ContentResolver 对象,这个对象的使用后面会详细讲解
49    ContentResolver contentResolver = getContentResolver();
50    //利用 ContentResolver 对象查询数据得到一个 Cursor 对象
51    Cursor cursor=contentResolver.query(uri,null,null,null,null);
52    persons=new ArrayList<Person>();
53    //如果 cursor 为空立即结束该方法
54    if(cursor==null){
55        return;
56    }
57    while(cursor.moveToNext()){
58        int id=cursor.getInt(cursor.getColumnIndex("id"));
59        String name=cursor.getString(cursor.getColumnIndex("name"));
60        String number=cursor.getString(cursor.getColumnIndex("number"));
61        Person p=new Person(id,name,number);
```

```
62              persons.add(p);
63          }
64          cursor.close();
65      }
66      //适配器
67      private class MyAdapter extends BaseAdapter{
68      private static final String TAG="MyAdapter";
69          //控制listview里面总共有多个条目
70          public int getCount() {
71              return persons.size(); //条目个数==集合的size
72          }
73          public Object getItem(int position) {
74              return persons.get(position);
75          }
76          public long getItemId(int position) {
77              return 0;
78          }
79          public View getView(int position,View convertView,ViewGroup parent) {
80              //得到某个位置对应的person对象
81              Person person=persons.get(position);
82              View view=View.inflate(MainActivity.this,R.layout.list_item,null);
83              //一定要在view对象里面寻找孩子的id
84                  //姓名
85              TextView tv_name=(TextView) view.findViewById(R.id.tv_name);
86              tv_name.setText("姓名:"+person.getName());
87                  //电话
88              TextView tv_phone=(TextView) view.findViewById(R.id.tv_phone);
89              tv_phone.setText("电话:"+person.getNumber());
90              return view;
91          }
92      }
93 }
```

上述代码用 ContentResolver 查询本程序使用 ContentProvider 暴露的数据。首先调用 PersonDao2 类向数据库中写入了 10 条数据,然后使用 ContentProvider 定义的查询 Uri 对数据进行查询,这里 Uri 必须要和 ContentProvider 中的一致。关于 ContentResolver 后面将会详细讲解。需要注意的是,当执行耗时操作时,应创建一个子线程将耗时操作放在子线程中,然后使用 handler 实现子线程与 UI 线程的通信。

8. 清单文件的配置

在清单文件中注册 PersonDBProvider，具体代码如下所示：

```
<provider
    android:name="cn.itcast.contentprovider.
    PersonDBProvider "
    android:authorities="cn.itcast.db.personprovider">
</provider>
```

9. 运行程序读取联系人

完成上述操作后，运行程序能看到图 6-7 所示界面。程序通过 ContentResolver 可以成功操作 ContentProvider 暴露的数据。

图 6-7 运行界面

6.3 访问内容提供者

很多 Android 系统应用都对外提供了 ContentProvider 接口，以便在应用程序之间实现数据共享。本节将针对如何通过已有的 ContentProvider 获取数据进行详细的讲解。

6.3.1 ContentResolver 的基本用法

在 Android 系统中，ContentResolver 充当着一个中介的角色。应用程序通过 ContentProvider 暴露自己的数据，通过 ContentResolver 对应用程序暴露的数据进行操作。接下来将针对 ContentResolver 进行详细讲解。

由于在使用 ContentProvider 暴露数据时提供了相应操作的 Uri，因此在访问现有的 ContentProvider 时要指定相应的 Uri，然后通过 ContentResovler 对象来实现数据的操作。具体代码如下所示：

```
1   //获取相应的操作的 Uri
2   Uri uri=Uri.parse("content://cn.itcast.db.personprovider/person");
3   //获取到 ContentResolver 对象
4   ContentResolver resolver=context.getContentResolver();
5   //通过 ContentResolver 对象查询数据
6   Cursor cursor=resolver.query(uri,new String[] { "address","date",
7     "type","body" },null,null,null);
8   while(cursor.moveToNext()) {
9       String address=cursor.getString(0);
10      long date=cursor.getLong(1);
11      int type=cursor.getInt(2);
12      String body=cursor.getString(3);
13  }
14  cursor.close();
```

在上述代码中，使用 ContentResolver 对象的 query()方法实现了对其他应用数据的查询功能，需要注意的是，这里的 Uri 只能提供查询操作，如果使用查询操作的 Uri 进行更新操作会抛异常。

6.3.2 案例——短信备份

为了让初学者更好地掌握 ContentResolver 的用法。本小节将通过一个案例"短信备份"来演示如何使用 ContentResolver 操作 Android 系统短信应用暴露的数据。"短信备份"实现了将系统短信的会话内容备份到本地 XML 文件的功能。具体步骤如下：

1. 创建程序

首先创建一个名为"短信备份"的应用程序，将包名修改为 cn.itcast.readsms，设计用户交互界面，具体如图 6-8 所示。

图 6-8 "短信备份"界面

短信备份程序对应的布局文件（activity_main.xml）如下所示：

```xml
<RelativeLayout xmlns:android="http://schemas.android.com/apk/res/android"
    xmlns:tools="http://schemas.android.com/tools"
    android:layout_width="match_parent"
    android:layout_height="match_parent"
    tools:context=".MainActivity" >
    <Button
        android:onClick="click"
        android:layout_width="wrap_content"
        android:layout_height="wrap_content"
        android:layout_centerHorizontal="true"
        android:layout_centerVertical="true"
        android:text="备份短信" />
</RelativeLayout>
```

上述布局中放置了一个 Button，定义了它的点击事件 Click，点击按钮之后将保存短信到 XML 文件中。

2. 编写界面交互代码（MainActivity）

在 MainActivity 编写代码以实现备份短信的功能，具体代码如下所示：

```
1  public class MainActivity extends Activity {
2  protected void onCreate(Bundle savedInstanceState) {
3      super.onCreate(savedInstanceState);
4      setContentView(R.layout.activity_main);
5  }
6      //点击 Button 时触发的方法
7      public void click(View view) {
```

```
8       //content://sms 查询系统所有短信的 uri
9       Uri uri=Uri.parse("content://sms/");
10      //获取 ContentResolver 对象
11      ContentResolver resolver=getContentResolver();
12      //通过 ContentResolver 对象查询系统短信
13      Cursor cursor=resolver.query(uri, new String[] { "address","date",
14          "type","body" },null,null,null);
15      List<SmsInfo> smsInfos=new ArrayList<SmsInfo>();
16      while(cursor.moveToNext()) {
17          String address=cursor.getString(0);
18          long date=cursor.getLong(1);
19          int type=cursor.getInt(2);
20          String body=cursor.getString(3);
21          SmsInfo smsInfo=new SmsInfo(date,type,body,address);
22          smsInfos.add(smsInfo);
23      }
24      cursor.close();
25      SmsUtils.backUpSms(smsInfos,this);
26   }
27 }
```

在上述代码中,实现了点击 Button 按钮就使用 ContentResolver 读取系统短信,并将读取到的短信保存至本地的 XML 文件中的功能。需要注意的是,在使用完 Cursor 之后,一定要关闭,否则会造成内存泄露。

3. 编写 SmsInfo

MainActivity 中使用到了 SmsInfo JavaBean 对象,SmsInfo 的具体代码如下:

```
1 public class SmsInfo {
2    private long date;          //时间
3    private int type;           //类型
4    private String body;        //短信内容
5    private String address;     //发送地址
6    private int id;
7    public int getId() {
8        return id;
9    }
10   public void setId(int id) {
11       this.id=id;
12   }
13   //构造方法
14   public SmsInfo() {
```

```java
15  }
16  //构造方法
17  public SmsInfo(long date,int type,String body,String address,int id) {
18      this.date=date;
19      this.type=type;
20      this.body=body;
21      this.address=address;
22      this.id=id;
23  }
24  //构造方法
25  public SmsInfo(long date,int type,String body,String address) {
26      this.date=date;
27      this.type=type;
28      this.body=body;
29      this.address=address;
30  }
31  public long getDate() {
32  return date;
33  }
34  public void setDate(long date) {
35      this.date=date;
36  }
37  public int getType() {
38      return type;
39  }
40  public void setType(int type) {
41      this.type=type;
42  }
43  public String getBody() {
44      return body;
45  }
46  public void setBody(String body) {
47      this.body=body;
48  }
49  public String getAddress() {
50      return address;
51  }
52  public void setAddress(String address) {
53      this.address=address;
```

```
54    }
55 }
```

上述代码用于封装短信的属性,分别为 date、type、body、address 和 id。

4. 创建工具类

该案例使用工具类 SmsUtils 将信息保存至 XML 文件中。SmsUtils 具体代码如下:

```
1  public class SmsUtils {
2      //将短息信息保存至sdcard目录下的backup2.xml文件中
3      public static void backUpSms(List<SmsInfo> smsInfos,Context context) {
4          try {
5              XmlSerializer serializer=Xml.newSerializer();
6              File file=new File(Environment.getExternalStorageDirectory(),
7                  "sms.xml");
8              FileOutputStream os=new FileOutputStream(file);
9              // 初始化序列号器,指定 xml 数据写入到哪个文件,并且指定文件的编码方式
10             serializer.setOutput(os,"utf-8");
11             serializer.startDocument("utf-8",true);
12             //构建根结点
13             serializer.startTag(null, "smss");
14             for(SmsInfo info : smsInfos) {
15                 //构建父结点开始标签
16                 serializer.startTag(null,"sms");
17                 serializer.attribute(null,"id",info.getId()+"");
18                 //构建子结点body
19                 serializer.startTag(null,"body");
20                 serializer.text(info.getBody());
21                 serializer.endTag(null,"body");
22                 //构建子结点address
23                 serializer.startTag(null,"address");
24                 serializer.text(info.getAddress());
25                 serializer.endTag(null,"address");
26                 //构建子结点type
27                 serializer.startTag(null,"type");
28                 serializer.text(info.getType()+"");
29                 serializer.endTag(null,"type");
30                 //构建子结点date
31                 serializer.startTag(null,"date");
32                 serializer.text(info.getDate()+"");
33                 serializer.endTag(null,"date");
```

```
34                //父结点结束标签
35                serializer.endTag(null,"sms");
36            }
37            serializer.endTag(null,"smss");
38            serializer.endDocument();
39            os.close();
40            Toast.makeText(context,"备份成功",0).show();
41        } catch(Exception e) {
42            e.printStackTrace();
43            Toast.makeText(context,"备份失败",0).show();
44        }
45    }
46 }
```

上述代码中，使用 XmlSerializer 对象将数据以 XML 形式写入文件。

5. 添加权限

该案例进行了操作 SD 卡和读取信息的操作，因此需要在 AndroidMainfest.xml 文件中加上相应的权限，具体代码如下：

```
<uses-permission android:name="android.permission.READ_SMS"/>
<uses-permission android:name="android.permission.WRITE_SMS"/>
<uses-permission android:name="android.permission.WRITE_EXTERNAL_STORAGE"/>
```

6. 运行程序备份短信

运行"短信备份"程序，能看到图 6-9 所示的结果。单击图中的"备份短信"按钮，如果出现了短信备份成功的 Toast，说明短信备份成功。接下来在 Eclipse 的 DDMS 窗口选择 File Explorer 选项，找到 /mnt/sdcard 目录下 sms.xml 文件。导出该文件，打开文件能看到如下内容：

```
<?xml version="1.0" encoding="utf-8" standalone= "yes" ?>
<smss>
  <sms id="0">
    <body>123</body>
    <address>1 555-521-5556</address>
    <type>2</type>
    <date>1414489243116</date>
  </sms>
  <sms id="0">
    <body>Hey</body>
    <address>15555215556</address>
    <type>1</type>
    <date>1414489235010</date>
  </sms>
```

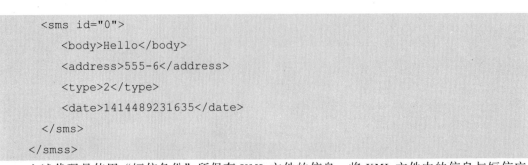

```
<sms id="0">
    <body>Hello</body>
    <address>555-6</address>
    <type>2</type>
    <date>1414489231635</date>
</sms>
</smss>
```

上述代码是使用"短信备份"所保存 XML 文件的信息。将 XML 文件中的信息与短信应用的会话内容比对一下，如图 6-10 所示。

图 6-9　程序运行结果　　　　　图 6-10　系统短信会话内容

从图 6-10 可以看出，系统短信会话详情与使用"短信备份"程序所备份的短信内容完全一致。至此，"短信备份"程序的功能已经完成。

6.4　内容观察者的使用

前面介绍的是当使用 ContentProvider 将数据共享出来之后，再使用 ContentResolver 查询 ContentProvider 共享出来的数据。如果应用程序需要实时监听 ContentProvider 共享的数据是否发生变化，可以使用 Android 系统提供的内容观察者（ContentObserver）来实现。本节将针对内容观察者（ContentObserver）进行详细的讲解。

6.4.1　什么是内容观察者

内容观察者（ContentObserver）是用来观察指定 Uri 所代表的数据。当 ContentObserver 观察到指定 Uri 代表的数据发生变化时，就会触发 ContentObserver 的 onChange()方法。此时在 onChange()方法里使用 ContentResovler 可以查询到变化的数据。为了让初学者更好地理解，接下来通过一个图例的方式来讲解 ContentObserver 的工作原理，如图 6-11 所示。

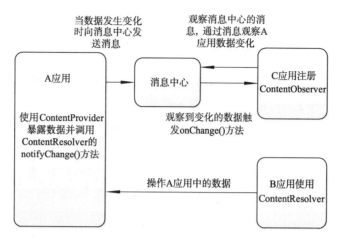

图 6-11　ContentObserver 工作原理图

从图 6-11 中可以看出，使用 ContentObserver 观察 A 应用的数据时，首先要在 A 应用的 ContentProvider 中调用 ContentResolver 的 notifyChange()方法。调用了这个方法之后当数据发生变化时，它就会向"消息中心"发送数据变化的消息。然后 C 应用观察到"消息中心"有数据变化时，就会触发 ContentObserver 的 onChange()方法。

在讲解 ContentObserver 的用法之前，首先介绍下 ContentObserver 的几个常用方法，如表 6-3 所示。

表 6-3　ContentObserver 常用的方法

方 法 名 称	功 能 描 述
public void ContentObserver(Handler handler)	ContentObserver 的派生类都需要调用该构造方法。参数可以是主线程 Handler(可以更新 UI)，也可以是任何 Handler 对象
public void onChange(boolean selfChange)	当观察到的 Uri 代表的数据发生变化时，会触发该方法

前面在学习 ContentProvider 时，通过 delete()、insert()、update()这几个方法让数据发生变化。如果要使用 ContentObserver 观察数据变化，就必须在 ContentProvider 中的 delete()、insert()、update()方法中调用 ContentResolver 的 notifyChange()方法。具体如下所示：

```
1    //添加数据
2    public Uri insert(Uri uri,ContentValues values) {
3        if(matcher.match(uri)==INSERT) {  //匹配Uri路径
4            //匹配成功,返回查询的结果集
5            SQLiteDatabase db=helper.getWritableDatabase();
6            db.insert("person",null,values);
7            getContext().getContentResolver().
8            notifyChange(PersonDao.messageuri,null);
9        } else {  //匹配失败
10           throw new IllegalArgumentException("路径不匹配,不能执行插入操作");
11       }
12       return null;
```

```
13    }
```

在上述代码中，实现了需要暴露数据的应用程序将数据发生变化的消息发送至"消息中心"的功能。这段代码的重点是第 7~8 行，这里调用了 ContentResolver 的 notifyChange(Uri uri,ContentObserver cob)方法。参数 ContentObserver 表示数据发生变化时指定具体的观察者接收消息。如果不指定具体的观察者则传入 null 即可。

接下来实现在应用中注册观察者，并监听数据变化的功能，具体代码如下所示：

```
1  public class MainActivity extends Activity {
2      protected void onCreate(Bundle savedInstanceState) {
3          super.onCreate(savedInstanceState);
4          setContentView(R.layout.activity_main);
5          //获取 ContentResolver 对象
6          ContentResolver resolver=getContentResolver();
7          Uri uri=Uri.parse("content://aaa.bbb.ccc");
8          //注册内容观察者
9          resolver.registerContentObserver(
10                 uri,true,new MyObserver(new Handler()));
11     }
12     //自定义的内容观察者
13     private class MyObserver extends ContentObserver{
14         public MyObserver(Handler handler) {
15             super(handler);
16         }
17         //当内容观察者观察到是数据库的内容变化了，调用这个方法
18         public void onChange(boolean selfChange) {
19             super.onChange(selfChange);
20             Toast.makeText(MainActivity.this,"数据库的内容变化了.",1).show();
21             Uri uri=Uri.parse("content://aaa.bbb.ccc");
22             //获取 ContentResolver 对象
23             ContentResolver resolver=getContentResolver();
24             //通过 ContentResolver 对象查询出变化的数据
25             Cursor cursor=resolver.query(uri,new String[] {"address","date","type",
26                 "body" },null,null,null);
27             cursor.moveToFirst();
28             String address=cursor.getString(0);
29             String body=cursor.getString(3);
30             Log.v("MyObserver","body");
31             cursor.close();
32         }
```

```
33    }
34 }
```

上述代码中，实现了在应用程序中使用 ContentObserver 观察其他应用程序的数据变化的功能。当观察到数据变化时，可以在 ContentObserver 的 onChange()方法里查询到变化的数据。

6.4.2 案例——短信接收器

前面讲解了内容观察者的工作原理以及用法。为了让初学者更好地掌握内容观察者，接下来将通过案例"短信接收器"来演示内容观察者的用法。本案例实现了接收系统短信并将接收到的短信显示在界面上的功能。案例实现步骤具体如下：

1. 创建程序

创建一个名为"短信接收器"的应用程序，将包名修改为 cn.itcast.messreceiver，设计用户交互界面，具体如图 6-12 所示。

"短信接收器"程序对应的布局文件（activity_main.xml）如下所示：

图 6-12 "短信接收器"界面

```xml
<LinearLayout xmlns:android="http://schemas.android.com/apk/res/android"
    xmlns:tools="http://schemas.android.com/tools"
    android:layout_width="match_parent"
    android:layout_height="match_parent"
    android:orientation="vertical"
    tools:context=".MainActivity" >
    <TextView
        android:id="@+id/sms_tv"
        android:layout_width="wrap_content"
        android:layout_height="wrap_content"
        android:text="短信内容"/>
</LinearLayout>
```

上述布局中定义了一个 TextView 用来显示接收到的短信内容。

2. 编写界面交互代码（MainActivity）

接下来需要在 MainActivity 里面编写与界面交互的代码实现接收系统短信，并将接收到的最后一条短信显示在界面上。具体代码如下所示：

```
1 public class MainActivity extends Activity {
2     private TextView mSmsTv;
3     protected void onCreate(Bundle savedInstanceState) {
4         super.onCreate(savedInstanceState);
```

```
5       setContentView(R.layout.activity_main);
6       mSmsTv=(TextView) findViewById(R.id.sms_tv);
7       ContentResolver resolver=getContentResolver();
8       Uri uri=Uri.parse("content://sms/");
9       //注册内容观察者
10      resolver.registerContentObserver(
11              uri,true,new MyObserver(new Handler()));
12  }
13  //自定义的内容观察者
14  private class MyObserver extends ContentObserver{
15      public MyObserver(Handler handler) {
16          super(handler);
17      }
18      //当内容观察者观察到是数据库的内容变化了,调用这个方法
19      public void onChange(boolean selfChange) {
20          super.onChange(selfChange);
21          Toast.makeText(MainActivity.this,"数据库的内容变化了.",1).show();
22          Uri uri=Uri.parse("content://sms/");
23          //获取ContentResolver对象
24          ContentResolver resolver=getContentResolver();
25          //查询变化的数据
26          Cursor cursor=resolver.query(uri,new String[] { "address","date",
27              "type","body" },null,null,null);
28          //因为短信是倒序排列,因此获取最新一条就是第一个
29          cursor.moveToFirst();
30          String address=cursor.getString(0);
31          String body=cursor.getString(3);
32          //更改UI界面
33          mSmsTv.setText("短信内容: "+body+"\n"+"短信地址: "+address);
34          cursor.close();
35      }
36  }
37 }
```

上述代码中,实现了通过内容观察者接收短信的功能。在第10行中利用ContentResolver注册了一个ContentObserver。第19~35行是自定义的ContentObserver的onChange()方法,当系统短信数据发生变化时能在这个方法里查询到变化的数据。

3. 清单文件的配置

由于本案例需要读取系统的短信,因此需要在清单文件中配置读取短信的权限。具体代

码如下所示：

```
<uses-permission android:name="android.permission.READ_SMS"/>
```

4．运行程序接收短信

在虚拟机上运行了"短信接收器"之后。打开 eclipse 的 DDMS 窗口，找到 Emulator Control 选项卡。在 Telephony Actions 选项中填入电话号码 18679792525 以及短信内容 hello beauty，点击发送向模拟器发送信息。模拟器接收到信息后，显示接收内容，如图 6-13 所示。

从图 6-13 可以看出，短信接收器成功获取到了新接收到的短信。至此短信接收器的功能就完成了。

图 6-13　运行结果

小　　结

本章详细地讲解了内容提供者的相关知识，首先简单地介绍了内容提供者，然后讲解了如何创建内容提供者以及如何使用内容提供者访问其他程序暴露的数据，最后讲解内容观察者，通过内容观察者观察数据的变化。至此，Android 的四大组件都讲完了，分别是 Activity、Service、BroadcastReceiver 和本章所讲的 ContentProvider，熟练掌握四大组件的使用能有助于更好地开发程序，因此要求初学者一定要熟练掌握这些组件的使用。

习　　题

一、填空题

1． ContentProvider 匹配 Uri 需要使用的类是_____。

2．使用内容观察者时，调用_____方法可以得到数据变化的信息。

3． ContentProvider 提供了对数据增、删、改、查的方法，分别为_____、_____、_____和_____。

4． ContentProvider 用于_____和_____数据，是 Android 中不同应用程序之间共享数据的接口。

5．在应用程序中，使用 ContentProvider 暴露自己的数据，通过_____对暴露的数据进行操作。

二、判断题

1． ContentProvider 所提供的 Uri 可以随便定义。（　　）

2． ContentResolver 可以通过 ContentProvider 提供的 Uri 进行数据操作。（　　）

3． ContentObserver 观察指定 Uri 数据发生变化时，调用 ContentProvider 的是 onChange 方法。（　　）

4．使用 ContentRsolver 操作数据时，必须在清单文件进行注册。（　　）

5． ContentProvider 与 Activitry 一样，创建时首先会调用 onCreate()方法。（　　）

三、选择题

1. 下列选项中，属于 Android 中四大组件的是（　　）。
   A. Activity　　　B. ContentReceiver　　C. Service　　　D. ContentObserver
2. 下列关于 ContentResolver 的描述，错误的是（　　）。
   A. 可以操作数据库数据　　　　　　　　B. 操作其他应用数据必须知道包名
   C. 不能操作 ContentProvider 暴露的数据　D. 可以操作 ContentProvider 暴露的数据
3. 下列关于内容提供者的描述，正确的是（　　）。
   A. 提供的 Uri 必须符合规范　　　　　　B. 可以提供本应用所有数据供别人访问
   C. 必须在清单文件注册　　　　　　　　D. authorities 属性必须和包名一致
4. 继承 ContentProvider 类必须重写它的（　　）方法。
   A. delete()　　　B. insert()　　　C. onStart()　　　D. onUpdate()
5. 下列关于内容观察者的说法，正确的是（　　）。
   A. 可以观察任何数据　　　　　　　　　B. 观察其他应用数据需要权限
   C. 只能观察到指定 Uri 的数据　　　　　D. 观察其他应用数据必须在清单文件注册

四、简答题

1. 请简要说明 ContentProvider 对外共享数据的好处。
2. 请简要说明 ContentProvider、ContentResolver 和 ContentObserver 之间的联系。

五、编程题

1. 使用 ContentProvider 管理联系人信息，将联系人信息展示在界面上。
2. 获取系统图库的信息，使用 ContentProvider 制作本地图片查看器。

【思考题】

1. 请思考在程序中如何使用内容提供者操作数据。
2. 请思考什么是内容观察者，内容观察者如何应用。

扫描右方二维码，查看思考题答案！

广播接收者

学习目标

- 学会自定义广播。
- 掌握有序广播和无序广播的使用。
- 掌握常用广播接收者（开机启动、短信接收）的使用。

在 Android 系统中，广播（Broadcast）是一种运用在应用程序之间传递消息的机制，广播接收者（BroadcastReceiver）是用来过滤、接收并响应广播的一类组件。通过广播接收者可以监听系统中的广播消息，在不同组件之间进行通信。本章将为大家讲解广播接收者的相关知识。

7.1 广播接收者入门

7.1.1 什么是广播接收者

在现实生活中，大多数人都会收听广播。例如，出租车司机会收听实时路况的广播，来关注路面拥堵情况。同样，在 Android 系统中内置了很多系统级别的广播，例如，手机开机完成后会发送一条广播，电池电量不足时也会发送一条广播等。

为了监听这些广播事件，Android 中提供了一个 BroadcastReceiver 组件，该组件可以监听来自系统或者应用程序的广播。下面通过一个图例来展示广播的发送与接收过程，如图 7-1 所示。

在图 7-1 中，当 Android 系统产生一个广播事件时，可以有多个对应的 BroadcastReceiver 接收并进行处理。

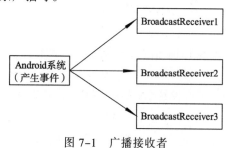

图 7-1 广播接收者

这些广播接收者只需要在清单文件或者代码中进行注册并指定要接收的广播事件，然后创建一个类继承自 BroadcastReceiver 类，重写 onReceive() 方法，在方法中进行处理即可。

7.1.2 广播接收者创建与注册

要使用广播接收者接收其他应用程序发出的广播，先要在本应用中创建广播接收者并进行注册。注册广播有两种方式，常驻型广播与非常驻型广播。接下来针对广播接收者的创建与注册进行详细的讲解。

1. 创建广播接收者

要对监听到的广播事件进行处理,需要创建一个类继承自 BroadcastReceiver,然后重写 onReceive()方法,具体代码如下所示:

```
public class MyBroadcastReceiver extends BroadcastReceiver {
    @Override
    public void onReceive(Context context,Intent intent) {
    }
}
```

当监听到有广播发出时,就会调用 onReceive()方法,在 onReceive()中进行对事件的处理即可。

2. 注册常驻型广播

常驻型广播是当应用程序关闭后,如果接收到其他应用程序发出的广播,那么该程序会自动重新启动。常驻型广播需要在清单文件中注册,具体代码如下所示:

```
<receiver android:name="cn.itcast.MyBroadcastReceiver ">
    <intent-filter android:priority="20">
        <action android:name="android.provider.Telephony.SMS_RECEIVED"/>
    </intent-filter>
</receiver>
```

上述代码是在清单文件中注册的监听短信接收的广播,android:name="cn.itcast.xxx"是创建的广播接收者的全路径名;与定义隐式意图一样,广播接收者也需要注册一个<intent-filter>,在过滤器中指定要接收的广播事件,"android.provider.Telephony.SMS_RECEIVED"是系统内部定义的短信接收的广播事件; android:priority="20"是该广播的优先级,这个值越大代表接收的优先级越高,优先级的作用会在后边介绍。

3. 注册非常驻型广播

非常驻型广播依赖于注册广播的组件的生命周期,例如,在 Activity 中注册广播接收者,当 Activity 销毁后广播也随之被移除。这种广播事件在代码中注册,具体代码如下所示:

```
MyBroadCastReceiver receiver=new MyBroadCastReceiver();
//实例化过滤器并设置要过滤的广播
String action="android.provider.Telephony.SMS_RECEIVED";
IntentFilter intentFilter=new IntentFilter(action);
//注册广播
registerReceiver(receiver,intentFilter);
```

上述代码就是在代码中注册广播事件,MyBroadCastReceiver 是自己定义的继承自 BroadCastReceiver 的类。与清单文件中注册一样,代码注册广播同样需要进行过滤,IntentFilter 接收的是监听的广播事件。最后用 registerReceiver 函数进行注册。

与清单文件注册广播不同的是,代码有注册也有移除,比如在 Activity 的 onCreate()中注册广播,就要在 onDestory()中进行解除广播,如下代码所示:

```
unregisterReceiver(receiver);
```

需要注意的是，广播接收者的生命周期是非常短暂的，在接收到广播的时候创建，onReceive()方法结束之后销毁。常驻型广播在应用程序关闭后，接收到广播会重新自动创建。非常驻型广播则依赖与注册广播组件的生命周期和调用 unregisterReceiver()方法手动移除。

7.1.3 案例——IP 拨号器

广播接收者在 Android 系统中应用非常广泛，例如拨打长途电话时使用的 IP 拨号器，就是通过广播接收者实现的。当拨打长途电话时，广播接收者就会监听到这个广播事件，自动在电话号码前面加上几位数字，如 17911、17951 等，接下来就带大家动手实现这个 IP 拨号器。

1. 创建程序

创建一个名为"IP 拨号器"的应用程序，将包名修改为 cn.itcast.ipdail。设计用户交互界面，具体如图 7-2 所示。

IP 拨号器程序对应的布局文件（activity_main.xml）如下所示：

图 7-2 "IP 拨号器"界面

```xml
<RelativeLayout xmlns:android="http://schemas.android.com/apk/res/android"
    xmlns:tools="http://schemas.android.com/tools"
    android:layout_width="match_parent"
    android:layout_height="match_parent"
    tools:context=".MainActivity" >
    <EditText
        android:id="@+id/et_ipnumber"
        android:layout_width="fill_parent"
        android:layout_height="wrap_content"
        android:hint="请输入IP号码" />
    <Button
        android:layout_width="wrap_content"
        android:layout_height="wrap_content"
        android:layout_below="@+id/et_ipnumber"
        android:layout_centerHorizontal="true"
        android:onClick="click"
        android:text="设置IP号码" />
</RelativeLayout>
```

上述代码中定义了一个相对布局，然后在该布局中放置两个控件 EditText 和 Button，分别用于输入 IP 号码和设置 IP 号码，为 Button 按钮设置 onClick 属性为 Click，用于设置点击事件。

2. 编写界面交互代码（MainActivity）

在 MainActivity 中编写与页面交互的代码，用于实现 IP 号码的设置并将号码保存到 SharedPreferences 对象，具体代码如下所示：

```java
1  public class MainActivity extends Activity {
2  private EditText et_ipnumber;
3  private SharedPreferences sp;
4      protected void onCreate(Bundle savedInstanceState) {
5          super.onCreate(savedInstanceState);
6          setContentView(R.layout.activity_main);
7          et_ipnumber=(EditText) findViewById(R.id.et_ipnumber);
8          //创建 SharedPreferences 对象
9          sp=getSharedPreferences("config",MODE_PRIVATE);
10         // 从 sp 对象中获取存储的 IP 号码,并将号码显示到 et_ipnumber 控件中
11         et_ipnumber.setText(sp.getString("ipnumber",""));
12     }
13         //"设置IP拨号按钮"的点击事件
14         public void click(View view){
15             // 获取用户输入的 IP 号码
16             String ipnumber=et_ipnumber.getText().toString().trim();
17             // 创建 Editor 对象,保存用户输入的 IP 号码
18             Editor editor=sp.edit();
19             editor.putString("ipnumber",ipnumber);
20             editor.commit();
21             Toast.makeText(this,"设置成功",0).show();
22         }
23 }
```

上述代码中，分别初始化了 EditText 对象和 SharedPreferences 对象，然后创建 IP 拨号按钮的点击事件，当用户单击"设置 IP 号码"按钮时，将用户输入的 IP 号码保存到 SharedPreferences 对象中。

3. 运行程序设置 IP 号码

设置 IP 号码的功能已经开发完成，下面运行程序并对其进行测试。首先将 IP 号码设置为 17951，然后单击"设置 IP 号码"按钮，此时会弹出 Toast 显示设置成功，如图 7-3 所示。

4. 监听广播事件

前面已经完成了 IP 拨号器的界面交互代码，为了让 IP 拨号器起作用，需要再创建一个广播接收者接收外拨电话的广播。广播接收者 OutCallReceiver 的代码如下所示：

图 7-3　设置 IP 号码

```
1  public class OutCallReceiver extends BroadcastReceiver {
2      @Override
3      public void onReceive(Context context,Intent intent) {
4          //获取拨打的电话号码
5          String outcallnumber=getResultData();
6          //创建SharedPreferences对象,获取该对象中存储的IP号码
7          SharedPreferences sp=context.getSharedPreferences(
8          "config",Context.MODE_PRIVATE);
9          String ipnumber=sp.getString("ipnumber","");
10         //将IP号码添加到外拨电话的前面
11         setResultData(ipnumber+outcallnumber);
12     }
13 }
```

上述代码中,在 onReceive()方法中取出了保存在 SharedPreferences 中的数据并使用 setResultData()函数显示在手机拨号器界面上。

创建完广播接收者之后需要进行注册,注册代码如下所示:

```
<receiver android:name="cn.itcast.ipdail.OutCallReceiver">
    <intent-filter>
        <action android:name="android.intent.action.NEW_OUTGOING_CALL"/>
    </intent-filter>
</receiver>
```

在上述代码中,对 OutCallReceiver 进行了注册,监听系统拨打电话的广播 "android.intent.action.NEW_OUTGOING_CALL",这样当手机向外拨打电话时,OutCallReceiver 就能接收到广播。

由于外拨电话的广播也侵犯到了用户的隐私信息,因此需要在清单文件中配置权限信息,具体代码如下:

```
<uses-permission android:name="android.permission.PROCESS_OUTGOING_CALLS"/>
```

至此,IP 拨号器的程序就完成了,下面就可以对 IP 拨号器程序进行测试。

5. 测试 IP 拨号器

在模拟器中输入号码 18066668888,然后单击"拨号"按钮拨打电话,此时显示的结果如图 7-4 所示。

从图 7-4 可以看出,当拨打电话时,18066668888 号码前面自动添加了之前设置好的 IP 号码 17951,因此说明广播接收者已经接收到了外拨电话的广播,并针对这个广播进行了 IP 拨号的操作。

图 7-4　IP 拨号

注意： 在 Android 4.0 以下的系统中，当进程不存在时，只要有相应广播发出，进程就会自动创建并接收广播进行处理。Google 工程师认为这样不安全，为了保护用户隐私，在 Android 4.0 以上系统中，当在任务管理界面强行停止进程后，再有广播发出也不会打开进程进行接收了。

7.2　自定义广播

在上面的小节中，通过 IP 拨号器的案例让大家明白了什么是广播接收者，以及如何接收系统的广播。在实际开发中，有时为了满足一些特殊的需求还需要自定义广播。本小节将为大家讲解如何自定义广播。

7.2.1　自定义广播的发送与接收

Android 系统中自带了很多广播，如果需要监听某个广播只需创建对应的广播接收者即可。当这些系统级别的广播事件不能满足实际需求时，还可以自定义广播。需要注意的是，自定义广播需要由对应的广播接收者去接收，否则这个广播是无意义的。

下面通过一个图来演示自定义广播的发送与接收过程，如图 7-5 所示。

图 7-5　广播的发送与接收

从图 7-5 可以看出，当自定义广播发送一条消息时，这个广播消息会存在一个公共区域中，当有广播接收者监听这个消息区时，就会及时地收到广播消息。因此，可以通过这种自定义的广播来处理程序中的特殊功能。

7.2.2　案例——电台与收音机

上面的小节中，在原理上讲解了自定义广播的发送与接收过程，想必大家对自定义广播还不能够真正掌握，接下来通过一个"电台与收音机"的案例来演示自定义广播的发送与接收过程。

1. 创建程序

创建一个名为"电台与收音机"的应用程序，将包名修改为 cn.itcast.broadcast，设计用户交互界面，如图 7-6 所示。

电台与收音机程序对应的布局文件（activity_main.xml）如下所示：

```
<RelativeLayout xmlns:android="http://schemas.
android.com/apk/res/android"
  xmlns:tools="http://schemas.android.com/tools"
    android:layout_width="match_parent"
    android:layout_height="match_parent"
    tools:context=".MainActivity" >
    <Button
        android:layout_width="wrap_content"
        android:layout_height="wrap_content"
        android:layout_centerHorizontal="true"
        android:layout_centerVertical="true"
        android:onClick="send"
        android:text="电台发送自定义广播" />
</RelativeLayout>
```

图 7-6 "电台与收音机"界面

上述布局文件中，定义了一个 Button 按钮，并为该按钮注册了一个点击事件 send，当用户点击按钮时，会发送一条广播。MainActivity 的代码如下所示：

```
1  public class MainActivity extends Activity {
2      protected void onCreate(Bundle savedInstanceState) {
3          super.onCreate(savedInstanceState);
4          setContentView(R.layout.activity_main);
5      }
6      public void send(View view) {
7          Intent intent=new Intent();
8          //定义广播的事件类型
9          intent.setAction("www.itcast.cn");
10         //发送广播
11         sendBroadcast(intent);
12     }
13 }
```

MainActivity 的 send()方法完成了广播的发送功能，首先创建一个 Intent 对象，然后通过 Intent.setAction("www.itcast.cn")语句指定了广播事件的类型，最后通过 sendBroadcast(intent) 语句将广播发送出去。

2. 添加广播接收者

接下来在添加一个广播接收者 MyBroadcastReceiver，接收电台发送的广播。当接收到广播事件时输出"自定义的广播接收者...."，其代码如下所示：

```
1  public class MyBroadcastReceiver extends BroadcastReceiver {
2      @Override
3      public void onReceive(Context context,Intent intent) {
4          Log.i("MyBroadcastReceiver","自定义的广播接收者,接收到了广播事件");
5          Log.i("MyBroadcastReceiver",intent.getAction());
6      }
7  }
```

上述代码中，在 onReceive()方法里输出了两个 Log，当 MyBroadcastReceiver 接收到广播时就会输出这些 Log。

下面在清单文件中注册广播接收者 MyBroadcastReceiver，代码如下所示：

```
<receiver android:name="cn.itcast.broadcast.MyBroadcastReceiver">
    <intent-filter>
        <action android:name="www.itcast.cn"/>
    </intent-filter>
</receiver>
```

上述代码中在清单文件注册了广播接收者 MyBroadcastReceiver，并通过意图过滤器来指定了广播的事件类型为"www.itcast.cn"。

3. 运行程序发送广播

运行程序，单击"电台发送自定义广播"按钮，发送一个自定义广播，此时观察 LogCat 窗口中打印的提示信息，如图 7-7 所示。

图 7-7　接收到了自定义的广播

从图 7-7 可以看出，自定义的广播接收者 MyBroadcastReceiver 成功地接收到了电台发送的广播，并输出了对应的广播事件。需要注意的是，自定义广播的类型与广播接收者在清单文件中配置的类型要一致，否则无法接收到广播。

7.3　广播的类型

7.3.1　有序广播和无序广播

在 Android 系统中，根据广播的执行顺序不同，可将其分为有序广播和无序广播。接下来将针对这两种广播分别进行讲解。

1. 无序广播

无序广播是一种完全异步执行的广播，在广播发出去之后，所有监听了这个广播事件的广播接收器几乎都会在同一时刻接收到这条广播，它们之间没有任何先后顺序可言，这种广播的效率会比较高，但同时意味着它是无法被截断的。无序广播的工作流程如图7-8所示。

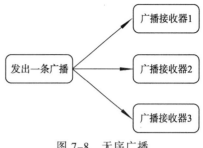

图 7-8　无序广播

从图7-8可以看出，当无序广播发送一条广播消息时，所有的广播接收器都可以接收到，不会被拦截。

2. 有序广播

有序广播是一种同步执行的广播，在广播发出之后，同一时刻只会有一个广播接收器能够接收到这条消息，当这个广播接收器中的逻辑执行完毕后，广播才会继续传递。所以，此时的广播接收器是有先后顺序的，并且可以被拦截。有序广播的工作流程如图7-9所示。

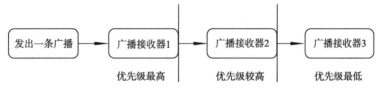

图 7-9　有序广播

从图7-9可以看出，有序广播发送一条消息后，高优先级的广播接收器先接收到广播，低优先级的广播接收器后接收到广播。如果高优先级的广播接收器将广播终止，则后面的广播接收器无法接收到广播。想要拦截一条广播不往下发送，可以使用 abortBroadcast();方法。

优先级就是在清单文件中注册广播接收者时定义的 android:priority=""参数,优先级的范围为-1000~1000 之间。如果两个广播接收者的优先级相同，则先注册的组件优先接收到广播。如果两个应用程序监听了同一个广播事件并设置了优先级，则先安装的应用优先接收到广播。

7.3.2　案例——拦截有序广播

上面小节中，通过对比有序广播和无序广播的工作流程，让大家了解了这两种广播的不同。由于前面的案例都是针对无序广播讲解的,接下来就通过一个拦截有序广播的案例来让大家更深刻地认识有序广播。

1. 创建程序

创建一个名为"拦截有序广播"的应用程序，将包名修改为cn.itcast.orderedbroadcast。程序对应的界面如图7-10所示。

拦截有序广播程序对应的布局文件（activity_main.xml）如下所示：

图 7-10　"拦截有序广播"界面

```
<RelativeLayout xmlns:android="http://schemas.android.com/apk/res/android"
    xmlns:tools="http://schemas.android.com/tools"
```

```
        android:layout_width="match_parent"
        android:layout_height="match_parent"
        tools:context=".MainActivity" >
        <Button
            android:layout_width="wrap_content"
            android:layout_height="wrap_content"
            android:layout_centerHorizontal="true"
            android:layout_centerVertical="true"
            android:onClick="send"
            android:text="发送有序广播" />
</RelativeLayout>
```

上述布局文件中，同样定义了一个 Button 按钮，并为按钮注册了一个点击事件 send，当用户点击该按钮时，会发送一条有序广播。MainActivity 的代码如下所示：

```
1  public class MainActivity extends Activity {
2      protected void onCreate(Bundle savedInstanceState) {
3          super.onCreate(savedInstanceState);
4          setContentView(R.layout.activity_main);
5      }
6      public void send(View view) {
7          Intent intent=new Intent();
8          //定义广播的事件类型
9          intent.setAction("www.itcast.cn");
10         //发送有序广播
11         sendOrderedBroadcast(intent,null);
12     }
13 }
```

上述代码中，sendOrderedBroadcast(intent, null)用于发送一个有序广播，在该方法中接收两个参数，第 1 个参数是指定的意图，设置要发送的广播事件"www.itcast.cn"。第 2 个参数指定接收者的权限，如果不想让所有的接收者都看到，可以显式地指定接收者的权限，目前不关心权限可以将其指定为 null。

2. 添加广播接收者

添加三个广播接收者 MyBroadcastReceiver01、MyBroadcastReceiver02、MyBroadcastReceiver03。不同的广播接收者打印不同的提示信息，例如 MyBroadcastReceiver01 打印"我是自定义的广播接收者 01，我接收到了自定义的广播事件"。其他的广播接收者打印同样的信息，只需改下广播接收者的编号即可。广播接收者 MyBroadcastReceiver01 的代码如下所示：

```
1  public class MyBroadcastReceiver01 extends BroadcastReceiver {
2      @Override
3      public void onReceive(Context context,Intent intent) {
```

```
4       Log.i("MyBroadcastReceiver01","自定义的广播接收者01,接收到了自定义的广播事件");
5   }
6 }
```

三个广播接收者创建成功后，需要在清单文件中注册并为它们指定不同的优先级，具体代码如下所示：

```
<receiver android:name="cn.itcast.orderedbroadcast.MyBroadcastReceiver01">
    <intent-filter android:priority="1000">
      <action android:name="www.itcast.cn"/>
    </intent-filter>
</receiver>
<receiver android:name="cn.itcast.orderedbroadcast.MyBroadcastReceiver02">
    <intent-filter android:priority="200">
      <action android:name="www.itcast.cn"/>
    </intent-filter>
</receiver>
<receiver android:name="cn.itcast.orderedbroadcast.MyBroadcastReceiver03">
    <intent-filter android:priority="600">
      <action android:name="www.itcast.cn"/>
    </intent-filter>
</receiver>
```

上述代码中使用 android:priority 指定了广播事件的优先级，三个广播接收者中 MyBroadcastReceiver01 的优先级最高，其次是 MyBroadcastReceiver03，最低的是 MyBroadcastReceiver02。为这三个广播接收者定义监听的广播事件 action 为"www.itcast.cn"。

3. 运行程序拦截有序广播

程序启动后，单击"发送有序广播"按钮，发送一条广播事件，此时观察 LogCat 窗口中的提示信息，如图 7-11 所示。

图 7-11 拦截有序广播

从图 7-11 可以看出，优先级最高的广播 MyBroadcastReceiver01 最先接收到广播事件，其次是 MyBroadcastReceiver03，最后是 MyBroadcastReceiver02，说明广播接收者的优先级决定了广播接收的先后顺序。

如果将广播接收者 MyBroadcastReceiver02 的优先级也设置为 1000，并将

MyBroadcastReceiver02 的注册代码放在 MyBroadcastReceiver01 的前面，如下代码所示：

```xml
<receiver android:name="cn.itcast.orderedbroadcast.MyBroadcastReceiver02" >
    <intent-filter android:priority="1000" >
        <action android:name="www.itcast.cn" />
    </intent-filter>
</receiver>
<receiver android:name="cn.itcast.orderedbroadcast.MyBroadcastReceiver01" >
    <intent-filter android:priority="1000" >
        <action android:name="www.itcast.cn" />
    </intent-filter>
</receiver>
<receiver android:name="cn.itcast.orderedbroadcast.MyBroadcastReceiver03" >
    <intent-filter android:priority="600" >
        <action android:name="www.itcast.cn" />
    </intent-filter>
</receiver>
```

此时再来运行程序，结果如图 7-12 所示。

图 7-12　拦截有序广播

从图 7-12 可以看出，MyBroadcastReceiver02 最先接收到了广播事件，其次才是 MyBroadcastReceiver01，这说明当两个广播接收者优先级相同时，先注册的广播接收者会先接收到广播事件。

通过前面的讲解可知，高优先级的广播是可以被终止的，下面就来验证这种情况。由于广播接收者 MyBroadcastReceiver02 的优先级是最高的，因此可以添加 abortBroadcast();函数拦截广播。修改后的代码如下所示：

```java
1  public class MyBroadcastReceiver02 extends BroadcastReceiver {
2      @Override
3      public void onReceive(Context context, Intent intent) {
4          Log.i("MyBroadcastReceiver02","自定义的广播接收者02, 接收到了广播事件");
5          abortBroadcast(); //拦截有序广播
6          Log.i("MyBroadcastReceiver02","我是广播接收者02, 广播被我终结了");
7      }
8  }
```

上述代码中，abortBroadcast()语句用于终止有序广播，当程序执行完这句代码后，广播事件将会被终结，不会向下传递。再次运行程序，观察 LogCat 窗口打印的提示信息，如图 7-13 所示。

图 7-13　广播被终结

从图 7-13 可以看出，只有 MyBroadcastReceiver02 接收到了自定义的广播事件，其他的广播接收者都没有接收到，因此说明广播被 MyBroadcastReceiver02 终止了。

多学一招：指定广播

在实际开发中，还可能遇到这种情况，当发出了一个有序广播，然后定义多个接收者接收这条广播。这些广播接收者的优先级有高有低，需要其中一个广播接收者无论如何都要接收到广播事件，哪怕它的优先级是最低的或者广播被优先级高的接收者强行终结。这时候就需要用到 sendOrderedBroadcast()方法发送有序广播，如下代码所示：

```
Intent intent=new Intent();
//定义广播的事件类型
intent.setAction("www.itcast.cn");
//发送有序广播
MyBroadcastReceiver03 receiver03=new MyBroadcastReceiver03();
sendOrderedBroadcast(intent,null,receiver03,null,0,null,null);
```

在上述代码中，首先定义出了指定要接收广播的广播接收者的实例。然后用 sendOrderedBroadcast 重载的方法，这个方法有多个参数，我们只需关注其中两个就可以了，第一个参数也是接收一个 intent，第三个参数就是指定的广播接收者。接下来通过这个函数发送有序广播，来看下运行结果，如图 7-14 所示。

图 7-14　指定广播接收者

从图 7-14 可以看出，虽然广播接收者 02 强行停止了广播，但是广播接收者 03 还是接收到了广播事件，这就是指定广播的用法。

7.4　常用的广播接收者

Android 系统中自带了很多广播,为了能监听到这些广播事件,经常需要定义一些广播接收者,本小节将以案例的形式讲解两个常用的广播接收者。

7.4.1　案例——杀毒软件

在 Windows 系统中,有些软件一开机就自动启动,同样在 Android 系统下也可以实现这种功能,例如杀毒软件程序,每次手机一开机便会自动启动,这种功能就是通过广播接收者监听开机启动的广播事件实现的。接下来通过一个"杀毒软件"的案例来演示如何监听开机启动的广播事件。

1. 创建程序

创建一个名为"杀毒软件"的应用程序,将包名修改为 cn.itcast.antivirus。设计用户交互界面,具体如图 7-15 所示。

图 7-15　"杀毒软件"界面

"杀毒软件"程序对应的布局文件(activity_main.xml)如下所示:

```xml
<RelativeLayout xmlns:android="http://schemas.android.com/apk/res/android"
    xmlns:tools="http://schemas.android.com/tools"
    android:layout_width="match_parent"
    android:layout_height="match_parent"
    tools:context=".MainActivity" >
    <Button
        android:layout_width="wrap_content"
        android:layout_height="wrap_content"
        android:layout_below="@+id/textView1"
        android:layout_centerHorizontal="true"
        android:layout_marginTop="74dp"
        android:text="支付宝" />
    <TextView
        android:id="@+id/textView1"
        android:layout_width="match_parent"
        android:layout_height="wrap_content"
        android:layout_alignParentLeft="true"
        android:layout_alignParentTop="true"
        android:layout_marginTop="20dp"
        android:layout_marginLeft="20dp"
        android:text="病毒已查杀完成,请打赏点吧!"
        android:textSize="20dp" />
</RelativeLayout>
```

上述布局文件中，定义了一个 TextView 文本框和一个 Button 按钮，分别用于提示用户杀毒完成和打开支付宝。

MainActivity 的代码如下所示：

```
1 public class MainActivity extends Activity {
2     protected void onCreate(Bundle savedInstanceState) {
3         super.onCreate(savedInstanceState);
4         setContentView(R.layout.activity_main);
5     }
6 }
```

2. 添加开机启动广播接收者

为了让程序能够开机启动，还需要在程序中添加一个广播接收者 BootReceiver，监听开机启动的广播。BootReceiver 的代码如下所示：

```
1 public class BootReceiver extends BroadcastReceiver {
2     public void onReceive(Context context,Intent intent) {
3         Intent i=new Intent(context,MainActivity.class);
4         i.setFlags(Intent.FLAG_ACTIVITY_NEW_TASK); //指定Activity运行在任务栈中
5         context.startActivity(i);
6     }
7 }
```

上述代码中，在 onReceive()方法中启动本应用程序。需要注意的是，使用 Intent 创建对象时，第 1 个参数不能写 this，因为 BroadcastReceiver 并不是 Context 的子类，因此需要使用 context。由于 Activity 都是运行在任务栈中的，当开机启动时，任务栈还没有创建成功，所以需要设置 flag，显式地指定 Activity 在新的任务栈中运行。

BootReceiver 创建完成了，下面在清单文件中注册该广播接收者，具体代码如下所示：

```
<receiver android:name="cn.itcast.givemoney.BootReceiver">
    <intent-filter>
        <action android:name="android.intent.action.BOOT_COMPLETED"/>
    </intent-filter>
</receiver>
```

上述代码中，action 属性值 android.intent.action.BOOT_COMPLETED 就是开机启动的广播事件，由于开机启动的广播事件会涉及到用户的权限，因此需要在清单文件中配置开机启动的权限，添加权限的代码如下：

```
<uses-permission android:name="android.permission.RECEIVE_BOOT_COMPLETED"/>
```

上述代码编写完成后，接下来关闭模拟器重新启动，会发现"杀毒软件"程序自动启动了，实现了开机启动的功能。

需要注意的是，在 Android 3.0 以后出现了一个安全机制，如果用户没启动过这个程序，那么就算该程序注册了开机启动的广播接收者也无法接收到开机启动的广播事件。

7.4.2 案例——短信拦截器

在日常生活中，大家经常会被一些广告短信骚扰，为了避免这些垃圾短信频繁地发送到手机上，通常会将其拦截。接下来将为大家讲解如何使用广播接收者实现短信拦截器。

1. 创建程序

创建一个名为"短信拦截器"的应用程序，将包名修改为 cn.itcast.interceptmessages。在该程序中添加一个广播接收者 MessageReceiver，用于获取短信内容并将其拦截，具体代码如下所示：

```
1  public class MessageReceiver extends BroadcastReceiver {
2      public void onReceive(Context context,Intent intent) {
3          //获取所有的短信数据
4          Object[] objs=(Object[]) intent.getExtras().get("pdus");
5          for(Object obj:objs) {
6              //将Pdu中的对象转化成SmsMessage对象
7              SmsMessage smsMessage=SmsMessage.createFromPdu((byte[]) obj);
8              String body=smsMessage.getMessageBody();
9              String sender=smsMessage.getOriginatingAddress();
10             Log.i("MessageReceiver","body:"+body);
11             Log.i("MessageReceiver","sender:"+sender);
12             if("15555215556".equals(sender)) {
13                 Log.i("MessageReceiver","垃圾短信,立刻终止");
14                 abortBroadcast();
15             }
16         }
17     }
18 }
```

上述代码中，首先通过意图获取了所有短信的数据，然后通过 for 循环遍历短信，在 for 循环中将 Pdu 对象转换成 SmsMessage 对象，并通过 SmsMessage 对象获取每条短信的内容以及发件人，最后通过 if 语句判断发件人是否为 5556，如果是则终止当前广播事件。

需要注意的是，使用模拟器相互打电话或发短信时，会在模拟器编号前面自动加一个前缀 1555521，因此在判断发件人号码时，需要在模拟器 5556 前面加上 1555521，即将号码指定为 15555215556。

MessageReceiver 创建完成后，在清单文件中注册该广播接收者，具体代码如下所示：

```
<receiver android:name="cn.itcast.interceptmessages.MessageReceiver">
    <intent-filter android:priority="1000">
        <action android:name="android.provider.Telephony.SMS_RECEIVED"/>
    </intent-filter>
</receiver>
```

上述代码中，为 action 设置的 android.provider.Telephony.SMS_RECEIVED 属性就是接收

短信的广播事件，由于针对短信的操作也会侵犯到用户的权限，因此需要在清单文件中配置接收短信的用户权限，添加权限的代码如下：

```
<uses-permission android:name="android.permission.RECEIVE_SMS"/>
```

2. 运行程序拦截短信

为了演示短信被拦截的过程，首先需要开启一个模拟器 5556，然后将程序部署到模拟器 5554 上面，此时使用模拟器 5556 给模拟器 5554 发短信，结果如图 7-16 所示。

图 7-16　发送短信

从图 7-16 可以看出，模拟器 5556 向模拟器 5554 发送了一条短信，但是 5554 并没有收到短信，为了证明短信已成功发送，下面观察一下 LogCat 窗口的输出信息，如图 7-17 所示。

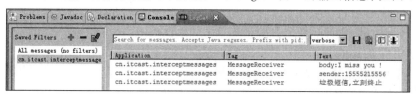

图 7-17　输出提示信息

从图 7-17 可以看出，短信已成功发送，短信的内容和发件人都被获取到了，并且还输出了提示信息"垃圾短信，立刻终止"。

小　结

本章详细地讲解了广播接收者的相关知识，首先介绍了什么是广播接收者，然后讲解了如何自定义广播以及广播的类型，最后以案例的形式讲解了两个常用的广播接收者。通过本章的学习，要求初学者能够熟练掌握广播接收者的使用，并在实际开发中进行应用。

习　题

一、填空题

1. 广播接收者可以在清单文件使用_____注册。
2. 终止广播需要使用_____方法。
3. 广播的发送有两种形式，分别为_____和_____。

4. 代码注册广播需要使用_____方法，解除广播需要使用_____方法。
5. 指定发送有序广播的方法是_____。

二、判断题

1. 每一个广播只能有一个广播接收者接收。（   ）
2. 广播接收者是四大组件之一，必须要在清单文件中注册。（   ）
3. 一个清单文件中只能注册一个广播接收者。（   ）
4. 可以在 BroadcastReceiver 的 onReceive() 方法中处理耗时复杂的业务。（   ）
5. 广播接收者注册后必须要手动关闭。（   ）

三、选择题

1. 继承 BroadcastReceiver 会重写（   ）方法。
   A. onReceiver()   B. onUpdate()   C. onCreate()   D. onStart()
2. 关于广播的作用，说法正确的是（   ）。
   A. 它主要用来接收系统发布的一些消息   B. 它可以进行耗时的操作
   C. 它可以启动一个 Activity   D. 广播接收者不需要注册
3. 下列方法中，用于发送一条有序广播的是（   ）。
   A. startBroadcastReceiver()   B. sendOrderedBroadcast()
   C. sendBroadcast()   D. sendReceiver()
4. 在清单文件中，注册广播时使用的结点是（   ）。
   A. <activity>   B. <broadcast>
   C. <receiver>   D. <broadcastreceiver>
5. 关于 BroadcastReceiver 说法不正确的是（   ）。
   A. 用于接收系统或程序中的广播事件
   B. 一个广播事件只能被一个广播接收者所接收
   C. 对有序广播，系统会根据接收者声明的优先级别按顺序逐个执行接收者
   D. 接收者声明的优先级别在 android:priority 属性中声明，数值越大优先级越高

四、简答题

1. 说明注册广播有几种方式，以及这些方式有何优缺点。
2. 简要说明接收系统广播时哪些功能需要使用权限。

五、编程题

1. 编写程序，监控手机电量，当电量小于 15% 时进行提示。
2. 编写程序，根据关键词过滤经常接收到的骚扰短信。

【思考题】
1. 请思考 Android 中广播接收者的作用。
2. 请思考广播有几种类型，以及不同类型的区别。

扫描右方二维码，查看思考题答案！

第8章 服务

学习目标

- 掌握服务的生命周期。
- 掌握服务的两种启动方式。
- 学会使用服务与 Activity 进行通信。
- 学会调用其他应用的服务（跨进程通信）。

服务与 Activity 类似，不同的是服务没有界面，是一个长期运行在后台的组件，即使启动服务的应用程序被切换掉，其他的 Service 也可以在后台正常运行，因此 Service 经常被用来处理一些耗时的程序，例如进行网络传输或者播放音乐等。本章将针对服务进行详细的讲解。

8.1 服务的创建

服务（Service）是 Android 中的四大组件之一，它能够长期在后台运行且不提供用户界面。即使用户切到另一应用程序，服务仍可以在后台运行。服务的创建方式与创建 Activity 类似，只需要继承 Service 类即可，接下来将针对服务的创建进行详细的讲解。

1. 创建服务

创建一个名为 ServiceTest 的项目，在该项目中创建一个 MyService 类继承自 Service，此时该类会自动实现 onBind()方法，MyService 中的代码如下所示：

```
public class MyService extends Service {
  public IBinder onBind(Intent arg0) {
    return null;
  }
}
```

上述代码中创建了一个 MyService 服务，该服务中还没有实现任何功能。需要注意的是，在 MyService 中有一个 onBind()方法，该方法是 Service 类中唯一的抽象方法，所以必须要在子类中实现。关于 onBind()的具体知识将在后面的小节中详细讲解。

2. 在清单文件中配置

由于服务是 Android 四大组件中的一个，因此需要在 AndroidManifest.xml 文件中进行注册，注册 MyService 的代码如下所示：

```
<?xml version="1.0" encoding="utf-8"?>
<manifest xmlns:android="http://schemas.android.com/apk/res/android"
```

```xml
package="com.example.servicetest"
android:versionCode="1"
android:versionName="1.0" >
…
<application
    android:allowBackup="true"
    android:icon="@drawable/ic_launcher"
    …>
    <!--在此注册服务信息-->
    <service android:name="cn.itcast.servicetest.MyService"/>
</application>
</manifest>
```

至此，服务便创建成功了。从上述过程可以看出，服务的创建非常简单。需要注意的是，服务创建完成后，一定要在清单文件中注册，否则服务是不生效的。

8.2 服务的生命周期

与其他组件不同的是，Service 不能自己主动运行，需要调用相应的方法来启动。启动服务的方法有两个，分别是 Context.startService()和 Context.bindService()。使用不同的方法启动服务，服务的生命周期也会不同，接下来介绍服务的生命周期。

1. startService 方式开启服务的生命周期

当其他组件调用 startService()方法时，服务会先执行 onCreate()方法，接着执行 onStartCommand()方法，此时服务处于运行状态，直到自身调用 stopSelf()方法或者其他组件调用 stopService()方法时服务停止，最终被系统销毁。这种方式开启的服务会长期的在后台运行，并且服务的状态与开启者的状态没有关系。

2. bindService 方式开启服务的生命周期

当其他组件调用 bindService()方法时，服务被创建，接着客户端通过 Ibinder 接口与服务通信。客户端通过 unbindService()方法关闭连接，多个客户端能绑定到同一个服务上，并且当它们都解绑时，系统将直接销毁服务(服务不需要被停止)。这种方式开启的服务与开启者的状态有关，当调用者销毁了，服务也会被销毁。

为了让初学者更好地理解服务的生命周期，接下来通过一个图例来展示上述两种启动方式服务的生命周期，具体如图 8-1 所示。

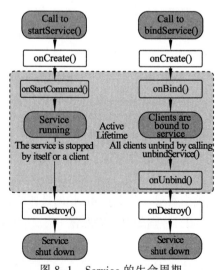

图 8-1　Service 的生命周期

从图 8-1 可以看出，startService 方式与 bindService 方式开启服务时，服务生命周期中所执行的方法也是不同的，接下来简单介绍这些方法的作用。

- onCreate()：第一次创建服务时执行的方法。
- onDestory()：服务被销毁时执行的方法。
- onStartCommand()：客户端通过调用 startService(Intent service)显式启动服务时执行该方法。
- onBind()：客户端通过调用 bindService(Intent,Service,int)启动服务时执行该方法。
- onUnbind()：客户端调用 unBindService(ServiceConnection conn)断开服务绑定时执行的方法。

上述这些方法都是 Service 生命周期中的重要回调方法，通过该方法可以观察服务创建、开启、绑定、解绑、销毁等过程。

8.3 服务的启动方式

通过前面的讲解可知，启动服务有两种方式，分别是通过 startService()方法启动服务和 bindService()方法启动服务。本节将针对这两种方式进行详细的讲解。

8.3.1 start 方式启动服务

通过前面的讲解可知，启动服务的方式有两种，首先学习使用 Context 的 startService()和 stopService()方法来启动、关闭服务。使用 startService()方式开启服务的具体代码如下所示：

```
Intent intent=new Intent(this, StartService.class);
Context.startService(intent);   //开启服务
Context.stopService(intent);    //关闭服务
```

从上述代码中可以看出，使用 startService()和 stopService()方法启动、关闭服务十分简单。调用这两个方法时，都需要传入一个 Intent 对象，这个对象是用于指定要启动或关闭的服务的。

上述代码为了让初学者理解使用 Context 的 startService()方法启动服务，接下来通过"Start 开启服务"的案例演示使用 Context.startService()方式启动服务。

1. 创建程序

创建一个名为"Start 开启服务"的应用程序，将包名修改为 cn.itcast.startservice，然后设计界面布局，如图 8-2 所示。

程序对应布局文件（activity_main.xml）的代码如下所示：

```
<LinearLayout xmlns:android="http://schemas.android.com/
apk/res/android"
    xmlns:tools="http://schemas.android.com/tools"
    android:layout_width="match_parent"
    android:layout_height="match_parent"
    android:layout_marginLeft="10dp"
    android:orientation="vertical" >
```

图 8-2 "Start 开启服务"界面

```xml
<Button
    android:id="@+id/btn_start"
    android:layout_width="wrap_content"
    android:layout_height="wrap_content"
    android:onClick="start"
    android:text="开启服务" />
<Button
    android:id="@+id/btn_stop"
    android:layout_width="wrap_content"
    android:layout_height="wrap_content"
    android:onClick="stop"
    android:text="关闭服务" />
</LinearLayout>
```

在上述代码中，定义了一个线性布局 LinearLayout，设置为垂直方向显示，该布局中放置了两个 Button 按钮，分别用于开启服务和关闭服务。

2. 添加 MyService 文件

接下来创建一个 MyService 类继承自 Service，MyService 类中代码如下所示：

```
1  public class MyService extends Service {
2      public IBinder onBind(Intent intent) {
3          return null;
4      }
5      public void onCreate() {
6          super.onCreate();
7          Log.i("StartService","onCreate()");
8      }
9      public int onStartCommand(Intent intent, int flags,int startId) {
10         Log.i("StartService","onStartCommand()");
11         return super.onStartCommand(intent,flags,startId);
12     }
13     public void onDestroy() {
14         super.onDestroy();
15         Log.i("StartService","onDestroy()");
16     }
17 }
```

上述代码中，分别重写了服务生命周期中的 onCreate()、onStartCommand()和 onDestroy()方法，通过观察 Log 信息便可清楚地知道服务执行的整个过程。

3. 清单文件配置

服务也是 Android 中的四大组件，因此需要在清单文件中注册，具体代码如下所示：

```
<service android:name="cn.itcast.startservice.MyService"/>
```

4. 编写界面交互代码（MainActivity）

在 MainActivity 中，实现开启服务与关闭服务按钮的点击事件，具体代码如下所示：

```
1  public class MainActivity extends Activity {
2      protected void onCreate(Bundle savedInstanceState) {
3          super.onCreate(savedInstanceState);
4          setContentView(R.layout.activity_main);
5          Button start=(Button) findViewById(R.id.btn_start);
6          Button stop=(Button) findViewById(R.id.btn_stop);
7      }
8      //开启服务的方法
9      public void start(View view) {
10         Intent intent=new Intent(this,MyService.class);
11         startService(intent);
12     }
13     // 关闭服务的方法
14     public void stop(View view) {
15         Intent intent=new Intent(this,MyService.class);
16         stopService(intent);
17     }
18 }
```

5. 运行程序查看结果

运行当前程序，单击界面上的"开启服务"按钮，此时在 LogCat 窗口中会打印出服务创建的 Log 信息，具体如图 8-3 所示。

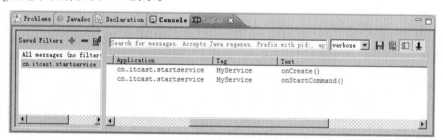

图 8-3 开启服务

从 Log 日志中可以看出，服务创建时首先执行的是 onCreate()方法，当服务启动时执行的是 onStartCommand()。需要注意的是，onCreate()方法只有在服务创建时执行，而 onStartCommand()方法则是每次启动服务时调用。

当单击"关闭服务"按钮时，在 LogCat 窗口会打印出服务销毁的信息，如图 8-4 所示。

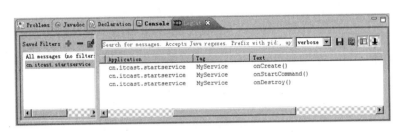

图 8-4 关闭服务

从图 8-4 可以看出，当单击"关闭服务"按钮时，服务执行 onDestroy()方法销毁。以上就是使用 Context.startService()方法开启服务所执行的方法。需要注意的是，如果不调用 stopService()或 stopSelf()这种方式开启的服务会长期在后台运行，除非用户强制停止程序。

8.3.2 bind 方式启动服务

当程序使用 startService()和 stopService()启动、关闭服务时，服务与调用者之间基本不存在太多的关联，也无法与访问者进行通信、数据交互等。如果服务需要与调用者进行方法调用和数据交互时，应该使用 bindService()和 unbindService()启动、关闭服务。

bindService()方法的完整方法名为 bindService(Intent service,ServiceConnection conn, int flags)，该方法的三个参数解释如下：

- Intent 对象用于指定要启动的 Service。
- ServiceConnection 对象用于监听调用者与 Service 之间的连接状态。当调用者与 Service 连接成功时将回调该对象的 onServiceConnected(ComponentName name, IBinder service) 方法。断开连接时将回调该对象的 onServiceDisconnected(ComponentName name)方法。
- flags 指定绑定时是否自动创建 Service（如果 Service 还未创建）。该参数可指定为 0 即不自动创建，也可指定为 BIND_AUTO_CREATE 即自动创建。

接下来通过一段示例代码来学习使用 bindService()和 unbindService()方法开启、关闭服务，具体代码如下所示：

```
Intent intent=new Intent(this,MyService.class);
//创建MyConn类,用于实现连接服务
private class MyConn implements ServiceConnection {
    // 当成功绑定到服务时调用的方法,返回MyService里面的Ibinder对象
    public void onServiceConnected(ComponentName name,IBinder service) {
        //MyBinder是服务中继承Binder的内部类
        MyBinder myBinder=(MyBinder) service;
    }
    //当服务失去连接时调用的方法
    public void onServiceDisconnected(ComponentName name) {
    }
}
MyConn myconn=new MyConn();
```

```
// 参数1是Intent,参数2是连接对象,参数3是flag表示如果服务不存在就创建
Context.bindService(intent, myconn,BIND_AUTO_CREATE);
Context.unbindService(myconn);//解绑服务
```

上述代码,是使用bindService()方法启动服务的基本步骤。需要注意的是,ServiceConnection中的onServiceConnected()方法有一个参数IBinder service,这个参数是在服务中的onBind()方法中返回的。

为了让初学者理解使用bindService()方法启动服务,接下来通过案例"Bind开启服务"来演示如何使用bindService()方法启动服务。本案例实现了点击按钮绑定服务、调用服务中的方法以及解绑服务,具体步骤如下所示:

1. 创建程序

创建一个名为"Bind开启服务"的应用程序,将包名修改为cn.itcast.bindservice,然后设计用户交互界面,如图8-5所示。

Bind开启服务程序对应的布局文件(activity_main.xml)如下所示:

图8-5 "Bind开启服务"界面

```xml
<LinearLayout xmlns:android="http://schemas.android.com/apk/res/android"
    xmlns:tools="http://schemas.android.com/tools"
    android:layout_width="match_parent"
    android:layout_height="match_parent"
    android:layout_marginLeft="10dp"
    android:orientation="vertical" >
    <Button
        android:layout_width="wrap_content"
        android:layout_height="wrap_content"
        android:onClick="btn_bind"
        android:text="绑定服务" />
    <Button
        android:layout_width="wrap_content"
        android:layout_height="wrap_content"
        android:onClick="btn_call"
        android:text="调用服务中的方法" />
    <Button
        android:layout_width="wrap_content"
        android:layout_height="wrap_content"
        android:onClick="btn_unbind"
        android:text="解绑服务" />
</LinearLayout>
```

在上述代码中，定义了一个垂直的线性布局 LinearLayout，该布局中放置了三个 Button 按钮，分别用于绑定服务、调用服务中的方法、解绑服务。

2. 创建 Service 类

接下来将在程序中，添加一个服务类 MyService，该类中实现了绑定服务生命周期中三个方法以及自定义的一个 methodInServiece() 方法。MyService 类中的代码如下所示：

```java
public class MyService extends Service {
    //创建服务的代理,调用服务中的方法
    class MyBinder extends Binder{
        public void callMethodInService(){
            methodInServiece();
        }
    }
    @Override
    public void onCreate() {
        Log.i("MyService","创建服务,调用 onCreate()");
        super.onCreate();
    }
    @Override
    public IBinder onBind(Intent intent) {
        Log.i("MyService","绑定服务,调用 onBind()");
        return new MyBinder();
    }
    public void methodInServiece(){
        Log.i("MyService","自定义方法 methodInServiece()");
    }
    @Override
    public boolean onUnbind(Intent intent) {
        Log.i("MyService","解绑服务,调用 onUnbind()");
        return super.onUnbind(intent);
    }
}
```

上述代码中，重写了 onBind() 方法，通过 onBind() 方法返回 MyBinder 对象。MyBinder 类中定义了方法，并在该方法中调用了 MyService 类中的方法，因此在 MainActivity 中获取到 IBinder 对象后，就可以调用服务中的方法了。

3. 清单文件的配置

在清单文件中注册服务 MyService，具体代码如下所示：

```xml
<service android:name="cn.itcast.bindservice.MyService"/>
```

4. 编写与界面交互代码（MainActivity）

接下来在 MainActivity 中编写与页面交互的代码，用于实现绑定服务、调用服务中的方法以及解绑服务，具体代码如下所示：

```java
public class MainActivity extends Activity {
    private MyBinder myBinder;
    private MyConn myconn;
```

```java
4      protected void onCreate(Bundle savedInstanceState) {
5          super.onCreate(savedInstanceState);
6          setContentView(R.layout.activity_main);
7      }
8      //绑定服务
9      public void btn_bind(View view) {
10         if(myconn==null){
11             myconn=new MyConn();
12         }
13         Intent intent=new Intent(this,MyService.class);
14         //参数1是Intent,参数2是连接对象,参数3是flags表示如果服务不存在就创建
15         bindService(intent,myconn,BIND_AUTO_CREATE);
16     }
17     //解绑服务
18     public void btn_unbind(View view) {
19         if(myconn!=null) {
20             unbindService(myconn);
21             myconn=null;
22         }
23     }
24     //调用服务中的方法
25     public void btn_call(View view) {
26         myBinder.callMethodInService();
27     }
28
29     //创建MyConn类,用于实现连接服务
30     private class MyConn implements ServiceConnection {
31         //当成功绑定到服务时调用的方法,返回MyService里面的Ibinder对象
31         public void onServiceConnected(ComponentName name, IBinder service) {
32             myBinder=(MyBinder) service;
33             Log.i("MainActivity", "服务成功绑定,内存地址为:"+myBinder.toString());
34         }
35         //当服务失去连接时调用的方法
36         public void onServiceDisconnected(ComponentName name) {
37         }
38     }
39 }
```

上述代码中,分别实现了界面按钮的点击事件,通过 bindService()方法绑定服务,然后通过 btn_call ()方法调用 MyService 类中的 callMethodInService()方法,这样就可以调用到服务

中的方法进行操作,操作完成后可以调用 unbindService()方法解绑服务。

5. 运行程序查看结果

运行当前程序,单击界面上的"绑定服务"按钮,此时在 LogCat 窗口中会打印出服务绑定的 Log 信息,具体如图 8-6 所示。

图 8-6 绑定服务

从图 8-6 可以看出,服务绑定成功了,并且在服务绑定时会依次调用 onCreate()方法、onBind()方法。接下来单击"调用服务中的方法"按钮,此时控制台会打印调用自定义的方法 methodInService(),如图 8-7 所示。

图 8-7 调用服务中的方法

接下来单击屏幕中的"解绑服务"按钮,此时会调用 onUnbind()方法解绑服务,如图 8-8 所示。

图 8-8 解绑服务

以上就是绑定方式开启服务,并在服务中创建自定义的方法,通过这种形式就可以让服务执行一些特殊操作。

8.4 服务通信

8.4.1 本地服务通信和远程服务通信

在 Android 系统中,服务的通信方式有两种:一种是本地服务通信,一种是远程服务通信。本地服务通信是指应用程序内部的通信,而远程服务通信是指两个应用程序之间的通信。使用这两种方式进行通信时必须满足一个前提,就是服务必须以绑定方式开启。接下来针对这两种方式进行详细的讲解。

1. 本地服务通信

在使用服务进行本地通信时,首先需要开发一个 Service 类,该类会提供一个 IBinder onBind(Intent intent)方法,onBind()方法返回的 IBinder 对象会作为参数传递给 ServiceConnection 类中 onServiceConnected(ComponentName name,IBinder service)方法,这样访问者就可以通过 IBinder 对象与 Service 进行通信。

接下来通过一个图例来演示如何使用 Ibinder 对象进行本地服务通信,如图 8-9 所示。

图 8-9 本地服务通信

从图 8-9 中可以看出,服务在进行通信时实际上使用的就是 IBinder 对象,在 ServiceConnection 类中得到 IBinder 对象,通过该对象可以获取到服务中定义的方法,执行具体的操作。在 8.3.2 小节中,绑定方式开启服务的案例实际上就用到了本地服务通信。

2. 远程服务通信

在 Android 系统中,各个应用程序都运行在自己的进程中,进程之间一般无法直接进行通信,如果想要完成不同进程之间的通信,就需要使用远程服务通信。远程服务通信是通过 AIDL (Android Interface Definition Language)实现的,它是一种接口定义语言(Interface Definition Language),其语法格式非常简单,与 Java 中定义接口很相似,但是存在几点差异,具体如下:

- AIDL 定义接口的源代码必须以.aidl 结尾。
- AIDL 接口中用到的数据类型,除了基本数据类型、String、List、Map、CharSequence 之外,其他类型全部都需要导入包,即使它们在同一个包中。

开发人员定义的 AIDL 接口只是定义了进程之间的通信接口,服务端、客户端都需要使用 Android SDK 安装目录下的 platform-tools 子目录下的 aidl.exe 工具为该接口提供实现。如果开发者使用 ADT 工具进行开发,那么 ADT 工具会自动实现 AIDL 接口。

定义 AIDL 接口的示例代码如下:

```
1 package cn.itcast.service;
2 interface IService
3 {
4     String getName();
5     int getPrice();
6 }
```

需要注意的是,AIDL 没有类型修饰符,在编写 AIDL 文件时,不能加上类型修饰符,例如，写为 public interface IService 是不正确的，正确的写法为 interface IService。

定义好 AIDL 接口之后，接着需要在应用程序中创建 Service 的子类。该 Service 的 onBind() 方法所返回的 IBinder 对象应该是 ADT 所生成的 IService.Stub 的子类。具体代码如下所示：

```
public class MyService extends Service {
    //继承 Iservice.stub
    private class IServiceBinder extends Stub{
        public String getName() throws RemoteException{
            return "zhangsan";
        }
        public int getPrice() throws RemoteException{
            return 100;
        }
    }
    public IBinder onBind(Intent intent) {
        //第一步执行 onBind 方法
        return new IServiceBind();
    }
    public void onCreate(){
        super.onCreate();
    }
}
```

8.4.2 案例——音乐播放器

在生活中经常会用到服务，为了让大家更好地理解服务通信在实际开发中的应用，接下来通过一个"音乐播放器"的案例来演示如何使用服务进行通信，具体步骤如下：

1. 创建程序

创建一个名为"音乐播放器"的应用程序，将包名修改为 cn.itcast.musicplayer，设计用户交互界面，具体如图 8-10 所示。

音乐播放器程序对应的布局文件（activity_main.xml）如下所示：

```
<LinearLayout xmlns:android="http://schemas.android.com/apk/res/android"
    xmlns:tools="http://schemas.android.com/tools"
    android:layout_width="match_parent"
    android:layout_height="match_parent"
    android:background="@android:color/white"
    android:orientation="vertical" >
    <EditText
```

图 8-10 "音乐播放器"界面

```xml
    android:id="@+id/et_inputpath"
    android:layout_width="match_parent"
    android:layout_height="wrap_content"
    android:text="data/data/cn.itcast.musicplayer/1.mp3"/>
<SeekBar
    android:id="@+id/seekBar1"
    android:layout_width="match_parent"
    android:layout_height="wrap_content"
    android:layout_marginBottom="10dp"
    android:layout_marginTop="20dp" />
<LinearLayout
    android:layout_width="match_parent"
    android:layout_height="wrap_content"
    android:orientation="horizontal"
    android:layout_gravity="center_horizontal"
    android:gravity="center">
    <TextView
        android:id="@+id/bt_play"
        android:layout_width="0dp"
        android:layout_weight="1"
        android:layout_height="wrap_content"
        android:text="播放"
        android:gravity="center"
        android:drawableTop="@android:drawable/ic_media_play"
        android:drawablePadding="3dp"/>
    <TextView
        android:id="@+id/bt_pause"
        android:layout_width="0dp"
        android:layout_weight="1"
        android:layout_height="wrap_content"
        android:drawableTop="@android:drawable/ic_media_pause"
        android:drawablePadding="3dp"
        android:gravity="center"
        android:text="暂停" />
    <TextView
        android:id="@+id/bt_replay"
        android:layout_width="0dp"
        android:layout_weight="1"
        android:layout_height="wrap_content"
```

```
                android:drawableTop="@android:drawable/ic_media_play"
                android:drawablePadding="3dp"
                android:gravity="center"
                android:text="重播" />
        <TextView
                android:id="@+id/bt_stop"
                android:layout_width="0dp"
                android:layout_weight="1"
                android:layout_height="wrap_content"
                android:drawablePadding="3dp"
                android:drawableTop="@android:drawable/ic_media_pause"
                android:gravity="center"
                android:text="停止" />
    </LinearLayout>
</LinearLayout>
```

上述代码,添加了 4 个 TextView,用于实现播放、暂停、重播、停止的点击事件。这里的 TextView 控件使用到了属性 android:drawableTop,这个属性是用来指定文字上方的图片的。

2. 创建服务类 MusicService

下面创建一个服务类 MusicService,该类用于完成音乐播放、暂停、重播、停止功能。MusicService 类中的代码如下所示:

```
1  public class MusicService extends Service {
2      private static final String TAG = "MusicService";
3      public MediaPlayer mediaPlayer;
4      class MyBinder extends Binder {
5          // 播放音乐
6          public void plays(String path) {
7              play(path);
8          }
9          // 暂停播放
10         public void pauses() {
11             pause();
12         }
13         // 重新播放
14         public void replays(String path) {
15             replay(path);
16         }
17         // 停止播放
18         public void stops() {
19             stop();
20         }
```

```java
21      // 获取当前播放进度
22      public int getCurrentPosition() {
23          return getCurrentProgress();
24      }
25      // 获取音乐文件的长度
26      public int getMusicWidth() {
27          return getMusicLength();
28      }
29  }
30
31  public void onCreate() {
32      super.onCreate();
33  }
34
35  // 播放音乐
36  @SuppressLint("NewApi")
37  public void play(String path) {
38      try {
39          if(mediaPlayer == null) {
40              Log.i(TAG, "开始播放音乐");
41              // 创建一个 MediaPlayer 播放器
42              mediaPlayer = new MediaPlayer();
43              // 指定参数为音频文件
44              mediaPlayer.setAudioStreamType(AudioManager.STREAM_MUSIC);
45              // 指定播放的路径
46              mediaPlayer.setDataSource(path);
47              // 准备播放
48              mediaPlayer.prepare();
49              mediaPlayer.setOnPreparedListener(new OnPreparedListener() {
50                  @Override
51                  public void onPrepared(MediaPlayer mp) {
52                      // TODO Auto-generated method stub
53                      // 开始播放
54                      mediaPlayer.start();
55                  }
56              });
57          } else {
58              int position = getCurrentProgress();
59              mediaPlayer.seekTo(position);
60              try {
```

```
61              mediaPlayer.prepare();
62          } catch(Exception e) {
63              e.printStackTrace();
64          }
65          mediaPlayer.start();
66      }
67   } catch(Exception e) {
68       e.printStackTrace();
69   }
70 }
71
72 // 暂停音乐
73 public void pause() {
74   if(mediaPlayer != null && mediaPlayer.isPlaying()) {
75       Log.i(TAG, "播放暂停");
76       mediaPlayer.pause();  // 暂停播放
77   } else if(mediaPlayer != null && (!mediaPlayer.isPlaying())) {
78       mediaPlayer.start();
79   }
80 }
81
82 // 重新播放音乐
83 public void replay(String path) {
84   if(mediaPlayer != null) {
85       Log.i(TAG, "重新开始播放");
86       mediaPlayer.seekTo(0);
87       try {
88           mediaPlayer.prepare();
89       } catch(Exception e) {
90           e.printStackTrace();
91       }
92       mediaPlayer.start();
93   }
94 }
95
96 // 停止音乐
97 public void stop() {
98   if(mediaPlayer != null) {
99       Log.i(TAG, "停止播放");
100         mediaPlayer.stop();
```

```
101            mediaPlayer.release();
102            mediaPlayer = null;
103        } else {
104            Toast.makeText(getApplicationContext(), "已停止", 0).show();
105        }
106    }
107
108    // 获取资源文件的长度
109    public int getMusicLength() {
110        if(mediaPlayer != null) {
111            return mediaPlayer.getDuration();
112        }
113        return 0;
114    }
115
116    // 获取当前进度
117    public int getCurrentProgress() {
118        try {
119            if(mediaPlayer != null) {
120                if(mediaPlayer.isPlaying()) {
121                    Log.i(TAG, "获取当前进度");
122                    return mediaPlayer.getCurrentPosition();
123                } else if(!mediaPlayer.isPlaying()) {
124                    return mediaPlayer.getCurrentPosition();
125                }
126            }
127        } catch(Exception e) {
128        }
129        return 0;
130    }
131
132    public void onDestroy() {
133        if(mediaPlayer != null) {
134            mediaPlayer.stop();
135            mediaPlayer.release();
136            mediaPlayer = null;
137        }
138        super.onDestroy();
139    }
140
```

```
141    public IBinder onBind(Intent intent) {
142        // 第一步执行 onBind 方法
143        return new MyBinder();
144    }
145 }
```

在上述代码中，完成了对音乐播放、暂停、停止、重新播放等功能。在第 141~144 行代码中，通过 onBind()方法将 MyBinder 对象返回给访问者，从而完成访问者和 Service 的通信，并实现了对音乐播放器的操作。

上述代码中使用了 MediaPlayer 来实现播放音乐功能的。在 Android 中，播放音频文件一般都是使用 MediaPlayer 类来实现的。接下来以条目的方式介绍下 MediaPlayer 类中常用的方法：

- setAudioStreamType()：指定音频文件的类型必须在 prepare()方法之前调用。
- setDataSource()：设置要播放的音频文件的位置。
- prepare()：在开始播放之前调用这个方法完成准备工作。
- start()：开始或继续播放音频。
- pause()：暂停播放音频。
- reset()：将 MediaPlayer 对象重置到刚刚创建的状态。
- seekTo()：从指定的位置开始播放音频。
- stop()：停止播放音频，调用该方法后 MediaPlayer 对象将无法再播放音频。
- release()：释放掉与 MediaPlayer 对象相关的资源。
- isPlaying()：判断当前 MediaPlayer 是否正在播放音频。
- getDuration()：获取载入音频文件的时长。
- getCurrentPosition()：获取当前播放音频文件的位置。

3. 清单文件中的配置

在清单文件中在<application></application>结点下对服务进行注册：

```
<service android:name="cn.itcast.musicplayer.MusicService"/>
```

4. 编写界面交互代码（MainActivity）

需要在 MainActivity 中实现播放、暂停、重播、停止按钮的点击操作，具体代码如下所示：

```
1  public class MainActivity extends Activity implements OnClickListener {
2      private EditText path;
3      private Intent intent;
4      private myConn conn;
5      MyBinder binder;
6      private SeekBar mSeekBar;
7      private Thread mThread;
8      private Handler handler=new Handler() {
9          public void handleMessage(android.os.Message msg) {
10             switch(msg.what) {
```

```java
11              case 100:
12                  int currentPosition=(Integer) msg.obj;
13                  mSeekBar.setProgress(currentPosition);
14                  break;
15              default:
16                  break;
17          }
18      };
19  };
20  protected void onCreate(Bundle savedInstanceState) {
21      super.onCreate(savedInstanceState);
22      setContentView(R.layout.activity_main);
23      path=(EditText) findViewById(R.id.et_inputpath);
24      findViewById(R.id.bt_play).setOnClickListener(this);
25      findViewById(R.id.bt_pause).setOnClickListener(this);
26      findViewById(R.id.bt_replay).setOnClickListener(this);
27      findViewById(R.id.bt_stop).setOnClickListener(this);
28      mSeekBar=(SeekBar) findViewById(R.id.seekBar1);
29      conn=new myConn();
30      intent=new Intent(this,MusicService.class);
31      bindService(intent,conn,BIND_AUTO_CREATE);
32  }
33  //初始化进度条的长度,获取音乐文件的长度
34  private void initSeekBar() {
35      //TODO Auto-generated method stub
36      int musicWidth=binder.getMusicWidth();
37      mSeekBar.setMax(musicWidth);
38  }
39  //更新音乐播放的进度
40  private void UpdateProgress() {
41      mThread=new Thread() {
42          public void run() {
43              while(!interrupted()) {
44                  //调用服务中的获取当前播放进度
45                  int currentPosition = binder.getCurrentPosition();
46                  Message message=Message.obtain();
47                  message.obj=currentPosition;
48                  message.what=100;
49                  handler.sendMessage(message);
```

```
50              }
51          };
52      };
53      mThread.start();
54  }
55  private class myConn implements ServiceConnection {
56      public void onServiceConnected(ComponentName name, IBinder service) {
57          binder=(MyBinder) service;
58      }
59      public void onServiceDisconnected(ComponentName name) {
60      }
61  }
62
63  public void onClick(View v) {
64      String pathway = path.getText().toString().trim();
65      switch(v.getId()) {
66      case R.id.bt_play:
67          if(!TextUtils.isEmpty(pathway)) {
68              binder.plays(pathway);
69              initSeekBar();
70              UpdateProgress();
71          }else{
72              Toast.makeText(this,"找不到音乐文件",0).show();
73          }
74          break;
75      case R.id.bt_pause:
76          binder.pauses();
77          break;
78      case R.id.bt_replay:
79          binder.replays(pathway);
80          break;
81      case R.id.bt_stop:
82          //停止音乐之前首先要退出子线程
83          mThread.interrupt();
84          if(mThread.isInterrupted()) {
85              binder.stops();
86          }
87          break;
88      default:
```

```
89              break;
90         }
91    }
92
93    protected void onDestroy() {
94        //如果线程没有退出,则退出
95        if(mThread != null) {
96             if(!mThread.isInterrupted())
97                  mThread.interrupt();
98        }
99        unbindService(conn);
100       super.onDestroy();
101   }
102 }
```

上述代码中，首先在 onCreate()方法中绑定了服务，在单击"播放"按钮时，调用了 updateProgress()方法，并在该方法中开启了子线程调用服务中的获取音频当前播放位置的方法。代码第 8~19 行创建了 Handler 对象，该对象是用于通知 UI 线程当前音频文件播放进度的。

需要注意的是，在 onDestroy()方法中，首先要停止子线程才能解绑服务。因为在子线程中调用了服务中的方法，如果先解绑服务就会报异常。

5. 运行程序播放音乐

运行音乐播放器程序之前，首先需要将指定音乐导入到模拟器的 "data/data/cn.itcast.musicplayer/1.mp3" 目录中，然后运行音乐播放器程序，在音乐播放器程序中填写要播放的音乐路径，点击播放按钮能看到图 8-11 所示的界面。

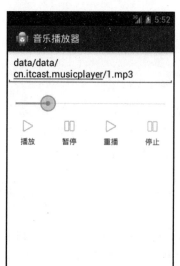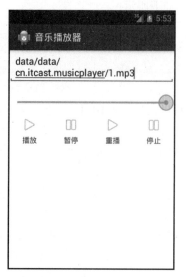

图 8-11 测试音乐播放器

从图 8-11 中能看出，当播放音乐时 SeekBar 也会跟着播放的进度移动。当歌曲播放完时，SeekBar 也会移动到最后。图 8-11 测试了播放按钮的功能，其他按钮的功能初学者可以自行测试。需要注意的是，由于本案例将播放音乐的代码放在服务里，因此当用户按 Home 键返回到桌面时，音乐还会继续播放。

> **多学一招：SeekBar 的使用**
>
> SeekBar 与 ProgressBar 十分相似，它是通过滑块的位置来标示数值的。SeekBar 允许用户拖动滑块改变 SeekBar 的值，例如手机的音量调节，同时 SeekBar 还允许用户改变滑块外观。SeekBar 的常用方法属性如下所示：
> - 属性 android:thumb：指定一个 Drawable 对象，该对象将作为自定义滑块。
> - 监听器 OnSeekBarChangeListener：监听滑块位置的改变。
> - 方法 setProgress()：用来设置 SeekBar 当前值。
> - 方法 setMax()：设置 SeekBar 的最大值。

8.4.3 案例——远程调用支付宝

在日常生活中，经常会用到支付宝，例如使用支付宝购买游戏中的付费道具，其中，点击打开支付宝付费的过程就使用了远程服务。接下来通过模拟调用支付宝的案例来对远程服务的绑定与使用进行讲解。

1. 创建支付宝的 AIDL

首先创建一个名为"支付宝"的应用程序，将包名修改为 cn.itcast.alipayservice。应用程序创建成功后，需要定义一个 AIDL 接口，该接口的作用是进行不同进程间绑定服务，让其他应用程序可以调用该文件。

右击包名，依次选择 new→untitled Text file，打开一个文本文件，在该文件中定义 AIDL 接口，具体代码如下所示：

```
package cn.itcast.alipayservice;
interface IService {
    void callALiPayService();
}
```

从代码中可以看出，AIDL 接口的定义方式与 Java 接口的定义方式类似，都需要有包名、接口名以及自定义的方法。不同的是，在定义 AIDL 接口时接口与方法不能加 public 修饰符，因为 AIDL 是需要被远程访问的，说明它本身就是公有的，所以不需要加 public 修饰符。

AIDL 接口定义完成后，单击"保存"按钮保存代码，此时会弹出一个窗口，如图 8-12 所示。

在图 8-12 中可以看到，选择支付宝应用 src 目录的包名，然后输入 File name 单击 OK 按钮，可以创建出 AIDL 的接口文件，输入的文件名必须是以.aidl 结尾的。创建成功后，在 gen 目录下会自动生成该 aidl 文件所对应的.java 文件，如图 8-13 所示。

图 8-12 保存 AIDL 文件

图 8-13 .aidl 目录结构

gen 目录下的 IService.java 文件内容如图 8-14 所示。

图 8-14 IService.java 内容

从图 8-14 可以看出，IService 接口下有一个 Stub 抽象类继承了 Binder 并实现了 cn.itcast.alipayIService 接口，所以在定义 AliPayService 服务时，只需让自定义的 MyBinder 类直接继承 IService.Stub 类即可。

2．创建支付宝服务

在支付宝程序中添加一个服务类 AliPayService，该类是被游戏程序调用进行支付操作的服务类。AliPayService 中的代码如下所示：

```
1  public class ALiPayService extends Service {
2      private static final String TAG="ALiPayService";
3      @Override
4      public IBinder onBind(Intent intent) {
5          Log.v(TAG,"绑定支付宝，准备付费");
6          return new MyBinder();
7      }
8      private class MyBinder extends IService.Stub {
9          @Override
```

```
10      public void callALiPayService() {
11          methodInService();
12      }
13  }
14  private void methodInService() {
15      Log.v(TAG,"开始付费,购买装备");
16  }
17  @Override
18  public void onCreate() {
19      Log.v(TAG,"调用支付宝成功");
20      super.onCreate();
21  }
22  @Override
23  public void onDestroy() {
24      Log.v(TAG,"关闭支付宝");
25      super.onDestroy();
26  }
27  @Override
28  public boolean onUnbind(Intent intent) {
29      Log.v(TAG,"取消付费");
30      return super.onUnbind(intent);
31  }
32 }
```

从上面代码可以看到，ALiPayService 类实现了 Service 的 onCreate()、onDestroy()、onBind()、onUnbind()方法。这些步骤与之前所讲的调用本地服务的步骤一样（音乐播放器案例），此处不做赘述。

由于 ALiPayService 服务需要被其他应用调用，因此需要在注册服务时设置一个 action 动作，具体代码如下所示：

```
<service android:name="cn.itcast.alipayservice.ALiPayService">
    <intent-filter>
        <action android:name="cn.itcast.alipay"/>
    </intent-filter>
</service>
```

从上述代码可以看到，ALiPayService 服务设置了一个 action，name 为 cn.itcast.alipay，当其他应用使用隐式意图调用 ALiPayService 时，就可以通过这个 action 匹配上 ALiPayService 服务。

至此，远程服务的支付宝应用已经创建完成，接下来再创建一个小游戏的应用来调用支付宝的服务。

3. 创建小游戏程序

创建一个名为"小游戏"的应用程序，将包名修改为 cn.itcast.game，设计用户交互界面，具体如图 8-15 所示。

"小游戏"程序对应的布局文件（activity_main.xml）如下所示：

图 8-15 "小游戏"界面

```
<RelativeLayout xmlns:android="http://schemas.android.com/apk/res/android"
    xmlns:tools="http://schemas.android.com/tools"
    android:layout_width="match_parent"
    android:layout_height="match_parent"
    tools:context=".MainActivity" >
    <Button
        android:id="@+id/button1"
        android:layout_width="wrap_content"
        android:layout_height="wrap_content"
        android:layout_alignLeft="@+id/button2"
        android:layout_alignParentTop="true"
        android:layout_marginTop="69dp"
        android:onClick="bind"
        android:text="绑定支付宝" />
    <Button
        android:id="@+id/button2"
        android:layout_width="wrap_content"
        android:layout_height="wrap_content"
        android:layout_below="@+id/button1"
        android:layout_centerHorizontal="true"
        android:layout_marginTop="34dp"
        android:onClick="call"
        android:text="调用支付方法" />
    <Button
        android:id="@+id/button3"
        android:layout_width="wrap_content"
        android:layout_height="wrap_content"
        android:layout_alignLeft="@+id/button2"
        android:layout_below="@+id/button2"
        android:layout_marginTop="40dp"
        android:onClick="unbind"
        android:text="解除绑定" />
</RelativeLayout>
```

上述代码中，定义了"绑定支付宝""调用支付方法"和"解除绑定"三个按钮，分别将其点击事件设置为 bind、call 和 unbind。当单击"调用支付方法"按钮时，就会调用支付宝应用中 AliPayService 服务的 methodInService()方法。

接下来在 MainActivity 中编写绑定服务的逻辑代码，代码如下所示：

```
1  public class MainActivity extends Activity {
2  private Intent service;
3  private IService iService;
4  private MyConn conn;
5      @Override
6      protected void onCreate(Bundle savedInstanceState) {
7          super.onCreate(savedInstanceState);
8          setContentView(R.layout.activity_main);
9          service=new Intent();
10         service.setAction("cn.itcast.alipay");
11     }
12     public void bind(View view) {
13         conn=new MyConn();
14         bindService(service,conn,BIND_AUTO_CREATE);
15     }
16     public void call(View view) {
17         try {
18             iService.callALiPayService();
19         } catch (RemoteException e) {
20             e.printStackTrace();
21         }
22     }
23      private class MyConn implements ServiceConnection {
24         @Override
25         public void onServiceConnected(ComponentName name, IBinder service) {
26             iService=IService.Stub.asInterface(service);
27         }
28         @Override
29         public void onServiceDisconnected(ComponentName name) {
30         }
31     }
32     public void unbind(View view) {
33         unbindService(conn);
34     }
35 }
```

上述代码的 onCreate()方法中创建了 Intent 对象，在 setAction("cn.itcast.alipay")方法中设置了它的动作，并且该动作与支付宝服务在清单文件中注册的要一致。

需要注意的是，调用本地方法时，是在 MyConn 的 onServiceConnected()方法中通过强制转换将 service 转换成 MyBinder。但远程服务是通过 IService.Stub.asInterface(service); 方法转换的。这个 IService 就是支付宝的服务，要得到这个服务只需将支付宝应用中的 IService.aidl 文件复制到游戏应用的 src 目录下，包名要和支付宝中 IService.aidl 所在的包名一致。系统会自动在游戏应用的 gen 目录下生成 IService.java 文件，如图 8-16 所示。

至此，小游戏的应用创建完成，接下来进行测试。先运行"支付宝程序"，然后在小游戏应用中单击按钮调用支付宝中的服务，当单击"绑定服务"按钮时，LogCat 窗口会输出相应的提示信息，如图 8-17 所示。

图 8-16 复制 IService.aidl 目录

图 8-17 绑定服务

从图 8-17 可以看出，Log 日志是支付宝应用中打印出来的，说明服务已经绑定成功，再单击"调用支付方法"按钮，LogCat 窗口如图 8-18 所示。

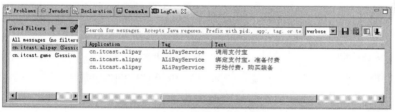

图 8-18 调用服务中的方法

从图 8-18 可以看出，已经调到了支付宝服务中的方法，然后单击"解除绑定"按钮，LogCat 窗口如图 8-19 所示。

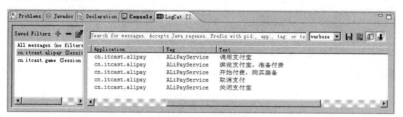

图 8-19 解绑服务

从图 8-19 可以看出，单击"解除绑定"按钮之后就会关闭支付宝服务。远程服务通信在实际开发中会经常使用，因此要求初学者必须掌握。

小　　结

本章主要讲解了 Android 中的服务，首先讲解了如何创建服务、服务的生命周期，然后讲解了服务的两种开启模式，最后讲解了使用服务在程序中进行通信，并通过调用支付宝的案例演示了服务在不同程序间的通信。

习　　题

一、填空题

1. 在创建服务时，必须要继承_____类。
2. 绑定服务时，必须要实现服务的_____方法。
3. 在清单文件中，注册服务时应该使用的结点为_____。
4. 服务的开启方式有两种，分别是_____和_____。
5. 在进行远程服务通信时，需要使用_____接口。

二、判断题

1. 以绑定方式开启服务后，服务与调用者没有关系。　　　　　　　　　　（　　）
2. 服务的界面可以设置的很美观。　　　　　　　　　　　　　　　　　　（　　）
3. 以绑定方式开启服务后，当界面不可见时服务就会被关闭。　　　　　　（　　）
4. 在服务中可以处理长时间的耗时操作。　　　　　　　　　　　　　　　（　　）
5. 服务不是 Android 中的四大组件，因此不需要在清单文件中注册。　　　（　　）

三、选择题

1. 使用 startService() 方法启动服务时，执行的生命周期方法有（　　）。
   A. onCreate()　　　　　　　　　　B. onDestory()
   C. onResume()　　　　　　　　　　D. onStartCommand()
2. 下列选项中，属于绑定服务的特点的是（　　）。
   A. 以 bindService() 方法开启　　　B. 调用者关闭后服务关闭
   C. 必须实现 ServiceConnection()　 D. 使用 stopService() 方法关闭服务
3. Service 与 Activity 的共同点是（　　）。
   A. 都是四大组件之一　　　　　　　B. 都有 onResume() 方法
   C. 都需要注册　　　　　　　　　　D. 都可以自定义美观界面
4. 下列方法中，不属于 Service 生命周期的是（　　）。
   A. onResume()　　　　　　　　　　B. onStart()
   C. onStop()　　　　　　　　　　　D. onDestory()
5. 关于 Service 生命周期的 onCreate() 和 onStart() 方法，说法正确的是（　　）。
   A. 如果 Service 已经启动，将先后调用 onCreate() 和 onStart() 方法

B. 当第一次启动的时候先后调用 onCreate()和 onStart()方法

C. 当第一次启动的时候只会调用 onCreate()方法

D. 如果 Service 已经启动，只会执行 onStart()方法，不再执行 onCreat()方法

四、简答题

1. 请简要说明使用 AIDL 访问远程服务的步骤。

2. 请简要说明 Service 的几种启动方式以及其特点。

五、编程题

1. 请编写程序，要求当程序关闭 10 秒后重启该程序。

2. 请编写两个程序，一个作为服务端，一个作为客户端，在客户端中访问服务端程序时传入 int 值参数，参数必须大于 500 才能访问。

【思考题】

1. 请思考服务有几种开启方式，每种开启方式的特点。

2. 请思考如何在 Android 系统中完成不同进程之间的通信。

扫描右方二维码，查看思考题答案！

第9章 网络编程

学习目标

- 了解 HTTP 协议。
- 学会使用 HttpURLConnection、HttpClient 访问网络提交数据。
- 了解 AsyncHttpClient、SmartImageView 开源项目的使用。
- 掌握 Handler 原理，会使用 Handler 进行线程间通信。
- 学会使用多线程下载文件。

Android 由互联网巨头 Google 带头开发，因此对网络功能的支持是必不可少的。Android 系统提供了以下几种方式实现网络通信：Socket 通信、HTTP 通信、URL 通信和 WebView。其中最常用的是 HTTP 通信。本章将会讲解如何在手机端使用 HTTP 协议与服务器端进行网络交互。

9.1 网络编程入门

9.1.1 HTTP 协议简介

日常生活中，大多数人遇到了问题都会使用手机进行百度搜索。在浏览器的地址栏中输入百度的网址点击搜索，就会进入百度主页。这个访问百度的过程就是通过 HTTP 协议完成的，所谓的 HTTP（Hyper Text Transfer Protocol）即超文本传输协议，它规定了浏览器和万维网服务器之间互相通信的规则。

当客户端在与服务器端建立连接后，向服务器端发送的请求，被称作 HTTP 请求。服务器端接收到请求后会做出响应，称为 HTTP 响应。为了让初学者更好地理解，下面通过手机端访问服务器端的图例来展示 HTTP 协议的通信过程，如图 9-1 所示。

从图 9-1 可以看出，使用手机客户端访问百度时，会发送一个 HTTP 请求。当服务器端接收到这个请求后，会做出响应并将百度页面返回给客户端浏览器。这个请求和响应的过程实际上就是 HTTP 通信的过程。

图 9-1 HTTP 请求与响应

9.1.2 Handler 消息机制原理

在使用 Android 手机下载软件时，通常都能在界面上看到一个下载的进度条。这个进度条用来表示当前软件下载的进度。但是 Android 4.0 以后不能在 UI 线程访问网络，子线程也不能更新 UI 界面。为了根据下载进度实时更新 UI 界面，就需要用到 Handler 消息机制来实现线程间的通信。

Handler 机制主要包括 4 个关键对象，分别是 Message、Handler、MessageQueue、Looper。下面对这 4 个关键对象进行简要的介绍。

1. Message

Message 是在线程之间传递的消息，它可以在内部携带少量的信息，用于在不同线程之间交换数据。Message 的 what 字段可以用来携带一些整型数据，obj 字段可以用来携带一个 Object 对象。

2. Handler

Handler 就是处理者的意思，它主要用于发送消息和处理消息。一般使用 Handelr 对象的 sendMessage()方法发送消息，发出的消息经过一系列的辗转处理后，最终会传递到 Handler 对象的 handlerMessage()方法中。

3. MessageQueue

MessageQueue 是消息队列的意思，它主要用来存放通过 Handler 发送的消息。通过 Handler 发送的消息会存在 MessageQueue 中等待处理。每个线程中只会有一个 MessageQueue 对象。

4. Looper

Looper 是每个线程中的 MessageQueue 的管家。调用 Looper 的 loop()方法后，就会进入一个无限循环中。然后，每当发现 MessageQueue 中存在一条消息，就会将它取出，并传递到 Handler 的 HandlerMessage()方法中。此外，每个线程也只会有一个 Looper 对象。在主线程中创建 Handler 对象时，系统已经创建了 Looper 对象，所以不用手动创建 Looper 对象，而在子线程中的 Handler 对象，需要调用 Looper.loop()方法开启消息循环。

为了让初学者更好地理解 Handler 消息机制，通过一个图例来梳理一下整个 Handler 消息处理流程，如图 9-2 所示。

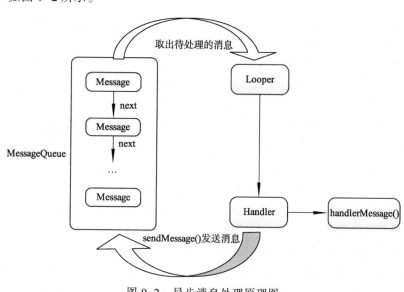

图 9-2　异步消息处理原理图

从图 9-2 中可以清晰地看到整个 Handler 消息机制处理流程。Handler 消息处理首先需要在 UI 线程创建一个 Handler 对象，然后在子线程中调用 Handler 的 sendMessage()方法，接着这个消息会存放在 UI 线程的 MessageQueue 中，通过 Looper 对象取出 MessageQueue 中的消息，最后分发回 Handler 的 handleMessage()方法中。

9.1.3 AsyncTask

为了方便在子线程中对 UI 进行操作，Android 提供了一些好用的工具类，AsyncTask 就是其中之一。借助 AsyncTask，可以十分简单地从子线程切换到主线程，它的原理也是基于异步消息处理机制的。

接下来了解下 AsyncTask 的基本用法。首先 AsyncTask 是一个抽象类，因此要使用它必须要创建一个类去继承它。在继承 AsyncTask 时，可以为其指定三个泛型参数，这三个参数的用途如下所示：

- Params：在执行 AsyncTask 时需要传入的参数，用于后台任务中使用。
- Progress：后台任务执行时，如果需要在界面上显示当前的进度，则使用该参数作为进度单位。
- Result：当任务执行完毕后，如果需要对结果进行返回，则使用该参数作为返回值类型。

为了让初学者更好地理解这三个参数的作用，接下来通过一段示例代码来演示参数的用途，具体代码如下所示：

```
class DownLoadTask extends AsyncTask<Void,Integer,Boolean>{
    …
}
```

从上述代码中可以看出，AsyncTask 的三个泛型参数分别被指定为 Void、Integer、Boolean 类型。其中，将一个参数指定为 Void 类型，表示在执行 AsyncTask 时，不需要传递参数给后台任务。将两个参数指定为 Integer 类型，表示使用整型来作为进度显示单位。将第三个参数指定为 Boolean 类型，表示使用布尔型来返回执行结果。

通常在使用 AsyncTask 时，需要重写它的 4 个方法，这 4 个方法的用法如下所示：

- onPreExcute()：这个方法在后台任务执行之前调用，一般用于界面上初始化操作，例如，显示一个进度条对话框等。
- doInBackgroud(Params...)：这个方法在子线程中运行，用于处理耗时操作，操作一旦完成即可以通过 return 语句来将任务的执行结果返回。如果 AsyncTask 的第三个泛型参数指定的是 Void 则可以不用返回执行结果。需要注意的是，这个方法不能进行更新 UI 操作，如果要在该方法中更新 UI 可以手动调用 publishProgress(Progress…)方法来完成。
- onProgressUpdate(Progress...)：如果在 doInBackgroud(Params…) 方法中调用了 publishProgress(Progress…)方法，这个方法就会很快被调用，方法中携带的参数就是后台任务中传递过来的。在这个方法中可以对 UI 进行操作，利用参数 Progress 就可以对 UI 进行相应的更新。
- onPostExcute(Result)：当 doInBackgroud(Params…)执行完毕并通过 return 语句进行返回时，这个方法会很快被调用。在 doInBackgroud(Params…)中返回的数据会作为参数传递到该方法中。此时，可以利用返回的参数来进行 UI 操作，例如，提醒某个任务完成了。

为了让初学者更好地理解这几个方法的作用,接下来通过一段示例代码来讲解这4个方法的使用,具体代码如下所示:

```java
class DownLoadTask  extends AsyncTask<Void,Integer,Boolean>{
  @Override
  protected void onPreExecute() {
      //显示进度对话框
      ProgressDialog.show();
  }
  @Override
  protected Boolean doInBackground(Void... params) {
      try {
          while(true){
              //doDownload()是一个虚构方法,用来返回下载百分比
              int downloadPrecent=doDownload();
              //更新下载进度
              publishProgress(downloadPrecent);
              if(downloadPrecent >=100){
                  break;
              }
          }
      }catch(Exception e){
          return false;
      }
      return true;
  }
  @Override
  protected void onProgressUpdate(Integer... values) {
      //在这里更新下载进度
      progressDialog.setMessage("Download"+values[0]+"%");
  }
  @Override
  protected void onPostExecute(Boolean result) {
      //关闭进度对话框
      progressDialog.dismiss();
      //在这里提示下载结果
      if(result){
          Toast.makeText(MainActivity.this,"下载成功", 0).show();
      }else{
          Toast.makeText(MainActivity.this,"下载失败", 0).show();
```

```
                }
            }
        }
```

要执行 DownLoadTask，还需要在 UI 线程中创建出 DownLoadTask 的实例，并调用 DownLoadTask 实例的 excute()方法，具体代码如下所示：

```
new DownLoadTask().excute();
```

以上就是 AsyncTask 的基本用法，使用 AsyncTask 可以不用使用 Handler 发送和接收消息，只需要在 doInBackground()方法中调用 publishProgress()方法，即可实现从子线程切换到 UI 线程。

9.2 使用 HttpURLConnection 访问网络

Android 客户端访问网络发送 HTTP 请求的方式一般有两种：HttpURLConnection 和 HttpClient。HttpURLConnection 是 Java 的标准类，HttpClient 是一个开源项目。本小节将针对最基本的 HttpURLConnection 进行讲解。

9.2.1 HttpURLConnection 的基本用法

在实际开发中，绝大多数的 App 都需要与服务器进行数据交互，也就是访问网络，此时就需要用到 HttpURLConnection 对象。HttpURLConnection 是一个标准的 Java 类。接下来将通过一段示例代码来学习 HttpURLConnection 的用法，具体如下所示：

```
//在URL的构造方法中传入要访问资源的路径
URL url=new URL("http://www.itcast.cn");
HttpURLConnection conn=(HttpURLConnection)url.openConnection();
conn.setRequestMethod("GET");                    //设置请求方式
conn.setConnectTimeout(5000);                    //设置超时时间
InputStream is=conn.getInputStream();            //获取服务器返回的输入流
try{
//读取流信息  获得服务器返回的数据
}catch(Exception e){
}
conn.disconnect();                               //关闭http连接
```

上述示例代码演示了手机端与服务器建立连接并获取服务器返回数据的过程。需要注意的是，在使用 HttpURLConnection 对象访问网络时，需要设置超时时间。如果不设置超时时间，在网络异常的情况下，会取不到数据而一直等待，导致程序僵死不往下执行。

9.2.2 案例——网络图片浏览器

市面上的大多数 Android 应用如新浪微博、网易新闻等都是网络应用，都需要与服务器进行通信。接下来通过案例"网络图片浏览器"向大家演示手机端与服务器进行通信的过程，具体步骤如下：

1. **创建程序**

创建一个"网络图片浏览器"应用程序,将包名修改为 cn.itcast.imageview。设计用户交互界面,具体如图 9-3 所示。

"网络图片浏览器"对应的布局文件（activity_main.xml）如下所示：

```
<LinearLayout xmlns:android="http://schemas. android.com/apk/res/android"
    xmlns:tools="http://schemas.android.com/ tools"
    android:layout_width="match_parent"
    android:layout_height="match_parent"
    android:orientation="vertical"
    tools:context=".MainActivity" >
    <ImageView
        android:layout_weight="1000"
        android:id="@+id/iv"
        android:layout_width="fill_parent"
        android:layout_height="fill_parent" />
    <EditText
        android:singleLine="true"
        android:id="@+id/et_path"
        android:layout_width="fill_parent"
        android:layout_height="wrap_content"
        android:hint="请输入图片路径" />
    <Button
        android:onClick="click"
        android:layout_width="fill_parent"
        android:layout_height="wrap_content"
        android:text="浏览" />
</LinearLayout>
```

图 9-3 "网络图片浏览器"界面

在上述代码中,创建了程序主界面。需要注意的是,在这个布局文件中用到了 android:layout_weight 这一属性。这里的 weight 不是权重的意思,而是代表控件渲染的优先级。weight 的值越大,表示这个控件渲染的优先级越低。

2. **编写界面交互代码（MainActivity）**

当界面创建好后,需要在 MainActivity 里面编写与界面交互的代码。用于实现请求指定地址的网络图片,并将服务器返回的图片展示在界面上。具体代码如下所示：

```
1 public class MainActivity extends Activity {
2     protected static final int CHANGE_UI=1;
3     protected static final int ERROR=2;
```

```java
4      private EditText et_path;
5      private ImageView iv;
6      //主线程创建消息处理器
7      private Handler handler=new Handler(){
8          public void handleMessage(android.os.Message msg) {
9              if(msg.what==CHANGE_UI){
10                 Bitmap bitmap=(Bitmap) msg.obj;
11                 iv.setImageBitmap(bitmap);
12             }else if(msg.what==ERROR){
13                 Toast.makeText(MainActivity.this,"显示图片错误",0).show();
14             }
15         };
16     };
17     protected void onCreate(Bundle savedInstanceState) {
18         super.onCreate(savedInstanceState);
19         setContentView(R.layout.activity_main);
20         et_path=(EditText) findViewById(R.id.et_path);
21         iv=(ImageView) findViewById(R.id.iv);
22     }
23     public void click(View view) {
24         final String path=et_path.getText().toString().trim();
25         if (TextUtils.isEmpty(path)) {
26             Toast.makeText(this,"图片路径不能为空",0).show();
27         } else {
28             //子线程请求网络,Android 4.0以后访问网络不能放在主线程中
29             new Thread() {
30                 private HttpURLConnection conn;
31                 private Bitmap bitmap;
32                 public void run() {
33                     //连接服务器 get 请求,获取图片
34                     try {
35                         //创建URL对象
36                         URL url=new URL(path);
37                         //根据url发送http的请求
38                         conn=(HttpURLConnection) url.openConnection();
39                         // 设置请求的方式
40                         conn.setRequestMethod("GET");
41                         //设置超时时间
42                         conn.setConnectTimeout(5000);
```

```
43              //设置请求头 User-Agent 浏览器的版本
44              conn.setRequestProperty("User-Agent",
45              "Mozilla/4.0 (compatible;MSIE 6.0;Windows NT 5.1;"+ "SV1;
46              .NET4.0C;.NET4.0E;.NET CLR 2.0.50727;"+ ".NET CLR 3.0.4506.2152;
47              .NET CLR 3.5.30729;Shuame)");
48              //得到服务器返回的响应码
49              int code=conn.getResponseCode();
50              //请求网络成功后返回码是 200
51                  if(code==200) {
52                  //获取输入流
53                  InputStream is=conn.getInputStream();
54                  //将流转换成 Bitmap 对象
55                  bitmap=BitmapFactory.decodeStream(is);
56                  //TODO:告诉主线程一个消息:帮我更改界面。内容:bitmap
57                      Message msg=new Message();
58                      msg.what=CHANGE_UI;
59                      msg.obj=bitmap;
60                      handler.sendMessage(msg);
61                  } else {
62                      //返回码不是 200,请求服务器失败
63                      Message msg=new Message();
64                      msg.what=ERROR;
65                      handler.sendMessage(msg);
66                  }
67              } catch(Exception e) {
68                  e.printStackTrace();
69                  Message msg=new Message();
70                  msg.what=ERROR;
71                  handler.sendMessage(msg);
72              }
73          };
74      }.start();
75      }
76  }
77 }
```

上述代码中,核心代码是 29~74 行,这段代码实现了获取网络上图片的功能。首先创建了一个 URL 对象,然后通过 URL 对象去获取 HttpURLConnection 对象。然后设置请求的方法、超时时间、请求头信息,最后获取到了服务器返回的输入流。

3. 添加权限

由于网络图片浏览器需要请求网络，因此需要在清单文件中配置相应的权限，具体如下所示：

```
<uses-permission android:name="android.permission.INTERNET"/>
```

4. 运行程序浏览图片

在文本输入框中输入任意一个网络中图片的地址，例如 http://b.hiphotos.baidu.com/image/w%3D310/sign=a439f5b24510b912bfc1f0fff3fdfcb5/83025aafa40f4bfb92c52c5d014f78f0f73618a5.jpg，单击"浏览"按钮，能看到图 9-4 所示的结果。

从图 9-4 中可以看出，使用 HttpURLConnection 的 GET 方式请求指定图片的地址，成功地从服务器获取到了图片信息。

图 9-4　浏览图片

9.3　使用 HttpClient 访问网络

HttpClient 是 Apache 的一个开源项目，从一开始就被引入到了 Android 的 API 中。HttpClient 可以完成和 HttpURLConnection 一样的效果，但它使用起来更简单。简单来说，HttpClient 是 HttpURLConnection 的增强版。本节将针对 HttpClient 的用法进行详细的讲解。

9.3.1　HttpClient 的基本用法

HttpClient 是 Apache Jakarta Common 下的子项目，用来提供高效的、功能丰富的、支持 HTTP 协议的客户端编程工具包。使用 HttpClient 访问网络与 HttpURLConnectiond 的过程大致相同，具体步骤如下所示：

（1）创建 HttpClient 对象。

（2）指定访问网络的方式，创建一个 HttpPost 对象或者 HttpGet 对象。

（3）如果需要发送请求参数，可调用 HttpGet、HttpPost 都具有的 setParams()方法。对于 HttpPost 对象而言，也可调用 setEntity()方法来设置请求参数。

（4）调用 HttpClient 对象的 execute()方法访问网络，并获取 HttpResponse 对象。

（5）调用 HttpResponse.getEntity()方法获取 HttpEntity 对象，该对象包装了服务器的响应内容。也就是所请求的数据。

接下来介绍使用 HttpClient 访问网络时所需要用到的几个常用类，如表 9-1 所示。

表 9-1　HttpClient 常用类介绍

常用类名称	功　能　描　述
HttpClient	请求网络的接口
DefaultHttpClient	实现了 HttpClient 接口的类
HttpGet	使用 GET 方式请求须创建该类实例

续表

常用类名称	功 能 描 述
HttpPost	使用 POST 方式请求须创建该类实例
NameValuePair	关联参数的 Key、Value
BasicNameValuePair	以 Key、Value 的形式存放参数的类
UrlEncodedFormEntity	将提交给服务器参数进行编码的类
HttpResponse	封装了服务器返回信息的类（包含头信息）
HttpEntity	封装了服务返回数据的类

表 9-1 中介绍了 HttpClient 几个常用类以及它们的作用，下面通过一段示例代码让大家更好地理解如何使用 HttpClient 访问网络和这些类在访问网络时的用法。具体代码如下所示：

```java
//获取到 HttpClient 对象
HttpClient client=new DefaultHttpClient();
HttpPost httpPost=new HttpPost("http://www.itcast.cn");
List<NameValuePair> params=new ArrayList<NameValuePair>();
//创建一个 NameValuePair 集合，用于添加参数
params.add(new BasicNameValuePair("username","admin"));
//给参数设置编码
UrlEncodedFormEntity entity=new UrlEncodedFormEntity(params,"utf-8");
//设置参数
httpPost.setEntity(entity);
//获取 HttpResponse 对象
HttpResponse httpResponse=client.execute(httpPost);
//获取状态码
int statusCode=httpResponse.getStatusLine().getStatusCode();
if(statusCode==200){   //访问成功
    //获取 HttpEntity 的实例
    HttpEntity  httpEntity=httpResponse.getEntity();
    //设置编码格式
    String  response=EntityUtils.toString(httpEntity,"utf-8");
}
```

上述代码演示了如何使用 HttpClient 访问服务器并获取返回的数据。需要注意的是，使用 POST 方式设置参数时，需要创建一个 NameValuePair 的集合来添加参数。在给参数设置编码时，需要与服务器的解码格式保持一致性，否则会出现中文乱码的情况。

9.3.2 案例——网络图片浏览器（使用 HttpClient）

为了让初学者更好地掌握 HttpClient 的用法，接下来将改写 9.2.2 小节中的案例"网络图片浏览器"。由于上一个案例已经详细讲解了"网络图片浏览器"的创建和布局，本节案例不

对布局进行更改,在这里只介绍 MainAcitivity 里面使用 HttpClient 访问网络的代码。具体步骤如下所示:

1. **编写界面交互代码**(MainActivity)

MainActivity 里面编写实现 HttpClient 访问网络图片并展示在界面上的逻辑代码。具体代码如下所示:

```
1  public class MainActivity extends Activity {
2      protected static final int CHANGE_UI=1;
3      protected static final int ERROR=2;
4      private EditText et_path;
5      private ImageView iv;
6      //主线程创建消息处理器
7      private Handler handler=new Handler(){
8          public void handleMessage(android.os.Message msg) {
9              if(msg.what==CHANGE_UI){
10                 Bitmap bitmap=(Bitmap) msg.obj;
11                 iv.setImageBitmap(bitmap);
12             }else if(msg.what==ERROR){
13                 Toast.makeText(MainActivity.this,
14                     "显示图片错误",0).show();
15             }
16         };
17     };
18     protected void onCreate(Bundle savedInstanceState) {
19         super.onCreate(savedInstanceState);
20         setContentView(R.layout.activity_main);
21         et_path=(EditText) findViewById(R.id.et_path);
22         iv=(ImageView) findViewById(R.id.iv);
23     }
24     public void click(View view) {
25         final String path=et_path.getText().toString().trim();
26         if(TextUtils.isEmpty(path)) {
27             Toast.makeText(this,"图片路径不能为空",0).show();
28         } else {
29             new Thread() {
30                 public void run() {
31                     //使用HttpClient的get 请求连接服务器,获取图片
32                     getImageByClient(path);
33                 };
34             }.start();
```

```
35        }
36    }
37    //使用HttpClient访问网络
38    protected void getImageByClient(String path) {
39        HttpClient client=new DefaultHttpClient();        //获取HttpClient对象
40        HttpGet httpGet=new HttpGet(path);                //用get方式请求网络
41        try {
42            //获取返回的HttpResponse对象
43            HttpResponse httpResponse=client.execute(httpGet);
44            //检验服务器返回的状态码是否为200
45            if(httpResponse.getStatusLine().getStatusCode()==200){
46                //获取HttpEntity对象
47                HttpEntity entity=httpResponse.getEntity();
48                //获取输入流
49                InputStream content=entity.getContent();
50                //获取bitmap对象
51                Bitmap bitmap = BitmapFactory.decodeStream(content);
52                //TODO  通知主线程更改UI界面
53                Message message=new Message();
54                message.what=CHANGE_UI;
55                message.obj=bitmap;
56                handler.sendMessage(message);
57            }else{
58                //状态码不为200,访问服务器不成功
59                Message message=new Message();
60                message.what=ERROR;
61                handler.sendMessage(message);
62            }
63        } catch (Exception e) {
64            e.printStackTrace();
65            Message message=new Message();
66            message.what=ERROR;
67            handler.sendMessage(message);
68        }
69    }
70 }
```

上述代码的重点在 getImageByClient()方法里,本段代码采用的是 HttpClient 的 GET 方式请求获取网络图片资源。访问服务器成功会返回 200 的状态码,此时需要获取服务器返回的图片数据。通过调用 HttpResponse 的 getEntity()方法获得 HttpEntity 对象,然后调用 HttpEntity

的 getContent()方法得到输入流,最后通过 BitmapFactory 生成 Bitmap 对象,从而将服务器返回的信息转换成图片。

2. 运行程序浏览图片

在文本输入框中输入任意一个网络中图片的地址,例如 http://g.hiphotos.baidu.com/image/w%3D310/sign=8671be31b8a1cd1 105b674218913c8b0/ac4bd11373f082022402cb3e49fbfbedab641b1a. jpg,单击"浏览"按钮,此时显示的结果如图 9-5 所示。

从图 9-5 中可以看出,通过使用 HttpClient 的 GET 方式请求的网络图片成功地显示在界面上。

对比这两个案例可以看出,使用 HttpURLConnection 和 HttpClient 都能成功从服务器访问数据并接收到服务器返回的数据,并且 HttpClient 更加方便简洁,效率更高。

图 9-5 浏览图片

9.4 数据提交方式

9.4.1 GET 方式和 POST 方式提交数据

HTTP/1.1 协议中共定义了 8 种方法来表明 Request-URI 指定的资源的不同操作方式。其中最常用的两种请求方式是 GET 和 POST,接下来介绍下这两种请求方式的区别。

1. GET 方式与 POST 方式的区别

- GET 方式是以实体的方式得到由请求 URL 所指向的资源信息,它向服务器提交的参数跟在请求 URL 后面。使用 GET 方式访问网络 URL 的长度是有限制的。HTTP 协议规定 GET 方式请求 URL 的长度不超过 4K。但是 IE 浏览器 GET 方式请求 URL 的长度不能超过 1K,为了兼容,因此 GET 方式请求 URL 的长度要小于 1K。
- POST 方式用来向目的服务器发出请求,要求它接受被附在请求后的实体。它向服务器提交的参数在请求后的实体中,它提交的参数是浏览器通过流的方式直接写给服务器的。此外,POST 方式对 URL 的长度是没有限制的。

2. GET 方式提交数据

接下来通过一段示例代码演示使用 HttpURLConnection 的 GET 方式提交数据,具体代码如下所示:

```
//将用户名和密码拼装在指定资源路径后面,并给用户名和密码进行编码
String path="http://192.168.1.100:8080/web/LoginServlet?username="
        + URLEncoder.encode("zhangsan")
        +"&password="+URLEncoder.encode("123");
URL url=new URL(path);                     //创建 URL 对象
HttpURLConnection conn=(HttpURLConnection)url.openConnection();
conn.setRequestMethod("GET");              //设置请求方式
conn.setConnectTimeout(5000);              //设置超时时间
int responseCode=conn.getResponseCode();   //获取状态码
```

```
if(responseCode==200){                              //访问成功
    InputStream is=conn.getInputStream();           //获取服务器返回的输入流
    try{
    }catch(){
        //读取输入流里面的信息 在这里就不做演示了
    }
}
```

上述代码所演示的就是如何使用 HttpURLConnection GET 方式提交数据到服务器。

3. POST 方式提交数据

使用 POST 方式请求网络，请求参数跟在请求实体中。用户不能在浏览器中看到向服务器提交的请求参数，因此 POST 方式比 GET 方式相对安全。接下来通过一段示例代码来演示如何使用 HttpURLConnection 的 POST 方式提交数据，具体代码如下所示：

```
//使用 HttpURLConnection
String path="http://192.168.1.100:8080/web/LoginServlet";
URL url=new URL(path);
HttpURLConnection conn=(HttpURLConnection) url.openConnection();
conn.setConnectTimeout(5000);                       //设置超时时间
conn.setRequestMethod("POST");                      //设置请求方式
//准备数据并给参数进行编码
String data="username="+URLEncoder.encode("zhangsan")
        +"&password="+URLEncoder.encode("123");
//设置请求头—数据提交方式，这里是以form表单的方式提交
conn.setRequestProperty("Content-Type",
        "application/x-www-form-urlencoded");
//设置请求头—设置提交数据的长度
conn.setRequestProperty("Content-Length",data.length()+"");
//post方式，实际上是浏览器把数据写给了服务器
conn.setDoOutput(true);                             //设置允许向外写数据
OutputStream os=conn.getOutputStream();             //利用输出流往服务器写数据
os.write(data.getBytes());                          //将数据写给服务器
int code=conn.getResponseCode();                    //获取状态码
if(code==200) {                                     //请求成功
    InputStream is=conn.getInputStream();
    try{
        //读取服务器返回的信息
    }catch(){
    }
}
```

从上述代码中可以看出，使用 HttpURLConnection 的 POST 方式提交数据时，是以流的形式直接将参数写到服务器上的，需要设置数据的提交方式和数据的长度。

注意：在实际开发中，手机端与服务器进行交互的过程中。避免不了要提交中文到服务器，

这时就会出现中文乱码的情况。无论是GET方式还是POST方式，提交参数时都要给参数进行编码。需要注意的是，编码方式必须与服务器解码方式统一。同样在获取服务器返回的中文字符时，也需要用指定格式进行解码。

9.4.2 案例——提交数据到服务器

为了让初学者掌握 GET 方式和 POST 方式提交数据，接下来通过案例"提交数据到服务器"向大家演示手机端是如何提交数据到服务器的。具体步骤如下所示：

1. 创建程序

创建一个名为"提交数据到服务器"的应用程序，将包名修改为 cn.itcast.login，设计用户交互界面，具体如图 9-6 所示。

图 9-6　"提交数据到服务器"界面

"提交数据到服务器"的布局文件（activity_main.xml）如下所示：

```xml
<LinearLayout xmlns:android="http://schemas.android.com/apk/res/android"
    xmlns:tools="http://schemas.android.com/tools"
    android:layout_width="match_parent"
    android:layout_height="match_parent"
    android:orientation="vertical"
    tools:context=".MainActivity" >
    <EditText
        android:id="@+id/et_username"
        android:layout_width="match_parent"
        android:layout_height="wrap_content"
        android:hint="请输入用户名" />
    <EditText
        android:id="@+id/et_password"
        android:layout_width="match_parent"
        android:layout_height="wrap_content"
        android:hint="请输入密码"
        android:inputType="textPassword" />
    <Button
        android:layout_width="wrap_content"
        android:layout_height="wrap_content"
        android:onClick="click1"
        android:text="Get方式登录" />
    <Button
        android:layout_width="wrap_content"
        android:layout_height="wrap_content"
```

```
            android:onClick="click2"
            android:text="POST 方式登录" />
        <Button
            android:layout_width="wrap_content"
            android:layout_height="wrap_content"
            android:onClick="click3"
            android:text="Client get 方式登录" />
        <Button
            android:layout_width="wrap_content"
            android:layout_height="wrap_content"
            android:onClick="click4"
            android:text="Client post 方式登录" />
</LinearLayout>
```

2. **编写界面交互代码（MainActivity）**

当 UI 界面创建好后，需要在 MainActivity 里面编写与界面交互的代码。用于实现不同方式提交数据到服务器并将服务器返回的信息显示在界面上的功能。具体代码如下所示：

```
1  public class MainActivity extends Activity {
2    private EditText et_username;
3    private EditText et_password;
4    protected void onCreate(Bundle savedInstanceState) {
5      super.onCreate(savedInstanceState);
6      setContentView(R.layout.activity_main);
7      //初始化控件
8      et_password=(EditText) findViewById(R.id.et_password);
9      et_username=(EditText) findViewById(R.id.et_username);
10   }
11   //HttpURLConnection GET方式
12   public void click1(View view) {
13     //获取用户输入的用户名
14     final String username=et_username.getText().toString().trim();
15     //获取密码
16     final String password=et_password.getText().toString().trim();
17     new Thread() {
18       public void run() {
19         //调用LoginService里面的方法访问服务器，并获取服务器返回的信息
20         final String result=LoginService.loginByGet(username,
21             password);
22         if(result!=null) {
```

```
23              //UI 线程更改界面
24              runOnUiThread(new Runnable() {
25                  @Override
26                  public void run() {
27                      Toast.makeText(MainActivity.this,
28                              result,0).show();
29                  }
30              });
31          } else {
32              // 请求失败，UI 线程弹出 toast
33              runOnUiThread(new Runnable() {
34                  @Override
35                  public void run() {
36                      Toast.makeText(MainActivity.this,"请求失败...",0)
37                              .show();
38                  }
39              });
40          }
41      };
42  }.start();
43 }
44 //HttpURLConnection POST 方式
45 public void click2(View view) {
46     //首先获取界面用户输入的用户名和密码
47     final String username=et_username.getText().toString().trim();
48     final String password=et_password.getText().toString().trim();
49     new Thread(){//开启子线程访问网络
50         public void run() {
51             //调用 LoginService 里面的方法访问网络
52             final String result=LoginService.loginByPost(username,
53                 password);
54             if(result!=null) {
55                 //ui 线程更改界面
56                 runOnUiThread(new Runnable() {
57                     @Override
58                     public void run() {
59                         Toast.makeText(MainActivity.this,
60                                 result,0).show();
61                     }
```

```
62                  });
63              } else {
64                  //请求失败,使用UI线程更改UI界面
65                  runOnUiThread(new Runnable() {
66                      @Override
67                      public void run() {
68                          Toast.makeText(MainActivity.this,"请求失败...",0)
69                                  .show();
70                      }
71                  });
72              }
73          };
74      }.start();
75  }
76  //HttpClient GET 方式
77  public void click3(View view) {
78      //获取输入的用户名和密码
79      final String username=et_username.getText().toString().trim();
80      final String password=et_password.getText().toString().trim();
81      new Thread() {      //开启子线程访问网络
82          public void run() {
83              //调用LoginService里面的方法请求网络获取数据
84              final String result=
85                      LoginService.loginByClientGet(username,password);
86              if(result!=null) {
87                  //使用UI线程弹出toast
88                  runOnUiThread(new Runnable() {
89                      @Override
90                      public void run() {
91                          Toast.makeText(MainActivity.this,
92                                  result,0).show();
93                      }
94                  });
95              } else {    //请求失败,使用UI线程弹出toast
96                  runOnUiThread(new Runnable() {
97                      @Override
98                      public void run() {
99                          Toast.makeText(MainActivity.this,"请求失败..."
100                                 ,0).show();
```

```
101                }
102            });
103        }
104    };
105    }.start();
106 }
107    //HttpClient POST方式
108    public void click4(View view) {
109        //获取输入的用户名和密码
110        final String username=et_username.getText().toString().trim();
111        final String password=et_password.getText().toString().trim();
112        new Thread() {
113            public void run() {
114                //使用工具类LoginService中的方法访问网络获取服务器返回信息
115                final String result=
116                    LoginService.loginByClientPost(username,password);
117                if(result!=null) {
118                    //ui线程更改界面
119                    runOnUiThread(new Runnable() {
120                        @Override
121                        public void run() {
122                            Toast.makeText(MainActivity.this,
123                                result,0).show();
124                        }
125                    });
126                } else {
127                    // 请求失败,弹出toast
128                    runOnUiThread(new Runnable() {
129                        @Override
130                        public void run() {
131                            Toast.makeText(MainActivity.this,"请求失败...",0)
132                                .show();
133                        }
134                    });
135                }
136            };
137        }.start();
138    }
139 }
```

上述代码中分别初始化了输入用户名和密码的两个 EditText 和几种不同访问网络方式的 Button。Button 的点击事件主要调用了 LoginService 类中的方法访问服务器并获取数据。获取到数据之后，调用 UI 线程更新 UI 界面。

3. 创建工具类

由于本案例多处用到了访问网络的代码，因此将访问网络的代码封装成工具类 LoginService。本类也是本案例的重点代码，LoginService 具体代码如下所示：

```java
1  public class LoginService {
2      //使用 HttpURLConnection  GET 方式提交数据
3      public static String loginByGet(String username,String password) {
4          try {
5              //拼装 URL，注意为了防止乱码，这里需要将参数进行编码
6              String path=
7                  "http://172.16.26.59:8080/Web/LoginServlet?username="
8                  +URLEncoder.encode(username, "UTF-8")
9                  +"&password="
10                 +URLEncoder.encode(password);
11             //创建 URL 实例
12             URL url=new URL(path);
13             //获取 HttpURLConnection 对象
14             HttpURLConnection conn=(HttpURLConnection) url.openConnection();
15             conn.setConnectTimeout(5000);          //设置超时时间
16             conn.setRequestMethod("GET");          //设置访问方式
17             int code=conn.getResponseCode();       //获取返回的状态码
18             if(code==200) {                         //请求成功
19                 InputStream is=conn.getInputStream();
20                 String text=StreamTools.readInputStream(is);
21                 return text;
22             } else {
23                 return null;
24             }
25         } catch(Exception e) {
26             e.printStackTrace();
27         }
28         return null;
29     }
30     //使用 HttpURLConnection  POST 方式提交数据
31     public static String loginByPost(String username,String password) {
32         try {
```

```
33          //要访问的资源路径
34          String path=" http://172.16.26.59:8080/Web/LoginServlet";
35          //创建URL的实例
36          URL url=new URL(path);
37          //获取HttpURLConnection对象
38          HttpURLConnection conn = (HttpURLConnection) url.openConnection();
39          //设置超时时间
40          conn.setConnectTimeout(5000);
41          //指定请求方式
42          conn.setRequestMethod("POST");
43          //准备数据,将参数编码
44          String data="username="+URLEncoder.encode(username)
45              +"&password="+URLEncoder.encode(password);
46          //设置请求头
47          conn.setRequestProperty("Content-Type",
48              "application/x-www-form-urlencoded");
49          conn.setRequestProperty("Content-Length", data.length()+"");
50          //将数据写给服务器
51          conn.setDoOutput(true);
52          //得到输出流
53          OutputStream os=conn.getOutputStream();
54          os.write(data.getBytes());            //将数据写入输出流中
55          int code=conn.getResponseCode();      //获取服务器返回的状态码
56          if(code==200) {
57              //得到服务器返回的输入流
58              InputStream is=conn.getInputStream();
59              //将输入流转换成字符串
60              String text=StreamTools.readInputStream(is);
61              return text;
62          } else {
63              return null;
64          }
65      } catch(Exception e) {
66          e.printStackTrace();
67      }
68      return null;
69  }
70  //采用httpclient get提交数据
71  public static String loginByClientGet(String username,String password) {
```

```java
72      try {
73          //1、创建HttpClient对象
74          HttpClient client=new DefaultHttpClient();
75          //2、拼装路径,注意将参数编码
76          String path=
77                  " http://172.16.26.59:8080/Web/LoginServlet?username="
78              +URLEncoder.encode(username)
79              +"&password="
80              +URLEncoder.encode(password);
81          //3、GET方式请求
82          HttpGet httpGet=new HttpGet(path);
83          //4、获取服务器返回的HttpResponse对象
84          HttpResponse response=client.execute(httpGet);
85          //5、获取状态码
86          int code=response.getStatusLine().getStatusCode();
87          if(code==200) {
88              //获取输入流
89              InputStream is=response.getEntity().getContent();
90              //将输入流转换成字符串
91              String text=StreamTools.readInputStream(is);
92              return text;
93          } else {
94              return null;
95          }
96      } catch(Exception e) {
97          e.printStackTrace();
98          return null;
99      }
100 }
101 //采用httpclient post提交数据
102 public static String loginByClientPost(String username,String password)
103 {
104     try {
105         //1、获取HttpClient对象
106         HttpClient client=new DefaultHttpClient();
107         //2、指定访问地址
108         String path=" http://172.16.26.59:8080/Web/LoginServlet";
109         //3、POST方式请求网络
110         HttpPost httpPost = new HttpPost(path);
```

```
111             //4、指定要提交的数据实体
112             List<NameValuePair> parameters=
113                         new ArrayList<NameValuePair>();
114         parameters.add(new BasicNameValuePair("username", username));
115         parameters.add(new BasicNameValuePair("password", password));
116         httpPost.setEntity(new UrlEncodedFormEntity(parameters,
117                         "UTF-8"));
118             //5、请求服务器并获取服务器返回的信息
119             HttpResponse  response=client.execute(httpPost);
120             int code=response.getStatusLine().getStatusCode();//获取状态码
121             if (code==200) {                                    //访问成功
122                 InputStream is=response.getEntity().getContent();
123                 //将输入流转换成字符串
124                 String text=StreamTools.readInputStream(is);
125                 return text;
126             } else {
127                 return null;
128             }
129         } catch(Exception e) {
130             e.printStackTrace();
131             return null;
132         }
133     }
134 }
```

上述代码封装了不同方式与服务器进行数据交互的代码。从上述代码中可以看出，无论是使用 GET 方式还是 POST 方式，HttpClient 使用起来都比 HttpURLConnection 简便。代码中多处用到了工具类 StreamTools，StreamTools 是一个将输入流转换成字符串的工具类，具体代码如下所示：

```
1   public class StreamTools {
2       //把输入流的内容转化成字符串
3       public static String readInputStream(InputStream is){
4       try {
5           ByteArrayOutputStream baos=new ByteArrayOutputStream();
6           int len=0;
7           byte[] buffer=new byte[1024];
8           while((len=is.read(buffer))!=-1){
9               baos.write(buffer,0,len);
10          }
11      is.close();
```

```
12          baos.close();
13          byte[] result=baos.toByteArray();
14          //试着解析 result 里面的字符串
15          String temp=new String(result);
16          return temp;
17      } catch(Exception e) {
18          e.printStackTrace();
19          return "获取失败";
20      }
21   }
22 }
```

4. 添加权限

由于在本案例中需要访问网络,因此需要在 AndroidMainfest.xml 文件中配置相应的权限。具体代码如下所示:

```
<uses-permission android:name="android.permission.INTERNET"/>
```

5. web 工程实例代码

由于本案例需要演示服务器接收到手机端提交的参数。因此需要创建一个 web 工程,模拟服务器。创建一个工程名为 web 的 JavaEE 工程,在 src 的目录下创建一个 LoginServlet,LoginServlet 代码如下所示:

```
1  public class LoginServlet extends HttpServlet {
2    private static final long serialVersionUID=1L;
3     //构造方法
4    public LoginServlet() {
5        super();
6    }
7  //Get 方式请求调用的方法
8  protected void doGet(HttpServletRequest request, HttpServletResponse response)
9              throws ServletException,IOException {
10 String username=request.getParameter("username");   //iso 8859 -1
11 String password=request.getParameter("password");
12 if("zhangsan".equals(username)&&"123".equals(password)){
13     response.getOutputStream().write("登录成功".getBytes("utf-8"));
14 }else{
15     response.getOutputStream().write("登录失败".getBytes("utf-8"));
16 }
17 }
18 //POST 方法调用的方法
19 protected void doPost(HttpServletRequest req,HttpServletResponse resp)
```

```
20        throws ServletException,IOException {
21        doGet(req, resp);
22    }
23 }
```

上述代码的主要功能是接收来自手机端的请求、获取到手机端的参数、校验手机端提交的数据、响应手机端请求并返回相应的数据。当手机端传递过来的用户名是 zhangsan 并且密码是 123 的时候，服务器就会返回"登录成功"的信息，否则返回"登录失败"的信息。需要注意的是，要在 web.xml 文件注册这个 Servlet，具体代码如下所示：

```
<servlet>
    <servlet-name>LoginServlet<servlet-name>
    <servlet-class>com.itheima.web.LoginServlet<servlet-class>
<servlet>
</servlet-mapping>
    <servlet-name>LoginServlet<servlet-name>
    <url-pattern>/LoginServlet</url-pattern>
</servlet-mapping>
```

运行 web 程序，然后在浏览器中输入 http://本机 ip:8080/Web/LoginServlet?username=zhangsan&password=123，测试服务器是否部署好。

6. 运行程序提交数据

搭建好服务器之后，将程序部署到虚拟机上，运行之后可以得到图 9-7 所示的结果。

从图 9-7 中可以看出，数据成功提交到服务器。提交数据使用了 HttpURLConnection 和 HttpClient 两种方式提交参数。从代码中我们可以看出使用 HttpClient 更加简便。

图 9-7　测试程序

9.5　开　源　项　目

在实际开发中，使用 Android 自带的 API 与服务器通信比较麻烦。一些热心的开发者为了节约开发成本、节约开发时间，开发出了一些开源的项目方便大家使用。因此，网上出现了各种各样的开源项目。本节将针对网上比较热门的两个开源项目 AsyncHttpClient 和 SmartImageView 进行详细的讲解。

9.5.1　AsyncHttpClient 的使用

由于访问网络是一个耗时的操作，放在主线程里面会影响用户体验，因此 Google 规定 Android 4.0 以后访问网络的操作都必须放在子线程中。但在 Android 开发中，发送、处理 HTTP 请求十分常见，如果每次与服务器进行数据交互都需要开启一个子线程，这样是非常麻烦的。为了解决这个问题，一些开发者开发出了开源项目——AsyncHttpClient。

顾名思义，AsyncHttpClient 是对 HttpClient 的再次包装。AsyncHttpClient 的特点有，发送异步 HTTP 请求、HTTP 请求发生在 UI 线程之外、内部采用了线程池来处理并发请求。而且它使用起来比 HttpClient 更加简便，下面介绍 AsyncHttpClient 的用法。

1. 下载 AsyncHttpClient 源代码

要使用 AsyncHttpClient 首先要下载它的源代码，在这里向大家介绍一个网站：http://www.github.com，这个网站是一个提供 Git 服务即代码托管的网站，这个网站托管了几百万的开源代码，可以在这里下载到 AsyncHttpClient 的源代码(https://github.com/loopj/android-async-http)。

2. 将 AsyncHttpClient 引入自己的工程中

下载 AsyncHttpClient 的源代码之后，解压复制 src 文件夹下的源代码，然后将其粘贴到自己的工程目录 src 下即可。也可以下载 jar 包，将 jar 文件粘贴在工程目录的 libs 文件夹下，然后右击并依次选择 Build Path→Add to Build Path 即可。需要注意的是，由于 AsyncHttpClient 是第三方的开源项目，会经常更新，使用方法可能会因为版本差异有所不同。

3. AsyncHttpClient 的用法

下面介绍 AsyncHttpClient 的常用类及作用，如表 9-2 所示。

表 9-2 AsyncHttpCllient 常用类介绍

常用类名称	功 能 描 述
AsyncHttpClient	用来访问网络的类
RequestParams	用于添加参数的类
AsyncHttpResponseHandler	访问网络后回调的接口

如果要使用 AsyncHttpClient，首先要创建 AsyncHttpClient 的实例，然后设置参数，接着通过 AsynsHttpClient 的实例对象访问网络。如果访问成功则会回调 AsyncHttpResponseHandler 接口中的 OnSucess 方法，失败则会回调 OnFailure 方法。

为了让初学者更好地掌握如何使用 AsyncHttpClient 访问网络，接下来通过一段示例代码来向大家演示，具体如下所示：

```
1   //创建AsyncHttpClient的实例
2   AsyncHttpClient client=new AsyncHttpClient();
3   //拼装URL,注意要将参数编码
4   String path="http://192.168.1.100:8080/web/LoginServlet?username="
5           +URLEncoder.encode("zhangsan")+"&password="
6           +URLEncoder.encode("1234");
7   //GET方式请求网络
8   client.get(path,new AsyncHttpResponseHandler() {
9       //访问网络成功
10      public void onSuccess(String content) {
11          super.onSuccess(content);
12          Toast.makeText(MainActivity.this,"请求成功:"+content, 0).show();
```

```
13      }
14      //访问网络失败
15      public void onFailure(Throwable error,String content) {
16          //TODO Auto-generated method stub
17          super.onFailure(error,content);
18          Toast.makeText(MainActivity.this,"请求失败:"+content, 0).show();
19      }
20 });
21 //POST 方式访问网络
22 AsyncHttpClient client=new AsyncHttpClient();
23 //访问地址
24 String url="http://192.168.1.100:8080/web/LoginServlet";
25 //用于添加参数的类
26 RequestParams params=new RequestParams();
27 //添加参数
28 params.put("name","张三");
29 params.put("pass","123456");
30 //访问网络
31 client.post(url,params, new AsyncHttpResponseHandler() {
32     //访问成功
33     public void onSuccess(int statusCode,Header[] headers,
34         byte[] responseBody) {
35         super.onSuccess(statusCode,headers,responseBody);
36         Toast.makeText(Main.this,
37             "请求成功"+new String(responseBody),0).show();
38     }
39     //访问网络失败
40     public void onFailure(Throwable error,String content) {
41     // TODO Auto-generated method stub
42     super.onFailure(error,content);
43         Toast.makeText(MainActivity.this,"请求失败:"+content,0).show();
44 }
45 });
```

上述代码分别演示了使用 AsyncHttpClient 的 GET 方式和 POST 方式访问网络并提交数据。从上述代码中可以看出，使用 AsyncHttpClient 访问网络并不需要创建子线程，而且也不需要切换线程更新 UI，使用起来更方便。

9.5.2 SmartImageView 的使用

市面上一些常见软件，例如手机 QQ、天猫、京东商场等，都加载了大量网络上的图片。

用 Android 自带的 API 实现这一功能，首先需要请求网络，然后获取服务器返回的图片信息，转换成输入流，使用 BitmapFactory 生成 Bitmap 对象，最后再设置到指定的控件中，这种操作步骤是十分麻烦而且耗时的。为此，本节将向大家介绍的一个开源项目——SmartImageView。

开源项目 SmartImageView 的出现主要是为了加速从网络上加载图片，它继承自 ImageView 类，支持根据 URL 地址加载图片、支持异步加载图片、支持图片缓存等。

在使用 SmartImageView 之前，需要下载 SmaetImageView 的源代码，同样还是在 github 网站上下载（https://github.com/loopj/android-smart-image-view），然后将 SmartImageView 的源代码引入到自己的工程项目中。接下来通过一段示例代码学习下 SmartImageView 的具体用法，具体步骤如下所示：

1. 添加 SmartImageView 控件

首先在布局文件中添加一个 SmartImageView 控件，具体代码如下所示：

```xml
<com.loopj.android.image.SmartImageView
        android:layout_weight="1000"
        android:id="@+id/siv"
        android:layout_width="fill_parent"
        android:layout_height="fill_parent" />
```

2. 使用 SmartImageView 控件

在 Activity 中使用 SmartImageView 控件的代码如下所示：

```java
public class MainActivity extends Activity {
    protected void onCreate(Bundle savedInstanceState) {
        super.onCreate(savedInstanceState);
        setContentView(R.layout.activity_main);
        //找到 SmartImageView
        SmartImageView siv = (SmartImageView) findViewById(R.id.siv);
        //加载指定地址的图片
        siv.setImageUrl("指定地址图片",
            R.drawable.ic_launcher,      //网络图片没找时显示的图片
            R.drawable.ic_launcher);     //正在加载中时显示的图片
    }
}
```

上述代码演示了如何使用 SmartImageView 加载一张网络图片。从代码中可以看出，SmartImageView 可以当作一个自定义控件来使用。在加载指定图片的时，只需要调用 setImageUrl()方法指定图片的路径、加载中显示的图片以及加载失败显示的图片即可。

9.5.3 案例——新闻客户端

前面介绍了开源项目 AsyncHttpClient 和 SmartImageView，下面将通过一个案例"新闻客户端"向大家演示 AsyncHttpClient 和 SmartImageView 的综合使用。该案例将要实现获取服务器的 XML 文件并将其解析出来捆绑显示到 ListView 上的功能，具体步骤如下：

1. 创建程序

创建一个名为"新闻客户端"的应用程序,将包名修改为 cn.itcast.news,设计用户交互界面,具体如图 9-8 所示。

"新闻客户端"程序对应的布局文件(activity_main.xml)如下所示:

```xml
<LinearLayout xmlns:android="http://schemas.android.com/apk/res/android"
    xmlns:tools="http://schemas.android.com/tools"
    android:layout_width="match_parent"
    android:layout_height="match_parent"
    android:orientation="vertical"
    tools:context=".MainActivity" >
    <FrameLayout
        android:layout_width="match_parent"
        android:layout_height="match_parent" >
        <LinearLayout
            android:id="@+id/loading"
            android:visibility="invisible"
            android:layout_width="match_parent"
            android:layout_height="match_parent"
            android:gravity="center"
            android:orientation="vertical" >
            <ProgressBar
                android:layout_width="wrap_content"
                android:layout_height="wrap_content" />
            <TextView
                android:layout_width="wrap_content"
                android:layout_height="wrap_content"
                android:text="正在加载信息..." />
        </LinearLayout>
        <ListView
            android:id="@+id/lv_news"
            android:layout_width="match_parent"
            android:layout_height="match_parent" />
    </FrameLayout>
</LinearLayout>
```

上述代码创建了新闻客户端的主界面,这个界面主要包含了提示用户数据正在加载中的 ProgressBar、TextView 以及用于展示新闻信息的 ListView。

2. 创建 ListView Item 的布局

由于使用到了 ListView 控件,因此需要为 ListView 的 item 创建一个布局。ListView Item 布局的图形化界面如图 9-9 所示。

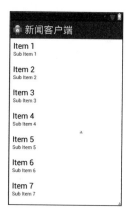

图 9-8　"新闻客户端"界面　　　　图 9-9　ListView 的 Item 布局

ListView 的 Item 布局文件 news_item.xml 如下所示：

```xml
<?xml version="1.0" encoding="utf-8"?>
<RelativeLayout xmlns:android="http://schemas.android.com/apk/res/android"
    android:layout_width="match_parent"
    android:layout_height="65dip" >
    <com.loopj.android.image.SmartImageView
        android:id="@+id/siv_icon"
        android:layout_width="80dip"
        android:layout_height="60dip"
        android:layout_alignParentLeft="true"
        android:layout_marginBottom="5dip"
        android:layout_marginLeft="5dip"
        android:layout_marginTop="5dip"
        android:scaleType="centerCrop"
        android:src="@drawable/ic_launcher" >
    </com.loopj.android.image.SmartImageView>
    <TextView
        android:id="@+id/tv_title"
        android:layout_width="wrap_content"
        android:layout_height="wrap_content"
        android:layout_marginLeft="5dip"
        android:layout_marginTop="10dip"
        android:layout_toRightOf="@id/siv_icon"
        android:text="我是标题"
        android:maxLength="20"
        android:singleLine="true"
        android:ellipsize="end"
        android:textColor="#000000"
```

```xml
        android:textSize="18sp" />
    <TextView
        android:id="@+id/tv_description"
        android:layout_width="wrap_content"
        android:layout_height="wrap_content"
        android:layout_below="@id/tv_title"
        android:layout_marginLeft="5dip"
        android:layout_marginTop="5dip"
        android:layout_toRightOf="@id/siv_icon"
        android:text="我是描述"
        android:maxLength="16"
        android:singleLine="true"
        android:ellipsize="end"
        android:textColor="#99000000"
        android:textSize="14sp" />
    <TextView
        android:id="@+id/tv_type"
        android:layout_width="wrap_content"
        android:layout_height="wrap_content"
        android:layout_alignParentBottom="true"
        android:layout_alignParentRight="true"
        android:layout_marginBottom="5dip"
        android:text="评论"
        android:textColor="#99000000"
        android:textSize="12sp" />
</RelativeLayout>
```

上述布局文件使用到了自定义控件 SmartImageView 和三个分别用于展示新闻标题、新闻内容以及新闻评论数的 TextView。需要注意的是，这里指定了 SmartImageView 的一个属性 android:scaleType。这个属性是 ImageView 控件中的，它是用来控制图片来匹配 View 的大小的。

3. 编写界面交互代码（MainActivity）

当 UI 界面创建好后，需要在 MainActivity 里面编写与界面交互的代码。用于实现获取服务器的 NewsInfo.xml 文件解析并将解析的信息设置到 ListView 显示在界面上。具体代码如下所示：

```
1 public class MainActivity extends Activity {
2     private ListView lv_news;
3     private LinearLayout loading;
4     private List<NewsInfo> newsInfos;
5     //ListView适配器
6     private class NewsAdapter extends BaseAdapter {
```

```java
7       //listView的item数
8       public int getCount() {
9           return newsInfos.size();
10      }
11      //得到listview条目视图
12      public View getView(int position,View convertView,ViewGroup parent) {
13          View view=View.inflate(MainActivity.this,R.layout.news_item, null);
14          SmartImageView siv=(SmartImageView) view
15              .findViewById(R.id.siv_icon);
16          TextView tv_title=(TextView) view.findViewById(R.id.tv_title);
17          TextView tv_description=(TextView) view
18              .findViewById(R.id.tv_description);
19          TextView tv_type=(TextView) view.findViewById(R.id.tv_type);
20          NewsInfo newsInfo=newsInfos.get(position);
21          //SmartImageView加载指定路径图片
22          siv.setImageUrl(newsInfo.getIconPath(),R.drawable.ab,
23              R.drawable.ic_launcher);
24          //设置新闻标题
25          tv_title.setText(newsInfo.getTitle());
26          //设置新闻描述
27          tv_description.setText(newsInfo.getDescription());
28          int type=newsInfo.getType(); // 1. 一般新闻 2.专题 3.live
29          //不同新闻类型设置不同的颜色和不同的内容
30          switch (type) {
31          case 1:
32              tv_type.setText("评论:"+newsInfo.getComment());
33              break;
34          case 2:
35              tv_type.setTextColor(Color.RED);
36              tv_type.setText("专题");
37              break;
38          case 3:
39              tv_type.setTextColor(Color.BLUE);
40              tv_type.setText("LIVE");
41              break;
42          }
43          return view;
44      }
45      //条目对象
```

```java
46    public Object getItem(int position) {
47        return null;
48    }
49    //条目id
50    public long getItemId(int position) {
51        return 0;
52    }
53 }
54 protected void onCreate(Bundle savedInstanceState) {
55     super.onCreate(savedInstanceState);
56     setContentView(R.layout.activity_main);
57     lv_news=(ListView) findViewById(R.id.lv_news);
58     loading=(LinearLayout) findViewById(R.id.loading);
59     fillData2();
60 }
61     //使用AsyncHttpClient访问网络
62 private void fillData2() {
63     //创建AsyncHttpClient实例
64     AsyncHttpClient asyncHttpClient=new AsyncHttpClient();
65     //使用GET方式请求
66     asyncHttpClient.get(getString(R.string.serverurl),
67         new AsyncHttpResponseHandler() {
68             public void onSuccess(String content) {
69                 //访问成功
70                 super.onSuccess(content);
71                 //将字符串转换成Byte数组
72                 byte[] bytes=content.getBytes();
73                 //将Byte数组转换成输入流
74                 ByteArrayInputStream bais=new ByteArrayInputStream(
75                     bytes);
76                 //调用NewsInfoService工具类解析xml文件
77                 newsInfos=NewsInfoService.getNewsInfos(bais);
78                 if(newsInfos==null) {
79                     //解析失败 弹出toast
80                     Toast.makeText(MainActivity.this,
81                         "解析失败",0).show();
82                 } else {
83                     //更新界面
84                     loading.setVisibility(View.INVISIBLE);
```

```
85                    lv_news.setAdapter(new NewsAdapter());
86               }
87           }
88           //请求失败
89           public void onFailure(Throwable error,String content) {
90               super.onFailure(error, content);
91               Toast.makeText(MainActivity.this,"请求失败",0).show();
92           }
93       });
94   }
95 }
```

上述代码第 6~53 行是 ListView 的适配器类。第 22 行使用了 SmartImageView 加载指定路径的图片。第 62~94 行实现了用 AysncHttpClient 获取服务器上的 XML 文件。并调用工具类 NewsInfoService 的 getNewsInfos 方法解析 XML 文件得到 NewsInfo 对象的 List 集合。其中，第 66 行使用到了 getString()方法，用于获取 res 文件中的 values 目录下的 config.xml 文件中标签名为 serverurl 的值。需要注意的是，config.xml 文件并不是工程自带的配置文件而是自己创建的。config.xml 文件的代码如下所示：

```
<?xml version="1.0" encoding="utf-8"?>
<resources>
    <string name="serverurl">http://172.16.26.58:8080/newInfo.xml</string>
</resources>
```

4. 创建 NewsInfo 类

前面提到在适配 ListView 的 Item 布局时用到了 NewsInfo JavaBean 对象。NewsInfo 对象是新闻信息的 JavaBean，它的具体代码如下所示：

```
1  public class NewsInfo {
2      private String iconPath;         //图片路径
3      private String title ;           //新闻标题
4      private String description;      //新闻描述
5      private int type;                //新闻类型
6      private long comment;            //新闻评论数
7      public String getIconPath() {
8          return iconPath;
9      }
10     public void setIconPath(String iconPath) {
11         this.iconPath=iconPath;
12     }
13     public String getTitle() {
14         return title;
15     }
```

```
16  public void setTitle(String title) {
17      this.title=title;
18  }
19  public String getDescription() {
20      return description;
21  }
22  public void setDescription(String description) {
23      this.description=description;
24  }
25  public int getType() {
26      return type;
27  }
28  public void setType(int type) {
29      this.type=type;
30  }
31  public long getComment() {
32      return comment;
33  }
34  public void setComment(long comment) {
35      this.comment=comment;
36  }
37 }
```

从上述代码可以看到,为 NewsInfo 定义了 iconPath 图片路径、title 新闻标题、description 新闻描述、type 新闻类型和 comment 新闻评论数五种属性。

5. 创建工具类解析 xml 文件

由于从服务器上获取的是一个 XML 文件,因此需要使用 XmlPulParser 对象解析出 xml 里面的内容并设置到相应的 JavaBean 中。将解析操作的逻辑放在工具类 NewsInfoService 中,具体代码如下所示:

```
1   public class NewsInfoService {
2       //解析服务器返回的xml信息,获取所有新闻数据实体
3       public static List<NewsInfo> getNewsInfos(InputStream is) {
4           //获取XmlPullParser对象
5           XmlPullParser parser=Xml.newPullParser();
6           try {
7               parser.setInput(is,"utf-8");
8               //获取指针
9               int type=parser.getEventType();
10              List<NewsInfo> newsInfos=null;
11              NewsInfo newsInfo=null;
```

```
12      //type 不是文档结束
13      while(type!=XmlPullParser.END_DOCUMENT) {
14          switch(type) {
15          case XmlPullParser.START_TAG:
16              //拿到标签名并判断
17              if("news".equals(parser.getName())) {
18                  newsInfos=new ArrayList<NewsInfo>();
19              } else if("newsInfo".equals(parser.getName())) {
20                  newsInfo=new NewsInfo();
21              } else if("icon".equals(parser.getName())) {
22                  //获取解析器当前指向元素的下一个文本结点的值
23                  String icon=parser.nextText();
24                  newsInfo.setIconPath(icon);
25              } else if("title".equals(parser.getName())) {
26                  String title=parser.nextText();
27                  newsInfo.setTitle(title);
28              } else if("content".equals(parser.getName())) {
29                  String description=parser.nextText();
30                  newsInfo.setDescription(description);
31              } else if("type".equals(parser.getName())) {
32                  String newsType=parser.nextText();
33                  newsInfo.setType(Integer.parseInt(newsType));
34              } else if("comment".equals(parser.getName())) {
35                  String comment=parser.nextText();
36                  newsInfo.setComment(Long.parseLong(comment));
37              }
38              break;
39          case XmlPullParser.END_TAG:
40              if("newsInfo".equals(parser.getName())) {
41                  newsInfos.add(newsInfo);
42                  newsInfo=null;
43              }
44              break;
45          }
46          type=parser.next();
47      }
48      return newsInfos;
49  } catch(Exception e) {
50      e.printStackTrace();
```

```
51        return null;
52    }
53  }
54}
```

上述代码是使用 Pull 解析 XML 文档的主要逻辑。在 getNewsInfos()方法中创建一个 List 集合 newsInfos，解析出来的新闻数据都存放在这个集合中。

6. 配置服务器

由于需要从服务器上下载一个 XML，因此需要开启 tomcat 服务器。在 tomcat 根目录下找到 bin 文件夹，运行该文件夹下的 startup.bat 文件即可开启 tomcat 服务器。然后，在 tomcat 的安装目录打开 webapps 文件夹，将 NewsInfo.xml 文件放置在 ROOT 文件夹下。NewsInfo.xml 的代码如下所示：

```xml
<?xml version="1.0" encoding="UTF-8"?>
<news>
    <newsInfo>
        <icon>http://172.16.25.13:8080/img/a.jpg</icon>
        <title>科技温暖世界</title>
        <content>进入一个更有爱的领域</content>
        <type>1</type>
        <comment>69</comment>
    </newsInfo>
    <newsInfo>
        <icon>http://172.16.25.13:8080/img/b.jpg</icon>
        <title>《神武》</title>
        <content>新美术资源盘点 视觉新体验</content>
        <type>2</type>
        <comment>35</comment>
    </newsInfo>
    <newsInfo>
        <icon>http://172.16.25.13:8080/img/c.jpg</icon>
        <title>南北车正式公布合并</title>
        <content>南北车将于今日正式公布合并</content>
        <type>3</type>
        <comment>2</comment>
    </newsInfo>
    <newsInfo>
        <icon>http://172.16.25.13:8080/img/d.jpg</icon>
        <title>北京拟推医生电子注册</title>
        <content>突破多点执业"限制"</content>
        <type>1</type>
```

```xml
        <comment>25</comment>
    </newsInfo>
    <newsInfo>
        <icon>http://172.16.25.13:8080/img/e.jpg</icon>
        <title>风力发电进校园</title>
        <content>风力发电普进校园</content>
        <type>2</type>
        <comment>26</comment>
    </newsInfo>
    <newsInfo>
        <icon>http://172.16.25.13:8080/img/f.jpg</icon>
        <title>地球一小时</title>
        <content>地球熄灯一小时</content>
        <type>1</type>
        <comment>23</comment>
    </newsInfo>
</news>
```

上述代码标签为<icon>的值代表图片的地址，因此需要在 ROOT 目录下创建一个 img 的文件夹，放置相应的图片。

7. 添加权限

本案例需要访问网络因此需要在 AndroidMainfest.xml 里面配置相应的权限。具体如下所示：

```
<uses-permission android:name="android.permission.INTERNET"/>
```

8. 运行程序查看新闻

从图 9-10 中可以看出，使用 AsyncHttpClient 和 SmartImageView 成功地把服务器中的 XML 数据加载到了界面上。使用这些第三方的开源项目可以很方便地对我们进行的一系列操作进行封装，使用起来即方便又能提高效率。

图 9-10　新闻客户端界面

9.6　多线程下载

下载功能是在 Android 手机中十分常见的，例如从 Android 应用市场下载所需要的应用、歌曲、视频等，每一款应用的更新都需要进行下载，本节将针对 Android 中的多线程下载进行详细的讲解。

9.6.1　多线程下载原理

相信大家都听过司马光砸缸的故事。司马光为了救那个掉在水缸里的小孩将水缸砸了一个洞。试想，如果司马光将水缸砸了很多个洞，小孩是不是会更快得救呢？同样，下载一个软件时，使用单线程下载速度肯定没有使用多线程下载得快。

使用多线程下载资源，先要获取到服务器资源文件的大小，然后在本地创建一个大小与服务器资源一样大的文件，接着在客户端开启若干个线程去下载服务器的资源。需要注意的是，每个线程必须要下载对应的模块，然后将每个线程下载的模块按顺序组装成资源文件。

为了让初学者更好地理解多线程下载的原理，接下来将通过图例的方式展示多线程下载的原理，如图 9-11 所示。

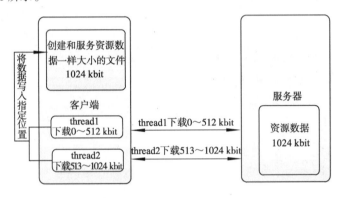

图 9-11　多线程下载原理图

从图 9-11 中可以看出，每个线程下载的区域就是总大小/线程个数。但不能保证每个文件都可以完全平均分配资源，因此最后一个线程需下载到文件的末尾。需要注意的是，使用多线程下载时，需要在请求头中设置 Range 字段获取到指定位置的数据，例如，Range: bytes=100-200。

9.6.2　案例——文件下载

前面介绍了多线程下载的原理，下面通过一个"文件下载"的案例，来讲解 Android 应用如何使用多线程下载文件。"文件下载"需要实现使用多线程下载服务器的 EditPlus.exe 文件，并将每个线程下载的长度显示到界面上的功能。具体步骤如下：

1. 配置服务器

由于本案例需要下载服务器资源。因此，首先需要打开 tomcat 服务器。然后，在 tomcat 的 webapps 目录下找到 ROOT 文件夹并将 EditPlus.exe 文件放置到该文件夹下。

2. 创建程序

首先创建一个名为"文件下载"的应用程序，将包名修改为 cn.itcast.file，设计用户交互界面，具体如图 9-12 所示。

图 9-12　"文件下载"主界面

文件下载程序对应的布局文件（activity_main.xml）如下所示：

```
<LinearLayout xmlns:android="http://schemas.android.com/apk/res/android"
    xmlns:tools="http://schemas.android.com/tools"
    android:layout_width="match_parent"
```

```xml
        android:layout_height="match_parent"
        android:orientation="vertical"
        tools:context=".MainActivity" >
        <EditText
            android:id="@+id/et_path"
            android:layout_width="fill_parent"
            android:layout_height="wrap_content"
            android:hint="请输入下载的路径"
            android:text="http://172.16.26.58:8080/EditPlus.exe" />
    <TextView
            android:id="@+id/file"
            android:layout_width="match_parent"
            android:layout_height="wrap_content"/>
    <TextView
            android:id="@+id/thread1"
            android:layout_width="match_parent"
            android:layout_height="wrap_content"/>
    <TextView
            android:id="@+id/thread3_complete"
            android:layout_width="match_parent"
            android:layout_height="wrap_content"/>
     <Button
            android:id="@+id/bt_download"
            android:layout_width="wrap_content"
            android:layout_height="wrap_content"
            android:onClick="downLoad"
            android:layout_gravity="center_horizontal"
            android:text="下载" />
</LinearLayout>
```

上述代码创建了文件下载的 UI 布局。创建了一个 EditText、三个 TextView、一个 Button。需要注意的是，在这里指定了 Button 的点击方法 downLoad。因此，如果要触发 Button 的点击方法，需要在 MainActivity 里面创建一个 downLoad(View v)的方法。

3. 编写界面交互代码（MainActivity）

当界面创建好后，需要在 MainActivity 里面编写与界面交互的代码，用于实现多线程下载文件，并将下载结果显示在界面上。具体代码如下所示：

```
1 public class MainActivity extends Activity {
2     //服务器资源地址
3     private static final String path=
4                    "http://172.16.26.58:8080/EditPlus.exe";
5     private TextView mFileTV;              //用于展示服务器资源文件的大小
```

```java
6      private TextView mThread1TV;              //用于显示thread需要下载的文件长度
7      private TextView mThread3CompleteTV;  //thread下载完成时显示
8      protected static int threadCount;         //线程个数
9      //用于更新UI界面的Handler
10     private Handler handler=new Handler(){
11     public void handleMessage(android.os.Message msg) {
12        switch(msg.what) {
13        case 100: //服务器资源文件的大小
14           mFileTV.setText("服务器资源文件大小为:"+(Long)msg.obj);
15           break;
16        case 101: //计算每个线程需要下载多少
17           String string=mThread1TV.getText().toString();
18           mThread1TV.setText(string+(String)msg.obj);
19           break;
20        case 102://查看那个线程下载的最快
21           String string1=mThread3CompleteTV.getText().toString();
22           mThread3CompleteTV.setText(string1+(String)msg.obj);
23           break;
24        case 300:
25           Toast.makeText(MainActivity.this,"获取不到服务器文件",0).show();
26           break;
27        }
28     };
29     };
30     protected void onCreate(Bundle savedInstanceState) {
31        super.onCreate(savedInstanceState);
32        setContentView(R.layout.activity_main);
33        initView();
34     }
35     //初始化控件
36     private void initView() {
37        mFileTV=(TextView) findViewById(R.id.file);
38        mThread1TV=(TextView) findViewById(R.id.thread1);
39        mThread3CompleteTV=(TextView) findViewById(R.id.thread3_complete);
40     }
41
42     //Button点击事件触发的方法
43     public void downLoad(View view) {
44        //1 本地创建一个文件大小与服务器资源大小一样
```

```
45  new Thread(){
46      public void run() {
47          try {
48              URL url=new URL(path);
49              HttpURLConnection conn=
50                          (HttpURLConnection) url.openConnection();
51              conn.setRequestMethod("GET");
52              conn.setConnectTimeout(2000);
53              conn.setReadTimeout(2000);
54              //获取服务器资源文件的大小
55              long contentLength=conn.getContentLength();
56              if(contentLength<=0) {
57                  Message msg=new Message();
58                  msg.what=300;
59                  handler.sendMessage(msg);
60                  return;
61              }
62              //使用 Handler 发送消息更改界面
63              Message msg=new Message();
64              msg.what=100;
65              msg.obj=new Long(contentLength);
66              handler.sendMessage(msg);
67              //本地创建一个随机文件并制定类型
68              RandomAccessFile raf=
69                          new RandomAccessFile("/sdcard/temp.exe","rwd");
70              //设置本地文件的大小
71              raf.setLength(contentLength);
72              //线程的数量
73              threadCount=3;
74              //每个线程下载的区块的大小
75              long blocksize=contentLength/threadCount;
76              //计算出来每个线程下载的开始和结束的位置
77              for(int threadId=1;threadId<=threadCount;threadId++){
78                  long startPos=(threadId-1)*blocksize;
79                  long endPos=threadId*blocksize-1;
80                  if(threadId==threadCount) {
81                      //最后一个线程
82                      endPos=contentLength;
83                  }
```

```java
                    Message message=new Message();
                    message.what=101;
                    message.obj=
                        "线程"+threadId+"需下载"+startPos+"-"+endPos+"\n";
                    handler.sendMessage(message);
                    //开起线程开始下载文件
                    new DownLoadThread(startPos,
                        endPos,threadId,path).start();
                }
            } catch (Exception e) {
                e.printStackTrace();
            }
        }
    };
}.start();
}
//自定一个线程用于下载文件
    class DownLoadThread extends Thread{
        private long startPos;
        private long endPos;
        private long threadId;
        private String path;
        public DownLoadThread(long startPos,long endPos,long threadId,
            String path) {
            super();
            this.startPos=startPos;
            this.endPos=endPos;
            this.threadId=threadId;
            this.path=path;
        }
        public void run() {
            try {
                URL url=new URL(path);
                HttpURLConnection conn=(HttpURLConnection)
                            url.openConnection();
                conn.setRequestMethod("GET");//设置请求方法
                conn.setConnectTimeout(5000);//设置超时时间
                //请求部分数据，请求成功返回206
                conn.setRequestProperty("Range",
                            "bytes="+startPos+"-"+endPos);
```

```
123            InputStream is=conn.getInputStream();
124            RandomAccessFile raf=
125                    new RandomAccessFile("/sdcard/temp.exe","rwd");
126            //重新指定某个线程保存文件的开始位置 需与服务器下载的位置一致
127            raf.seek(startPos);
128            //将数据写到 raf 中
129            int len=0;
130            byte[] buffer=new byte[1024];
131            while((len=is.read(buffer))!=-1){
132                raf.write(buffer,0,len);
133            }
134            is.close();
135            raf.close();
136            //使用 handler 给主线程发送消息
137            Message msg=new Message();
138            msg.what=102;
139            msg.obj=new String("线程"+threadId+"下载完成"+"\n");
140            handler.sendMessage(msg);
141        } catch (Exception e) {
142            e.printStackTrace();
143        }
144     }
145   }
146 }
```

上述代码的重点代码是 42~98 行 Button 点击事件触发的方法 downLoad(View v)。这段代码主要演示了多线程下载文件，使用 Handler 通知主线程更改 UI 界面。需要注意的是，使用子线程请求部分数据需要在随机文件中指定子线程写入的位置，这个位置必须与服务器下载的位置一致。

4. 添加权限

由于本案例使用到了访问网络以及操作 SD 卡，因此需要配置相应的权限，具体代码如下所示：

```
<uses-permission android:name="android.permission.INTERNET"/>
<uses-permission android:name="android.permission.WRITE_EXTERNAL_STORAGE"/>
```

5. 运行程序下载文件

运行程序，并单击"下载"按钮能看到图 9-13 所示的界面。

从图 9-13 中可以看到，服务器资源文件的大小以及每个线程的下载量还有每个线程下载完成的先后顺序。下面来看看下载完成后本地文件的大小，如图 9-14 所示。

图 9-13 运行结果

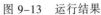

图 9-14 下载的文件

从图 9-14 可以看出，使用"文件下载"从服务器上下载的文件大小与从服务器上获取的文件大小一致。说明实现了多线程下载的功能。

小　结

本章详细地讲解了 Android 系统网络编程。首先介绍了 HTTP 协议，然后介绍了 Android 两种访问网络、提交数据的方式。接着介绍了网上比较热门的两个开源项目，最后介绍了多线程下载文件。实际开发中大多数应用都需要联网操作，熟练掌握本章内容，能更有效率地进行客户端与服务端的通信。

习　题

一、填空题

1. Android 系统提供了多种网络通信方式，包括_____、_____、_____和_____。
2. 当客户端与服务器端建立连接后，向服务器端发送的请求，被称_____。
3. Android 客户端访问网络发送 HTTP 请求的方式一般有两种，_____和_____。
4. 与服务器交互过程中，最常用的两种数据提交方式是_____和_____。
5. 为了根据下载进度实时更新 UI 界面，需要用到 Handler 消息机制来实现_____。

二、判断题

1. HttpURLConnection 是一个标准的 Java 类。　　　　　　　　　　　　（　　）
2. 使用 HttpClient 访问网络时，不需要创建 HttpClient 对象。　　　　　（　　）
3. GET 方式是以实体的方式得到由请求 URL 所指向的资源信息。　　　（　　）
4. HttpClient 是对 AsyncHttpClient 的再次包装。　　　　　　　　　　　（　　）
5. 在多线程下载中，每个线程必须要下载对应的模块，然后将这些模块按顺序组组合。
　　　　　　　　　　　　　　　　　　　　　　　　　　　　　　　　　（　　）

三、选择题

1. 下列选项中，不属于 Handler 机制中的关键对象是（　　）。
   A. Content　　　　B. Handler　　　　C. MessageQueue　　D. Looper
2. 下列通信方式中，不是 Android 系统提供的是（　　）。
   A. Socket 通信　　B. HTTP 通信　　C. URL 通信　　D. 以太网通信
3. 关于 HttpURLConnection 访问网络的基本用法，描述错误的是（　　）。
   A. HttpURLConnection 对象需要设置请求网络的方式
   B. HttpURLConnection 对象需要设置超时时间
   C. 需要通过 new 关键字来创建 HttpURLConnection 对象
   D. 访问网络完毕需要关闭 HTTP 链接
4. 下列选项中，不属于 AsyncHttpClient 特点的是（　　）。
   A. 发送异步 HTTP 请求
   B. HTTP 请求发生在 UI 线程之外
   C. 内部采用了线程池来处理并发请求
   D. 自动垃圾回收
5. 下列选项中，关于 GET 和 POST 请求方式，描述错误的是（　　）。
   A. 使用 GET 方式访问网络 URL 的长度是有限制的
   B. HTTP 协议规定 GET 方式请求 URL 的长度不超过 2K
   C. POST 方式对 URL 的长度是没有限制的
   D. GET 请求方式向服务器提交的参数跟在请求 URL 后面

四、简单题

1. 请简述使用 HttpClient 访问网络的步骤。
2. 请简述 Handler 机制 4 个关键对象的作用。

五、编程题

1. 请使用 AsyncHttpClient 和 SmartImageView 实现一个新闻客户端，并且要求界面美观、至少展示 10 条数据。
2. 请编写程序，通过多线程的形式下载 Tomcat 服务器中的指定文件，要求下载的文件不能损坏。

【思考题】
1. 请思考 Handler 消息机制的处理流程。
2. 请思考在 Android 中多线程下载的原理。

扫描右方二维码，查看思考题答案！

高级编程

学习目标
- 掌握图形图像处理，学会为图片添加特效、动画。
- 掌握多媒体的使用，会使用 MediaPlayer、VideoView。
- 掌握传感器的使用，会使用重力传感器、加速度传感器等。
- 掌握 Fragment 的生命周期，学会使用 Fragment。

前面 9 章都是针对 Android 基础知识进行讲解，掌握好这些知识可以开发天气预报、新闻客户端等程序。为了让初学者能够更全面地掌握 Android 知识，本章将针对图形图像处理、多媒体、传感器、Fragment 等高级编程知识进行详细的讲解。

10.1 图形图像处理

图形图像处理技术在 Android 中非常重要，市面上的大多数 Android 程序都会用到。因此，本节将针对 Android 中的图形图像处理技术进行详细的讲解。

10.1.1 常用的绘图类

在 Android 中，绘制图像时最常用就是 Bitmap 类、BitmapFactory 类、Paint 类和 Canvas 类。其中，Bitmap 类代表位图，BitmapFactory 类顾名思义就是位图工厂，它是一个工具类。Paint 类代表画笔，Canvas 代表画布。接下来将针对这 4 个类分别进行详细的讲解。

1. Bitmap 类

Bitmap 类代表位图，它是 Android 中一个非常重要的图像处理类。Bitmap 类提供了一系列常用方法，如表 10-1 所示。

表 10-1 Bitmap 类的常用方法

方 法 名 称	功 能 描 述
static Bitmap createBitmap(int width, int height, Config config)	创建位图，width 代表要创建的图片的宽度，height 代表高度，config 代表图片的配置信息
static Bitmap createBitmap(int colors[], int offset, int stride,int width, int height, Config config)	使用颜色数组创建一个指定宽高的位图，颜色数组的个数为 width*height
static Bitmap createBitmap(Bitmap src)	使用源位图创建一个新的 Bitmap
static Bitmap createBitmap(Bitmap source, int x, int y, int width, int height)	从源位图的指定坐标开始"挖取"指定宽高的一块图像来创建新的 Bitmap 对象

续表

方法名称	功能描述
static Bitmap createBitmap(Bitmap source, int x, int y, int width, int height,Matrix m, boolean filter)	从源位图的指定坐标开始"挖取"指定宽高的一块图像来创建新的 Bitmap 对象，并按照 Matrix 规则进行变换
final boolean isRecycled()	判断 Bitmap 对象是否被回收
void recycle()	回收 Bitmap 对象

为了让初学者掌握如何创建一个 Bitmap 对象，接下来通过一段示例代码来演示 Bitmap 的创建，具体代码如下所示：

```
Config config=Config.ARGB_4444;
Bitmap bitmap2=Bitmap.createBitmap(width,height,config);
```

需要注意的是，Config 是 Bitmap 的内部类，它用来指定 Bitmap 的一些配置信息的。这里的 Config.ARGB_4444 的意思为 Bitmap 的每个像素点占用内存 2 个字节。

2. BitmapFactory 类

BitmapFactory 类是一个工具类，主要用于从不同的数据源来解析、创建 Bitmap 对象。BitmapFactory 类提供的常用方法，如表 10-2 所示。

表 10-2　BitmapFactory 常用方法

方法名称	功能描述
static Bitmap decodeFile(String pathName)	从指定文件中解析、创建 Bitmap 对象
static Bitmap decodeStream(InputStream is)	从指定输入流中解析、创建 Bitmap 对象
static Bitmap decodeResource(Resources res, int id)	根据给定的资源 id，从指定资源中解析、创建 Bitmap 对象

表 10-2 介绍了 BitmapFactory 常用的方法，通过上表介绍的几个方法可以解析内存卡中的图片文件并创建对应的 Bitmap 对象，具体代码如下所示：

```
Bitmap bitmap=BitmapFactory.decodeFile("/sdcard/meinv.jpg");
```

同样，也可以解析 Drawable 文件夹中的图片文件并创建相应的 Bitmap 对象，具体代码如下所示：

```
Bitmap bitmap2=
BitmapFactory.decodeResource(getResources(),R.drawable.ic_launcher);
```

3. Paint 类

Paint 类代表画笔，用来描述图形的颜色和风格，如线宽、颜色、透明度和填充效果等信息。使用 Paint 类时，首先要创建它的实例对象，然后通过该类提供的方法来更改 Paint 对象的默认设置。Paint 类提供的常用方法如表 10-3 所示。

表 10-3　Paint 类常用方法

方法名称	功能描述
Paint()	创建一个 Paint 对象，并使用默认属性
Paint(int flags)	创建一个 Paint 对象，并使用指定属性
void setARGB(int a, int r, int g, int b)	设置颜色，各参数值均为 0~255 之间的整数，几个参数分别用于表示透明度、红色、绿色和蓝色的值

续表

方法名称	功能描述
native void setColor(int color)	设置颜色
native void setAlpha(int a)	设置透明度
native void setAntiAlias(boolean aa)	指定是否使用抗锯齿功能，如果使用会使绘图速度变慢
native void setDither(boolean dither)	指定是否使用图像抖动处理，如果使用会使图像颜色更加平滑、饱满、清晰
void setShadowLayer(float radius, float dx, float dy, int color)	设置阴影，参数 radius 为阴影的角度；dx 和 dy 为阴影在 x 轴和 y 轴上的距离；color 为阴影的颜色
void setTextAlign(Align align)	设置绘制文本时的文字对齐方式，参数值为 Align.CENTER、Align.LEFT 或 Align.RIGHT
native void setTextSize(float textSize)	设置绘制文本时的文字大小
native void setFakeBoldText(boolean fakeBoldText)	设置绘制文字时是否为粗体文字
Xfermode setXfermode(Xfermode xfermode)	设置图形重叠时的处理方式，如合并、取交集或并集，经常用来制作橡皮的擦除效果

表 10-3 介绍了 Paint 类的常用方法，通过前面的讲解可知，Paint 类代表画笔，在构建绘制图片时避免不了要使用画笔，因此掌握 Paint 类的常用方法及其使用是很有必要的。接下来通过一段示例代码定义一个画笔，并指定该画笔的颜色为红色，带一个灰色的阴影，具体代码如下所示：

```
Paint paint=new Paint();
paint.setColor(Color.RED);
paint.setShadowLayer(2,3,3,Color.GRAY);
```

4. Canvas 类

通常情况下，要在 Android 中绘图，需要创建一个继承自 View 的视图，并且在该类中重写其 onDraw(Canvas canvas)方法，然后在 Activity 中添加该视图。Canvas 类代表画布，通过该类提供的方法，可以绘制各种图形（如矩形、圆形、线条等），Canvas 提供的常用绘图方法如表 10-4 所示。

表 10-4　Canvas 常用方法

方法名称	功能描述
void drawRect(Rect r, Paint paint)	使用画笔画出指定矩形
void drawOval(RectF oval, Paint paint)	使用画笔画出指定椭圆
void drawCircle(float cx, float cy, float radius, Paint paint)	使用画笔在指定位置画出指定半径的圆
void drawLine(float startX, float startY, float stopX, float stopY, Paint paint)	使用画笔在指定位置画线
void drawRoundRect(RectF rect, float rx, float ry, Paint paint)	使用画笔绘制指定圆角矩形，其中 rx 表示 X 轴圆角半径，ry 表示 Y 轴圆角半径

表 10-4 介绍了 Canvas 类的几个常用方法。接下来通过一段示例代码来演示如何使用画布绘制图形，具体代码如下所示：

```java
public class MyPicture extends View {
    public MyPicture(Context context,AttributeSet attrs) {
        super(context,attrs);
    }
    @Override
    protected void onDraw(Canvas canvas) {
        super.onDraw(canvas);
        //创建画笔
        Paint paint=new Paint();
        paint.setColor(Color.RED);
        paint.setShadowLayer(2,3,3,Color.GRAY);
        //构建矩形对象并为其指定位置、宽高
        Rect r=new Rect(40,40,200,100);
        //调用 Canvas 中绘制矩形的方法
        canvas.drawRect(r, paint);
    }
}
```

上述示例代码自定义了一个控件，并在该控件上绘制了一个矩形。在布局文件将该控件的全路径名作为使用该控件的标签即可使用，其他使用方法与普通控件一样，具体代码如下所示：

```xml
<cn.itcast.girl.MyPicture
    android:id="@+id/myview"
    android:layout_width="wrap_content"
    android:layout_height="wrap_content">
</cn.itcast.girl.MyPicture>
```

10.1.2 为图片添加特效

在日常生活中，人们经常会使用美图秀秀等为图片添加特效。例如，对图片进行旋转、缩放、倾斜等。在 Android 中对图片添加特效需要使用 Matrix 类，下面将详细讲解如何使用 Matrix 类为图片添加特效。

Matrix 类提供了一系列的方法用于对图片进行操作，具体如表 10-5 所示。

表 10-5　Matrix 常用方法

方法名称	功能描述
public Matrix()	创建一个唯一的 Matrix 对象
public void setRotate(float degrees)	将 Matrix 对象围绕(0,0)旋转 degrees 度
public void setRotate(float degrees, float px, float py)	将 Matrix 对象围绕指定位置(px,py)旋转 degrees 度

续表

方法名称	功能描述
public void setScale(float sx, float sy)	对 Matrix 对象进行缩放，参数 sx 代表 X 轴上的缩放比例，sy 代表 Y 轴上的缩放比例
public void setScale(float sx, float sy, float px, float py)	让 Matrix 对象以(px,py)为轴心，在 X 轴上缩放 sx，在 Y 轴上缩放 sy
public void setSkew(float kx, float ky)	让 Matrix 对象倾斜，在 X 轴上倾斜 kx，在 Y 轴上倾斜 ky
public void setSkew(float kx, float ky, float px, float py)	让 Matrix 对象以(px,py)为轴心，在 X 轴上倾斜 kx，在 Y 轴上倾斜 ky
public void setTranslate(float dx, float dy)	平移 Matrix 对象，(dx,dy)为 Matrix 平移后的坐标

表 10-5 中所介绍的方法，就是 Matrix 类为图片添加特效的常用方法。为了让初学者更好地掌握这些方法的使用，接下来通过 Matrix 类的 setRotate()方法为图片添加旋转特效，示例代码如下：

```
ImageView mImageView=(ImageView) findViewById(R.id.imgv);
//从资源文件中解析一张bitmap
Bitmap bitmap=
BitmapFactory.decodeResource(getResources(),R.drawable.ic_launcher);
//创建一张与bitmap宽高、配置信息一样的图片
Bitmap alterbitmap=Bitmap.createBitmap(bitmap.getWidth()*2,
bitmap.getHeight()*2,bitmap.getConfig());
//创建一个canvas对象
Canvas canvas=new Canvas(alterbitmap);
//创建画笔对象
Paint paint = new Paint();
//为画笔设置颜色
paint.setColor(Color.BLACK);
//创建Matrix对象
Matrix matrix=new Matrix();
//设置Matrix旋转30°
matrix.setRotate(30);
//在alterBitmap上画图
canvas.drawBitmap(bitmap,matrix,paint);
//设置ImageView的背景
mImageView.setImageBitmap(alterbitmap);
```

上述代码中，首先通过 findViewById(R.id.imgv)获取到要处理的图片，然后创建 Bitmap 对象，用于获取图片信息，接着创建 Canvas 对象和 Paint 对象，最后创建 Matrix 对象，通过该对象设置图片进行旋转 30°。

其实，对图片添加特效的过程都是类似的，只不过调用的方法不同而已。例如，对图片进行缩放操作可以使用 matrix.setScale(2.0f, 0.5f)，对图片进行倾斜操作可以使用

matrix.setSkew(0.5f, 1.0f)，对图片进行平移操作可以使用 matrix.setTranslate(60,20)。

需要注意的是，从资源文件中解析生成 bitmap 后，不能再使用 Canvas canvas = new Canvas(alterbitmap);方式创建画布，因为从资源文件中解析生成的 bitmap 是不可变的，它的内容就是资源文件。因此，需要创建一张空白的图片 alterbitmap，并使用 alterbitmap 创建画布。

10.1.3 案例——刮刮卡

日常生活中，抽奖是被大多数人们喜欢的一项活动。抽奖的形式有很多种，例如彩票、刮刮卡等。在 Android 系统要实现刮刮卡的效果，需要用到 Bitmap、Matrix、Canvas 等类。接下来通过一个案例来演示刮刮卡的实现过程，具体如下：

1. 创建程序

创建一个名为"刮刮卡"的应用程序，将包名修改为 cn.itcast.guagua，设计用户交互界面，具体如图 10-1 所示。

图 10-1 "刮刮卡"界面

"刮刮卡"程序对应的布局文件 activity_main.xml 如下所示：

```xml
<RelativeLayout xmlns:android="http://schemas.android.com/apk/res/android"
    xmlns:tools="http://schemas.android.com/tools"
    android:layout_width="match_parent"
    android:layout_height="match_parent"
    tools:context=".MainActivity" >
    <TextView
        android:layout_width="wrap_content"
        android:layout_height="wrap_content"
        android:layout_centerHorizontal="true"
        android:layout_centerVertical="true"
        android:text="二等奖"
        android:textSize="20sp"
        android:textColor="@android:color/holo_purple"/>
    <ImageView
        android:id="@+id/imgv"
        android:layout_width="wrap_content"
        android:layout_height="wrap_content"
        android:layout_centerHorizontal="true"
        android:layout_centerVertical="true" />
</RelativeLayout>
```

上述代码在 RelativeLayout 布局中添加一个用于显示中奖信息的 TextView 以及一个用于遮挡中奖信息的 ImageView。

2. 编写与用户交互逻辑代码

在编写与用户交互的逻辑代码之前，首先需要将刮刮卡的遮挡图片导入工程的 drawable

文件夹中。然后在 MainActivity 中编写逻辑代码，具体代码如下所示：

```java
public class MainActivity extends Activity {
    private ImageView mImageView;
    private Bitmap alterbitmap;
    @Override
    protected void onCreate(Bundle savedInstanceState) {
        super.onCreate(savedInstanceState);
        setContentView(R.layout.activity_main);
        mImageView=(ImageView) findViewById(R.id.imgv);
        //从资源文件中解析一张bitmap
        Bitmap bitmap=
        BitmapFactory.decodeResource(getResources(), R.drawable.guagua);
            alterbitmap=Bitmap.createBitmap(bitmap.getWidth(),
                        bitmap.getHeight(),bitmap.getConfig());
        //创建一个canvas对象
        Canvas canvas=new Canvas(alterbitmap);
        //创建画笔对象
        Paint paint=new Paint();
        //为画笔设置颜色
        paint.setColor(Color.BLACK);
        paint.setAntiAlias(true);
        //创建Matrix对象
        Matrix matrix=new Matrix();
        //在alterBitmap上画图
        canvas.drawBitmap(bitmap,matrix,paint);
        //设置ImageView的背景
        mImageView.setImageBitmap(alterbitmap);
        //为ImageView设置触摸监听
        mImageView.setOnTouchListener(new OnTouchListener() {
          @Override
          public boolean onTouch(View v,MotionEvent event) {
            try {
                switch (event.getAction()) {
                case MotionEvent.ACTION_DOWN:
                    Toast.makeText(MainActivity.this,"手指触下",0).show();
                    break;
                case MotionEvent.ACTION_MOVE:
                    Toast.makeText(MainActivity.this,
                "手指移动("+event.getX()+","+event.getY()+")",0).show();
                    int x=(int) event.getX();
```

```
40                  int y=(int) event.getY();
41                  for(int i=-10;i<10;i++){
42                      for(int j=-10;j<10;j++){
43                          //将区域类的像素点设为透明像素
44                          if(Math.sqrt((i*i)+(j*j))<=10){
45                              alterbitmap.setPixel(x+i,
46                                      y+j,Color.TRANSPARENT);
47                          }
48                      }
49                  }
50                  mImageView.setImageBitmap(alterbitmap);
51                  break;
52              case MotionEvent.ACTION_UP:
53                  Toast.makeText(MainActivity.this,"手指松开",0).show();
54                  break;
55              }
56          } catch (Exception e) {
57              e.printStackTrace();
58          }
59          return true;              //消费掉该触摸事件
60      }
61  });
62 }
63}
```

上述代码用到了 ImageView 的触摸监听事件 OnTouchListener, 如果为 View 设置了触摸监听, 那么当手指触碰到该 View 时就会触发监听中的 onTouch()方法。开发者可以在该方法中处理不同的触摸事件 (例如, 手指按下、松开、移动等), 如果需要处理该事件, 则在 onTouch()方法中返回 true 表示该事件被销毁了, 否则返回 false 代表该事件没有被销毁。

3. 测试"刮刮卡"程序

运行"刮刮卡"程序, 并用手指刮开卡片, 效果如图 10-2 所示。从图中可以看出, 当手指触摸并在刮刮卡图片上移动时, 手指所到之处像素会变透明, 从而显示出 ImageView 下面的 TextView, 至此刮刮卡的功能也就完成了。

图 10-2 刮刮卡运行结果

10.2 动　　画

在 Android 开发中，避免不了需要用到动画，Android 中的动画通常可以分为逐帧动画和补间动画两种。接下来将针对这两种动画进行详细讲解。

10.2.1　补间动画（Tween Animation）

补间动画通过对 View 中的内容进行一系列的图形变换来实现动画效果，其中图形变化包括平移、缩放、旋转、改变透明度等。补间动画的效果可以通过 XML 文件来定义也可以通过编码方式来实现，通常情况下以 XML 形式定义的动画都会放置在程序的 res/anim（自定义的）文件夹下。

在 Android 中，提供了 4 种补间动画，分别是透明度渐变动画（AlphaAnimation）、旋转动画（RotateAnimation）、缩放动画（ScaleAnimation）、平移动画（TranslateAnimation）。下面分别针对这 4 种动画进行讲解。

1. 透明度渐变动画（AlphaAnimation）

透明度渐变动画是指通过改变 View 组件透明度来实现的渐变效果。它主要通过为动画指定开始时的透明度、结束时的透明度以及动画持续时间来创建动画。在 XML 文件中定义透明度渐变动画的基本语法格式如下：

```xml
<?xml version="1.0" encoding="utf-8"?>
<set xmlns:android="http://schemas.android.com/apk/res/android"
    android:interpolator="@android:anim/linear_interpolator">
    <alpha
        android:repeatMode="restart"
        android:repeatCount="infinite"
        android:duration="1000"
        android:fromAlpha="0.0"
        android:toAlpha="1.0"/>
</set>
```

上述代码定义了一个让 View 从完全透明到不透明、持续时间为 1 秒的动画。透明度渐变动画常用的属性如下所示：

- android:interpolator：用于控制动画的变化速度，一般值为 @android:anim/linear_interpolator（匀速改变）、@android:anim/accelerate_interpolator（开始慢，后来加速）等。

- android:repeatMode：用于设置动画重复的方式，可选值为 reverse（反向）、restart（重新开始）。

- android:repeatCount：用于设置动画重复次数，属性值可以为正整数，也可以为 infinite（无限循环）。

- android:duration：用于指定动画播放时长。

- android:fromAlpha：用于指定动画开始时的透明度，0.0 为完全透明，1.0 为不透明。

- android:toAlpha：用于指定动画结束时透明度，0.0 为完全透明，1.0 为不透明。

2. **旋转动画**（RotateAnimation）

旋转动画就是通过为动画指定开始时的旋转角度、结束时的旋转角度以及动画播放时长来创建动画的。在 XML 文件中定义旋转动画的基本语法格式如下：

```xml
<?xml version="1.0" encoding="utf-8"?>
<set xmlns:android="http://schemas.android.com/apk/res/android"
    android:interpolator="@android:anim/accelerate_interpolator">
    <rotate
        android:fromDegrees="0"
        android:toDegrees="180"
        android:pivotX="50%"
        android:pivotY="50%"
        android:repeatMode="reverse"
        android:repeatCount="infinite"
        android:duration="2000"/>
</set>
```

上述代码定义了一个让 View 从 0° 旋转到 180° 持续时间为 2 秒的旋转动画。旋转动画常用的属性如下所示：

- android:fromDegrees：指定动画开始时的角度。
- android:toDegrees：指定动画结束时的角度。
- android:pivotX：指定轴心的 X 坐标。
- android:pivotY：指定轴心的 Y 坐标。

3. **缩放动画**（ScaleAnimation）

缩放动画就是通过为动画指定开始时的缩放系数、结束时的缩放系数以及动画持续时长来创建动画的。在 XML 文件中定义缩放动画的基本语法格式如下：

```xml
<?xml version="1.0" encoding="utf-8"?>
<set xmlns:android="http://schemas.android.com/apk/res/android"
    android:interpolator="@android:anim/accelerate_interpolator">
    <scale
        android:repeatMode="restart"
        android:repeatCount="infinite"
        android:duration="3000"
        android:fromXScale="1.0"
        android:fromYScale="1.0"
        android:toXScale="2.0"
        android:toYScale="0.5"
        android:pivotX="50%"
        android:pivotY="50%"/>
</set>
```

上述代码定义了一个让 View 在 X 轴上放大两倍，Y 轴上缩小 1/2 的缩放动画。缩放动画的常用属性如下所示：

- android:fromXScale：指定动画开始时 X 轴上的缩放系数，值为 1.0 表示不变化。
- android:fromYScale：指定动画开始时 Y 轴上的缩放系数，值为 1.0 表示不变化。
- android:toXScale：指定动画结束时 X 轴上的缩放系数，值为 1.0 表示不变化。
- android:toYScale：指定动画结束时 Y 轴上的缩放系数，值为 1.0 表示不变化。

4. 平移动画（TranslateAnimation）

平移动画就是通过为动画指定开始位置、结束位置以及动画持续时长来创建动画的。在 XML 文件中定义平移动画的基本语法格式如下所示：

```xml
<?xml version="1.0" encoding="utf-8"?>
<set xmlns:android="http://schemas.android.com/apk/res/android"
    android:interpolator="@android:anim/accelerate_interpolator">
  <translate
      android:fromXDelta="50"
      android:fromYDelta="50"
      android:toXDelta="200"
      android:toYDelta="200"
      android:repeatCount="infinite"
      android:repeatMode="reverse"
      android:duration="5000"/>
</set>
```

上述代码定义了一个让 View 从（50,50）平移到（200,200）持续时间为 5 秒的动画。需要注意的是，这里的坐标并不是屏幕像素的坐标，而是相对于 View 的所在位置的坐标。如果开始位置为（0,0）即表示在 View 最开始的地方平移（即布局文件定义 View 所在的位置）。

上述代码用到了平移动画的一些常用属性，其常用属性说明如下所示：

- android:fromXDelta：指定动画开始时 View 的 X 轴坐标。
- android:fromYDelta：指定动画开始时 View 的 Y 轴坐标。
- android:toXDelta：指定动画结束时 View 的 X 轴坐标。
- android:toYDelta：指定动画结束时 View 的 Y 轴坐标。

至此补间动画就介绍完了，为了让初学者看到直观效果，接下来通过一个案例来演示 4 种补间动画的效果，具体步骤如下所示：

1. 创建工程

创建一个名为"补间动画"的工程，设计用户交互界面（activity_main.xml），由于 activity_main.xml 文件只有 4 个 ImageView 并为其指定了图片，布局文件代码比较简单，这里就不做代码展示了。

2. 创建相应补间动画

在 res 目录下创建一个 anim 文件夹，并新建 4 个 XML 文件，分别命名为 alpha_animation.xml、rotate_animation.xml、scale_animation.xml、translate_animation.xml。由于前面在讲解 4 种补间动画

时展示过代码了，这里就不做代码展示了。需要注意的是，anim 文件下存放的是该案例的补间动画资源。

3. 编写界面交互代码

在 XML 文件中定义好补间动画资源后，需要实现将动画资源设置到控件上。要实现该功能，需要在 MainActivity 中调用 AnimationUtils 类的 loadAnimation()方法加载动画资源，并为 4 张图片设置指定的动画。具体代码如下所示：

```
1  public class MainActivity extends Activity implements OnClickListener {
2      private ImageView img01;
3      private ImageView img02;
4      private ImageView img03;
5      private ImageView img04;
6      public void onCreate(Bundle savedInstanceState) {
7          super.onCreate(savedInstanceState);
8          setContentView(R.layout.activity_main);
9          img01=(ImageView) findViewById(R.id.img01);
10         img02=(ImageView) findViewById(R.id.img02);
11         img03=(ImageView) findViewById(R.id.img03);
12         img04=(ImageView) findViewById(R.id.img04);
13         img01.setOnClickListener(this);
14         img02.setOnClickListener(this);
15         img03.setOnClickListener(this);
16         img04.setOnClickListener(this);
17     }
18     public void onClick(View v) {
19         switch(v.getId()) {
20         case R.id.img01:
21             //调用 AnimationUtils 的 loadAnimation()方法加载动画
22             Animation ani1=AnimationUtils.loadAnimation(this,
23                                     R.anim.alpha_animation);
24             img01.startAnimation(ani1);
25             break;
26         case R.id.img02:
27             Animation ani2=AnimationUtils.loadAnimation(this,
28                                     R.anim.scale_animation);
29             img02.startAnimation(ani2);
30             break;
31         case R.id.img03:
32             Animation ani3=AnimationUtils.loadAnimation(this,
33                                     R.anim.translate_animation);
```

```
34            img03.startAnimation(ani3);
35            break;
36        case R.id.img04:
37            Animation ani4=AnimationUtils.loadAnimation(this,
38                                    R.anim.rotate_animation);
39            img04.startAnimation(ani4);
40            break;
41        }
42    }
43 }
```

从上述代码可以看出，XML 中定义的动画是通过 AnimationUtils.loadAnimation(this, R.anim.alpha); 加载的，最后通过 img01.startAnimation(loadAnimation); 将该动画设置到 ImageView 中。

4. 测试程序

运行程序并单击界面上的图片，图片就会根据动画资源文件里的设置，进行相应的变化，如图 10-3 所示。

至此，补间动画就讲解完了，从案例中的代码可以看出补间动画使用起来非常方便，只需要指定动画开始时以及动画结束时的效果即可。

图 10-3 补间动画

多学一招：通过代码创建补间动画

Tween 动画也可以在代码中定义，在代码中定义 4 种 Tween 动画时需要用到 AlphaAnimation、ScaleAnimation、TranslateAnimation、RotateAnimation 类。为了让初学者更好地掌握 Tween 动画的用法，接下来通过一段示例代码演示如何在代码中定义 Tween 动画。具体代码如下所示：

```
1  public class MainActivity extends Activity {
2      private ImageView imageView;
3      @Override
4      protected void onCreate(Bundle savedInstanceState) {
5          super.onCreate(savedInstanceState);
6          setContentView(R.layout.activity_main);
7          imageView=(ImageView) findViewById(R.id.img01);
8          //创建一个渐变透明度的动画,透明度为 0.0f~1.0f (完全不透明)
9          AlphaAnimation alphaAnimation=new AlphaAnimation(0.0f,1.0f);
10         //设置动画播放时长
```

```
11      alphaAnimation.setDuration(5000);
12      //动画重复方式
13      alphaAnimation.setRepeatMode(AlphaAnimation.REVERSE);
14      //动画重复次数
15      alphaAnimation.setRepeatCount(AlphaAnimation.INFINITE);
16      imageView.startAnimation(alphaAnimation);
17    }
18 }
```

上述代码定义了一个透明度渐变动画，并让 View 播放了该动画，其他三种 Tween 动画也可以用这种方式定义。

10.2.2 逐帧动画（Frame Animation）

逐帧动画就是按顺序播放事先准备好的静态图像，利用人眼的"视觉暂留"原理，给用户造成动画的错觉。放胶片看电影的原理与逐帧动画的原理是一样的，它们都是一张一张地播放事先准备好的静态图像。

在 Android 中定义逐帧动画的步骤如下所示：

（1）将准备好的图片放入程序的 res/ drawable 目录下。

（2）在 res/drawable 目录下定义动画文件，文件名称可以自定义，例如 frame.xml。

（3）为指定控件绑定动画效果，并调用 AnimationDrawable 类的 start()方法开启动画。

为了让初学者更好地学习 Frame 动画的用法，接下来通过一个案例讲解如何在 XML 文件中定义 Frame 动画以及如何在代码中加载 Frame 动画资源。案例实现步骤如下所示：

1. 创建工程

创建一个名为"帧动画"的工程，将包名修改为 cn.itcast.frameanimation。设计用户交互界面如图 10-4 所示。

图 10-4 "帧动画"界面

"帧动画"程序对应的布局文件 activity_main.xml 如下所示：

```
<RelativeLayout xmlns:android="http://schemas.android.com/apk/res/android"
    xmlns:tools="http://schemas.android.com/tools"
    android:layout_width="match_parent"
    android:layout_height="match_parent"
    android:background="@android:color/white"
    tools:context=".MainActivity">
    <ImageView
        android:id="@+id/iv_flower"
        android:layout_width="150dp"
        android:layout_height="267dp"
```

```
            android:layout_centerHorizontal="true"
            android:layout_centerVertical="true"
            android:background="@drawable/frame"
            android:layout_marginBottom="20dp" />
    <Button
            android:id="@+id/btn_play"
            android:layout_width="70dp"
            android:layout_height="70dp"
            android:layout_centerInParent="true"
            android:background="@android:drawable/ic_media_play"/>
</RelativeLayout>
```

上述代码需要注意的是，ImageView 的背景是 Frame 动画资源。

2. 创建 Frame 动画资源

接下来创建 Frame 动画资源文件 frame.xml，在创建动画资源文件之前，首先要将事先准备的图片放置在 drawable 目录下。frame.xml 文件中的代码如下所示：

```xml
<?xml version="1.0" encoding="utf-8"?>
<animation-list xmlns:android="http://schemas.android.com/apk/res/android" >
    <item android:drawable="@drawable/img01" android:duration="200"></item>
    <item android:drawable="@drawable/img02" android:duration="200"></item>
    <item android:drawable="@drawable/img03" android:duration="200"></item>
    <item android:drawable="@drawable/img04" android:duration="200"></item>
    <item android:drawable="@drawable/img05" android:duration="200"></item>
    <item android:drawable="@drawable/img06" android:duration="200"></item>
</animation-list>
```

上述代码是定义 Frame 动画的基本语法格式。其中，属性 android:drawable 表示当前帧要播放的图片，android:duration 表示当前帧播放时长。需要注意的是，Frame 动画的根节点是 <animation-list>。

3. 编写逻辑代码

定义好 Frame 动画资源文件后，需要在 MainActivity 中编写逻辑代码播放 Frame 动画。MainActivity 中的代码如下所示：

```
1 public class MainActivity extends Activity implements OnClickListener{
2     private ImageView iv_flower;
3     private Button btn_start;
4     private AnimationDrawable animation;
5     @Override
6     protected void onCreate(Bundle savedInstanceState) {
7         super.onCreate(savedInstanceState);
8         setContentView(R.layout.activity_main);
```

```
9       iv_flower=(ImageView) findViewById(R.id.iv_flower);
10      btn_start=(Button) findViewById(R.id.btn_play);
11      btn_start.setOnClickListener(this);
12      //拿到AnimationDrawable对象
13       animation=(AnimationDrawable)iv_flower.getBackground();
14   }
15   public void onClick(View v) {
16      //判断动画是否在播放
17      if(!animation.isRunning()){
18          //动画没有在播放状态,则播放
19          animation.start();
20          btn_start.setBackgroundResource(android.R.drawable.
21   ic_media_pause);
22      }else{
23          //动画在播放状态,则停止
24          animation.stop();
25          btn_start.setBackgroundResource(android.R.drawable.ic_media_play);
26      }
27   }
28 }
```

上述代码首先获取 ImageView 的背景图片,并将该背景图片强转为 AnimationDrawable 类型,最后使用 AnimationDrawable 类的 start() 方法播放动画。

4. 测试程序

运行程序并单击"开始"按钮,能看到一系列的图片在不停地切换,其中以两个效果图为例,如图 10-5 所示。

从图 10-5 中可以看出,单击"播放"按钮后,图片中的向日葵会渐渐长大。至此,案例功能就完成了,从案例中代码可以看出,帧动画其实就是依次播放几张图片。

图 10-5　帧动画运行效果

> **多学一招:通过代码创建帧动画**
>
> Frame 动画也可以在代码定义,在代码中定义 Frame 动画需要用到 AnimationDrawable 中的 addFrame() 方法来添加图片。具体代码如下所示:
>
> ```
> 1 public class MainActivity extends Activity {
> 2     private ImageView imageView;
> ```

```
3    @SuppressLint("NewApi")
4    @Override
5    protected void onCreate(Bundle savedInstanceState) {
6        super.onCreate(savedInstanceState);
7        setContentView(R.layout.activity_main);
8        imageView = (ImageView) findViewById(R.id.iv);
9        //拿到AnimationDrawable对象
10       AnimationDrawable a = new AnimationDrawable();
11       imageView.setBackground(a);
12       //在AnimationDrawable中添加一帧,并为其指定图片和播放时长
13       a.addFrame(getResources().getDrawable(R.drawable.girl_1), 200);
14       a.addFrame(getResources().getDrawable(R.drawable.girl_2), 200);
15       a.addFrame(getResources().getDrawable(R.drawable.girl_3), 200);
16       //循环播放
17       a.setOneShot(false);
18       //播放Frame动画
19       a.start();
20    }
21 }
```

从上述代码中可以看出,当使用 addFrame()方法来添加图片时,需要将图片资源转换成 Drawable 对象。

10.3 多 媒 体

随着手机的更新换代,手机的功能也越来越强大,各种娱乐项目(如看电影、听歌)都可以在手机上进行。Android 系统在这方面也做得非常出色,它提供了一系列的 API,开发者可以利用这些 API 调用手机的多媒体资源,从而开发出丰富多彩的应用程序。

10.3.1 MediaPlayer 播放音频

在 Android 中,MediaPlayer 是用于播放音频和视频的。MediaPlayer 支持多种格式的音频文件并提供了非常全面的控制方法,从而使得播放音乐的工作变得十分简单。接下来通过表 10-6 列举 MediaPlayer 类控制音频的常用方法。

表 10-6 MediaPlayer 常用方法

方 法 声 明	功 能 描 述
setDataSource()	设置要播放的音频文件的位置
prepare()	在开始播放之前调用这个方法完成准备工作
start()	开始或继续播放音频

续表

方法声明	功能描述
pause()	暂停播放音频
reset()	将 MediaPlayer 对象重置到刚刚创建的状态
seekTo()	从指定位置开始播放音频
stop()	停止播放音频,调用该方法后 MediaPlayer 对象无法在播放音频
release()	释放掉与 MediaPlayer 对象相关的资源
isPlaying()	判断当前 MediaPlayer 是否正在播放音频
getDuration	获取载入的音频文件的时长

为了让初学者更好地掌握 MediaPlayer 的使用,接下来通过示例代码来演示 MediaPlayer 播放音频的完整过程。具体步骤如下:

1. 创建 MediaPlayer

```
MediaPlayer mediaPlayer=new MediaPlayer();                    //创建 MediaPlayer
mediaPlayer.setAudioStreamType(AudioManager.STREAM_MUSIC);//设置声音流的类型
```

MediaPlayer 接收的声音类型有如下几种:

- AudioManager.STREAM_MUSIC:音乐。
- AudioManager.STREAM_RING:响铃。
- AudioManager.STREAM_ALARM:闹钟。
- AudioManager.STREAM_NOTIFICTION:提示音。

需要注意的是,不同流的类型底层申请的内存空间是不一样的,例如当短信到来时发出的较短提示音占用的内存最少,播放音乐占用的内存最大。合理分配内存可以更好的优化项目。

2. 设置数据源

设置数据源有三种方式,分别是设置播放应用自带的音频文件、设置播放 SD 卡中的音频文件、设置播放网络音频文件。具体代码如下:

```
//播放应用 res/raw 目录下自带的音频文件:
mediaPlayer.create(this,R.raw.xxx);
//播放 SD 卡中的音频文件
mediaPlayer.setDataSource("mnt/sdcard/xxx.mp3");
//播放网络音频文件:
mediaPlayer.setDataSource("http://www.xxx.mp3");
```

3. 播放音乐

播放本地音乐文件与播放网络文件有所不同,当准备播放本地文件时使用的是 prepare(); 方法通知底层框架准备播放音乐,而准备播放网络音频文件使用 prepareAsync()方法。具体代码如下:

```
mediaPlayer.prepare();          //播放本地音乐文件
mediaPlayer.start();            //执行 start()开始播放音乐
```

播放网络文件:

```
mediaPlayer.prepareAsync();//播放网络音乐文件
```

```
mediaPlayer.setOnPreparedListener(new OnPreparedListener){
    public void onPrepared(MediaPlayer player){
        mediaPlayer.start();
    }
}
```

上述代码中用到了 prepare()方法和 prepareAsync()方法，这两个方法有一些区别，具体如下：
- prepare()是同步操作，在主线程中执行，它会对音频文件进行解码，当 prepare()执行完成之后才会向下执行。
- prepareAsync()是子线程中执行的异步操作，不管它有没有执行完成都不影响主线程操作。但是，如果音频文件没有解码完毕就执行 start()方法会播放失败。因此，这里要监听音频准备好的监听器 OnPreparedListener。当音频解码完成可以播放时会执行 onPreparedListener()中的 onPrepared()方法，在该方法中执行播放音乐的操作即可。

需要注意的是，当播放网络中的音频文件时，需要添加访问网络的权限，具体如下：

```
<uses-permission android:name="android.permission.INTERNET"/>
```

4. 暂停播放

暂停播放使用的是 pause()方法，但是在暂停播放之前先要判断 MediaPlayer 对象是否存在，以及是否正在播放音乐。具体代码如下：

```
if(mediaPlayer!=null && mediaPlayer.isPlaying()){
    mediaPlayer.pause();
}
```

5. 重新播放

重新播放使用的是 seekTo()方法，该方法是 MediaPlayer 中快退快进的方法，它接收时间的参数表示毫秒值，代表要把播放时间定位到哪一毫秒，这里定位到 0 毫秒就是从头开始播放。具体代码如下：

```
//播放状态下进行重播
if(mediaPlayer!=null&&mediaPlayer.isPlaying()){
    mediaPlayer.seekTo(0);
    return;
}
//暂停状态下进行重播，要手动调用 start();
if(mediaPlayer!=null){
    mediaPlayer.seekTo(0);
    mediaPlayer.start();
}
```

6. 停止播放

停止播放音频使用的是 stop()方法，停止播放之后还要调用 MediaPlayer 的 release()方法将占用的资源释放并将 MediaPlayer 置为空，具体代码如下：

```
if(mediaPlayer!=null&&mediaPlayer.isPlaying()){
```

```
    mediaPlayer.stop();
    mediaPlayer.release();
    mediaPlayer=null;
}
```

10.3.2 SoundPool 播放音频

在 Android 开发中经常使用 MediaPlayer 来播放音频文件，但是 MediaPlayer 存在一些不足，例如，资源占用量较高、延迟时间较长、不支持多个音频同时播放等。这些缺点决定了 MediaPlayer 在某些场合的使用情况不会很理想，例如在对时间精准度要求相对较高的游戏开发中。

在游戏开发中经常需要播放一些游戏音效（比如炸弹爆炸、物体撞击等），这些音效的共同特点是短促、密集、延迟程度小。在这样的场景下，可以使用 SoundPool 代替 MediaPlayer 来播放这些音效。下面分步骤讲解如何使用 SoundPool 播放音频。

1. 创建 SoundPool 对象

在创建 SoundPool 对象时，可以使用它的构造方法，该方法接收三个参数，分别为 maxStreams、streamType、srcQuality。具体代码如下：

```
SoundPool soundPool=new SoundPool(int maxStreams,int streamType,int srcQuality);
```

在使用 SoundPool 构造方法创建对象时需要传三个参数，它们代表的含义如下：

- maxStreams：同时播放的流的最大数量。
- streamType：流的类型，一般为 AudioManager.STREAM_MUSIC。
- srcQuality：采样率转化质量，当前无效果可以使用 0 作为默认值。

2. 将多个声音添加到 Map 中

创建好 SoundPool 对象之后需要添加音乐文件，音乐素材放在 res/raw 目录下或者 assets 目录下。一般多个声音添加到一个 Map 中，具体代码如下：

```
Map<Integer,Integer> soundPoolMap=new HashMap<Integer,Integer>();
soundPoolMap.put(0,soundPool.load(this,R.raw.dingdong,1));
soundPoolMap.put(1,soundPool.load(this,R.raw.didi,1));
```

上述代码中使用到了 soundPool.load()方法，该方法是为 soundPool 对象添加音乐文件，其中第一个参数表示上下文，第二个参数表示加载指定的音频文件资源，第三个参数表示文件加载的优先级。

3. 完整代码展示

使用 SoundPool 播放音频时，必须要等到音频文件加载完成后才能播放，否则在播放时可能会产生一些问题。为了防止这种情况出现，Android 中提供了一个 SoundPool.OnLoadCompleteListener 接口，该接口中有一个 onLoadComplete(SoundPool soundPool, int sampleId, int status)方法，当音频文件载入完成后会执行该方法，因此可以将播放音频的操作放入该方法中执行。

下面展示 SoundPool 播放音频的完整代码，具体如下：

```
SoundPool soundPool=new SoundPool(2,AudioManager.STREAM_MUSIC,5);
Map<Integer,Integer> soundPoolMap=new HashMap<Integer,Integer>();
soundPoolMap.put(0,soundPool.load(this,R.raw.dingdong,1));
soundPoolMap.put(1,soundPool.load(this,R.raw.dingdang,1));
sndPool.setOnLoadCompleteListener(new OnLoadCompleteListener() {
    public void onLoadComplete(SoundPool soundPool,int sampleId, int
    status) {
        play(soundPoolMap.get(0),(float) 1,(float) 1,0,0,(float) 1.2)
        play(soundPoolMap.get(1),(float) 1,(float) 1,0,0,(float) 1.2)
    }
});
```

在上述代码中，play()方法接收了6个参数，这6个参数都很重要，其中第1个参数表示获取当前播放的 id，该 id 从 0 开始，第 2 个参数表示左音量 eftVolume，第 3 个参数表示右音量 rightVolume，第 4 个参数表示优先级 priority，第 5 个参数表示循环次数 loop，第 6 个参数表示速率 rate，速率最低为 0.5，最高为 2，1 代表正常速度。

SoundPool 与 MediaPlayer 相比来说，使用 SoundPool 载入音乐文件时使用的是独立线程，不会阻塞 UI 线程，而且 SoundPool 还可以同时播放多个音频文件。由于 SoundPool 最大只能申请 1 MB 的内存空间，因此只能通过使用 SoundPool 播放一些提示音或者很短的声音片段。

注意：由于 SoundPool 只能播放时间较短的音频，如果音频文件较大则会造成 Heap size overflow 内存溢出异常。SoundPool 暂停音频的播放除了 pause()方法外还有一个 stop()方法，但这些方法建议不要轻易使用，因为有些时候会使程序莫名其妙地终止，并且有时会有延迟，按下暂停或者停止后会多播放一秒，这些不可控因素会影响用户体验效果。

10.3.3 VideoView 播放视频

播放视频文件与播放音频文件类似，与音频播放相比，视频的播放需要使用视觉组件将影像展示出来。在 Android 中，播放视频主要使用 VideoView 或者 SurfaceView，其中 VideoView 组件播放视频最简单，它将视频的显示和控制集于一身，因此，借助它就可以完成一个简易的视频播放器。VideoView 的用法和 MediaPlayer 比较类似，也提供了一些控制视频播放的方法，如表 10-7 所示。

表 10-7 VideoView 的常用方法

方法声明	功能描述
setVideoPath()	设置要播放的视频文件的位置
start()	开始或继续播放视频
pause()	暂停播放视频
resume()	将视频重头开始播放
seekTo()	从指定位置开始播放视频
isPlaying()	判断当前是否正在播放视频
getDuration()	获取载入的视频文件的时长

表 10-7 中的这些方法就是用于设置要播放的视频以及开始、停止、重播视频等操作。接下来就通过具体的步骤来演示如何使用 VideoView 播放视频，具体步骤如下：

1. 创建 VideoView

不同于音乐播放器，视频需要在界面中显示，因此首先要在布局文件中创建 VideoView 控件，具体代码如下：

```xml
<VideoView
    android:id="@+id/videoview"
    android:layout_width="fill_parent"
    android:layout_height="fill_parent" />
```

2. 视频的播放

使用 VideoView 播放视频和音频一样，既可以播放本地视频，也可以播放网络中的视频，具体代码如下：

```java
VideoView videoView=(VideoView) findViewById(R.id.videoview);
//播放本地视频
videoView.setVideoPath("mnt/sdcard/apple.avi");//加载视频地址
//加载网络视频
videoView.setVideoURI("http://www.xxx.avi");
videoView.start();
```

从代码可以看出，加载网络地址非常简单，不需要做额外处理，使用 setVideoURI() 方法传入网络视频地址就可以。

需要注意的是，播放网络视频时需要添加访问网络权限，具体代码如下：

```xml
<uses-permission android:name="android.permission.INTERNET"/>
```

3. 为 VideoView 添加控制器

使用 VideoView 播放视频时可以为它添加一个控制器 MediaController，它是一个包含媒体播放器（MediaPlayer）控件的视图。包含了一些典型的按钮，如播放/暂停（Play/ Pause）、倒带（Rewind）、快进（Fast Forward）与进度滑动器（progress slider）。它管理媒体播放器（MediaController）的状态以保持控件的同步。具体代码如下：

```java
MediaController controller=new MediaController(context);
videoView.setMediaController(controller);//为 VideoView 绑定控制器
```

学习了 VideoView 是如何创建以及它的主要方法之后，为了让初学者更好地掌握 VideoView 的使用，接下来编写一个案例来演示 VideoView 播放视频的具体步骤。

4. 创建项目

创建一个名为"VideoView 视频播放器"的 Android 工程，将包名修改为 cn.itcast.videoview。设计用户交互界面，具体如图 10-6 所示。

"VideoView 视频播放器"程序对应的布局文件（videoview.xml）如下所示：

图 10-6 "VideoView 视频播放器"界面

```xml
<LinearLayout xmlns:android="http://schemas.android.com/apk/res/android"
    xmlns:tools="http://schemas.android.com/tools"
    android:layout_width="match_parent"
    android:layout_height="match_parent"
    android:orientation="vertical"
    tools:context=".MainActivity" >
    <RelativeLayout
        android:layout_width="fill_parent"
        android:layout_height="wrap_content" >
        <EditText
            android:id="@+id/et_path"
            android:layout_width="fill_parent"
            android:layout_height="wrap_content"
            android:hint="请输入视频文件的路径"
            android:text="/sdcard/oppo.mp4"
            android:layout_toLeftOf="@+id/bt_play"/>
        <ImageView
            android:id="@+id/bt_play"
            android:layout_width="wrap_content"
            android:layout_height="wrap_content"
            android:layout_alignParentRight="true"
            android:layout_centerVertical="true"
            android:src="@android:drawable/ic_media_play" />
    </RelativeLayout>
    <LinearLayout
        android:layout_width="wrap_content"
        android:layout_height="match_parent"
        android:layout_below="@+id/play"
        android:background="#000000" >
        <VideoView
            android:id="@+id/sv"
            android:layout_width="fill_parent"
            android:layout_height="fill_parent" />
    </LinearLayout>
</LinearLayout>
```

上述代码中，最上方有一个 EditText 用于输入视频地址，在 EditText 的右边放置一个 ImageView 用于点击播放视频和停止视频。由于 VideoView 自带有暂停播放、快进快退按键，因此这里直接使用即可。

5. 创建与界面交互代码

创建完布局之后接下来创建视频播放的主逻辑代码，具体如下所示：

```
1 public class VideoViewActivity extends Activity implements OnClickListener {
```

```java
2    private EditText et_path;
3    private ImageView bt_play;
4    private VideoView videoView;
5    private MediaController controller;
6    @Override
7    protected void onCreate(Bundle savedInstanceState) {
8        super.onCreate(savedInstanceState);
9        setContentView(R.layout.videoview);
10       et_path=(EditText) findViewById(R.id.et_path);
11       bt_play=(ImageView) findViewById(R.id.bt_play);
12       videoView=(VideoView) findViewById(R.id.sv);
13       controller=new MediaController(this);
14       videoView.setMediaController(controller);
15       bt_play.setOnClickListener(this);
16   }
17   @Override
18   public void onClick(View v) {
19       switch (v.getId()) {
20       case R.id.bt_play:
21           play();
22           break;
23       }
24   }
25   //播放视频
26   private void play() {
27       if(videoView!=null&&videoView.isPlaying()) {
28           bt_play.setImageResource(android.R.drawable.ic_media_play);
29           videoView.stopPlayback();
30           return;
31       }
32       videoView.setVideoPath(et_path.getText().toString());
33       videoView.start();
34       bt_play.setImageResource(android.R.drawable.ic_media_pause);
35       videoView.setOnCompletionListener(new OnCompletionListener() {
36           @Override
37           public void onCompletion(MediaPlayer mp) {
38               bt_play.setImageResource(android.R.drawable.ic_media_play);
39           }
40       });
41   }
42 }
```

上述代码中，13~14 行是为 VideoView 添加控制器，该控制器可以显示视频的播放、暂停、快进快退和进度条功能。

6. 运行项目

项目编写完成后，需要在 SD 中导入一段 .mp4 或者 .avi 的视频，然后部署在真机上运行，点击右侧播放按钮，效果如图 10-7 所示。

点击图 10-7 中的屏幕位置，此时在屏幕底部会出现进度条以及前进后退的条目，这个条目就是 MedioController 控制器，不需要开发者手动创建，效果如图 10-8 所示。

图 10-7　播放视频　　　　　　　　　　图 10-8　点击屏幕

至此，VideoView 的视频播放器的案例已经完成。从该案例可以看出，VideoView 播放视频非常简单，很容易就可以学会。对这部分知识感兴趣的同学可以开发一下其他功能。

10.3.4　MediaPlayer 和 SurfaceView 播放视频

使用 VideoView 播放视频虽然很方便，但不易于扩展，当开发者需要根据需求自定义视频播放器时，使用 VideoView 就会很麻烦。为此，Android 系统中还提供另一种播放视频的方式，就是 MediaPlayer 和 SurfaceView 一起结合使用。MediaPlayer 可以播放视频，只不过它在播放视频时没有图像输出，因此需要使用 SurfaceView 组件。

SurfaceView 是继承自 View 用于显示图像的组件的。SurfaceView 最大的特点就是它的双缓冲技术，所谓的双缓冲技术是在它内部有两个线程，例如线程 A 和线程 B。当线程 A 更新界面时，线程 B 进行后台计算操作，当两个线程都完成各自的任务时，它们会互相交换。线程 A 进行后台计算，线程 B 进行更新界面，两个线程就这样无限循环交替更新和计算。由于 SurfaceView 的这种特性可以避免画图任务繁重而造成主线程阻塞，从而提高了程序的反应速度，因此在游戏开发中多用到 SurfaceView，例如游戏中的背景、人物、动画等。

为了让初学者更好地掌握 MediaPlayer 和 SurfaceView 播放视频功能，接下来分步骤进行演示，具体如下：

1. 创建 SurfaceView 控件

SurfaceView 是一个控件，使用时首先需要在布局文件中定义，具体代码如下：

```
<SurfaceView
    android:id="@+id/sv"
    android:layout_width="fill_parent"
    android:layout_height="fill_parent" />
```

2. 获取界面显示容器并设置类型

布局创建好之后，在代码中通过 id 找到该控件并得到 SurfaceView 的容器 SurfaceHolder，具体代码如下：

```
SurfaceView view=(SurfaceView)findViewById(R.id.sv);
SurfaceHolder holder=view.getHolder();
holder.setType(SurfaceHolder.SURFACE_TYPE_PUSH_BUFFERS);
```

SurfaceHolder 是一个接口类型，它用于维护和管理显示的内容，也就相当于 SurfaceView 的管理器。通过 SurfaceHolder 对象控制 SurfaceView 的大小和像素格式，监视控件中的内容变化。

需要注意的是，在进行游戏开发使用 SurfaceView 需要开发者自己手动创建维护两个线程进行双缓冲区的管理，而播放视频时是使用 MediaPlayer 框架，它是通过底层代码去管理和维护音视频文件。因此，需要添加 SurfaceHolder.SURFACE_TYPE_PUSH_BUFFERS 参数不让 SurfaceView 自己维护双缓冲区，而是交给 MediaPlayer 底层去管理。虽然该 API 已经过时，但是在 Android 4.0 版本以下的系统中必须添加该参数。

3. 为 SurfaceHolder 添加回调

如果在 onCreate()方法执行时，SurfaceHolder 还没有完全创建好。这时候播放视频会出现异常，因此，需要添加 SurfaceHolder 的回调函数 Callback，在 surfaceCreated()方法中执行视频的播放。具体代码如下：

```
holder.addCallback(new Callback() {
    @Override
    public void surfaceDestroyed(SurfaceHolder holder) {
        Log.i("surfaceview 的 holder 被销毁了");
    }
    @Override
    public void surfaceCreated(SurfaceHolder holder) {
        Log.i("surfaceview 的 holder 被创建好了");
    }
    @Override
    public void surfaceChanged(SurfaceHolder holder,int format,
        int width, int height) {
        Log.i("surface view 的大小发生变化");
    }
});
```

Callback 接口一共有三个回调方法，这三个方法的说明如下：

- surfaceDestroyed()：surfaceView 的 holder 被销毁。
- surfaceCreated()：surfaceView 的 holder 被创建。
- surfaceChanged：surfaceView 的大小发生变化。

4. 创建 MediaPlayer

使用 MediaPlayer 播放音频与播放视频的步骤类似,唯一不同的是,播放视频需要把视频显示在 SurfaceView 界面上,因此就需要将 SurfaceView 与 MediaPlayer 进行关联,具体代码如下:

```
MediaPlayer mediaplayer=new MediaPlayer();
mediaplayer.setAudioStreamType(AudioManager.STREAM_MUSIC);
mediaplayer.setDataSource("SD卡路径");
mediaplayer.setDisplay(holder);
mediaplayer.prepareAsync();
mediaplayer.start();
```

上述代码中 mediaPlayer.Display(holder)表示将播放的视频显示在 SurfaceView 的容器 holder 中。并且视频资源一般都很大,因此都需要使用 prepareAsync()异步准备。

10.3.5 案例——视频播放器

在了解了 SurfaceView 控件的使用之后,接下来使用 MediaPlayer 和 SurfaceView 开发一个案例"视频播放器"来更详细地说明 SurfaceView 在项目中的应用。视频播放器一般都是横屏显示,所以该项目演示时设置为横屏并全屏显示,在界面中底层放置 SurfaceView 控件,在 SurfaceView 上方自定义一个 SeekBar 和一个 Button 控制视频的播放、暂停和进度条显示,并设置视频时间随进度条拖动而改变。具体步骤如下:

1. 创建项目

创建一个名为"视频播放器"的应用程序,将包名修改为 cn.itcast.surfaceview。设计用户交互界面,具体如图 10-9 所示。

"视频播放器"程序对应的布局文件(activity_main.xml)如下所示:

图 10-9 "视频播放器"界面

```
<FrameLayout xmlns:android="http://schemas.android.com/apk/res/android"
    xmlns:tools="http://schemas.android.com/tools"
    android:layout_width="match_parent"
    android:layout_height="match_parent"
    tools:context=".MainActivity" >
    <SurfaceView
        android:id="@+id/sv"
        android:layout_width="fill_parent"
        android:layout_height="fill_parent" />
    <RelativeLayout
        android:id="@+id/rl"
        android:layout_width="fill_parent"
```

```xml
            android:layout_height="fill_parent">
        <SeekBar
            android:id="@+id/sbar"
            style="?android:attr/progressBarStyleHorizontal"
            android:layout_width="fill_parent"
            android:layout_height="wrap_content"
            android:layout_alignParentBottom="true"
            android:max="100"
            android:progress="0" />
        <ImageView
            android:id="@+id/play"
            android:layout_width="wrap_content"
            android:layout_height="wrap_content"
            android:layout_centerHorizontal="true"
            android:layout_centerVertical="true"
            android:onClick="click"
            android:src="@android:drawable/ic_media_pause" />
    </RelativeLayout>
</FrameLayout>
```

上述代码中使用 FrameLayout 布局，在该布局下方放置一个 SurfaceView 控件，在 SurfaceView 上方添加一个 SeekBar 用于控制视频的进度，添加一个 ImageView 用于控制视频的播放与暂停。

2. 编写界面交互代码

在主界面中需要做的是控制视频的播放与暂停、控制视频时间随着进度条拖动而变化、点击屏幕出现进度条及按钮，3 秒不操作屏幕进度条和按钮自动隐藏。具体代码如下：

```java
1  public class MainActivity extends Activity implements OnSeekBarChangeListener,
2  Callback{
3      private SurfaceView sv;
4      private SurfaceHolder holder;
5      private MediaPlayer mediaplayer;
6      private int position;
7      private RelativeLayout rl;
8      private Timer timer;
9      private TimerTask task;
10     private SeekBar sbar;
11     private ImageView play;
12     @Override
13     protected void onCreate(Bundle savedInstanceState) {
14         super.onCreate(savedInstanceState);
```

```java
15      this.requestWindowFeature(Window.FEATURE_NO_TITLE);//去掉标题栏
16      setContentView(R.layout.activity_main);
17      sbar=(SeekBar) findViewById(R.id.sbar);
18      play=(ImageView) findViewById(R.id.play);
19      sbar.setOnSeekBarChangeListener(this);
20      sv=(SurfaceView) findViewById(R.id.sv);
21      //初始化计时器
22      timer=new Timer();
23      task=new TimerTask() {
24          @Override
25          public void run() {
26              if(mediaplayer!=null && mediaplayer.isPlaying()) {
27                  int progress=mediaplayer.getCurrentPosition();
28                  int total=mediaplayer.getDuration();
29                  sbar.setMax(total);
30                  sbar.setProgress(progress);
31              }
32          }
33      };
34      //设置TimerTask延迟500ms,每隔500ms执行一次
35      timer.schedule(task,500,500);
36      rl=(RelativeLayout) findViewById(R.id.rl);
37      // 得到SurfaceView的容器,界面内容是显示在容器里面的
38      holder=sv.getHolder();
39      //过时的API,如果Android 4.0以上的系统不写没问题,否则必须要写
40      holder.setType(SurfaceHolder.SURFACE_TYPE_PUSH_BUFFERS);
41      holder.addCallback(this);
42  }
43      //屏幕触摸事件
44  @Override
45  public boolean onTouchEvent(MotionEvent event) {
46      switch(event.getAction()) {
47      case MotionEvent.ACTION_DOWN:
48          if(rl.getVisibility()==View.INVISIBLE) {
49              rl.setVisibility(View.VISIBLE);
50              //倒计时3秒
51              CountDownTimer cdt=new CountDownTimer(3000,1000) {
52                  @Override
```

```java
53          public void onTick(long millisUntilFinished) {
54              System.out.println(millisUntilFinished);
55          }
56          @Override
57          public void onFinish() {
58              rl.setVisibility(View.INVISIBLE);
59          }
60      };
61      cdt.start();
62  } else if(rl.getVisibility()==View.VISIBLE) {
63      rl.setVisibility(View.INVISIBLE);
64  }
65  break;
66  }
67  return super.onTouchEvent(event);
68 }
69 //Activity注销时把Timer和TimerTask对象置为空
70 @Override
71 protected void onDestroy() {
72    timer.cancel();
73    task.cancel();
74    timer=null;
75    task=null;
76    super.onDestroy();
77 }
78 //播放暂停按钮的点击事件
79 public void click(View view) {
80    if(mediaplayer!=null&&mediaplayer.isPlaying()) {
81        mediaplayer.pause();
82        play.setImageResource(android.R.drawable.ic_media_play);
83    } else {
84        mediaplayer.start();
85        play.setImageResource(android.R.drawable.ic_media_pause);
86    }
87 }
88 //进度发生变化时触发
89 @Override
90 public void onProgressChanged(SeekBar seekBar,int progress,
91     boolean fromUser) {
```

```java
92          }
93          //进度条开始拖动时触发
94          @Override
95          public void onStartTrackingTouch(SeekBar seekBar) {
96          }
97          //进度条拖动停止时触发
98          @Override
99          public void onStopTrackingTouch(SeekBar seekBar) {
100             int position=seekBar.getProgress();
101             if(mediaplayer!=null&&mediaplayer.isPlaying()) {
102                 mediaplayer.seekTo(position);
103             }
104         }
105         //SurfaceHolder创建完成时触发
106         @Override
107         public void surfaceCreated(SurfaceHolder holder) {
108             try {
109                 mediaplayer=new MediaPlayer();
110                 mediaplayer.setAudioStreamType(AudioManager.STREAM_MUSIC);
111                 mediaplayer.setDataSource("/sdcard/oppo.mp4");
112                 mediaplayer.setDisplay(holder);
113                 mediaplayer.prepareAsync();
114                 mediaplayer.setOnPreparedListener(new OnPreparedListener() {
115                     @Override
116                     public void onPrepared(MediaPlayer mp) {
117                         mediaplayer.start();
118                         if(position>0) {
119                             mediaplayer.seekTo(position);
120                         }
121                     }
122                 });
123             } catch (Exception e) {
124                 Toast.makeText(MainActivity.this,"播放失败",0).show();
125                 e.printStackTrace();
126             }
127         }
128         //SurfaceHolder大小变化时触发
129         @Override
130         public void surfaceChanged(SurfaceHolder holder,int format,int width,
```

```
131              int height) {
132     }
133     //SurfaceHolder 注销时触发
134     @Override
135     public void surfaceDestroyed(SurfaceHolder holder) {
136     position=mediaplayer.getCurrentPosition();//记录上次播放的位置，然后停止
137         mediaplayer.stop();
138         mediaplayer.release();
139         mediaplayer=null;
140     }
141 }
```

上述代码中，OnSeekBarChangeListener 接口是用于 SeekBar 滑块位置变化的。由于视频播放器需要实时更新播放进度，因此需要在 TimerTask 里面获取视频播放进度。

第 90~104 行代码是 SeekBar 的回调方法，其中 onProgressChanged()方法是进度发生变化时调用，onStartTrackingTouch()方法在开始拖动 SeekBar 时调用，onStopTrackingTouch()方法是在 SeekBar 拖动完成后调用，在该方法中记录 SeekBar 拖动的位置，并把视频的时间设置与 SeekBar 同步。

第 45~68 行代码是 onTouchEvent()方法。该方法会在手指触摸屏幕时调用，当进度条显示时点击屏幕使进度条隐藏，当进度条隐藏时点击屏幕则使其显示。其中用到了 CountDownTimer 对象，该对象是倒计时类，在这里的作用是让进度条显示 3s 后自动隐藏。

第 107~140 行代码是 SurfaceHolder 的回调方法，在 SurfaceHolder 加载完成之后会调用 surfaceCreated()方法，一般在该方法中播放视频；SurfaceHolder 停止时调用 surfaceDestroyed() 方法，一般在该方法中停止视频播放并把 MediaPlayer 置为空。

3. 运行程序

将程序运行在真机上测试，结果如图 10-10 所示。

从图 10-10 可以看出，在播放视频时界面中有进度条和按钮控件，这时候点击屏幕，效果如图 10-11 所示。

图 10-10　播放视频

图 10-11　点击屏幕

如图 10-11 所示，点击屏幕后进度条和按钮隐藏。再次点击屏幕时进度条会再次出现并且 3s 后进度条和按钮会自动隐藏。拖动进度条以及点击暂停功能开发者可以自己尝试。

与 VideoView 相比，使用 MediaPlayer 和 SurfaceView 播放视频虽然步骤麻烦，但是扩展

性极高,开发者可以优化界面开发出所需求的视频播放器。

> **多学一招:CountDownTimer**
>
> 在案例的 onTouchEvent()方法中使用到了 CountDownTimer 对象,它内部结合 Handler 方法异步处理线程,CountDownTimer 是 Android 中用于倒计时的类,具体用法如下:
>
> ```
> CountDownTimer cdt=new CountDownTimer((3000,1000) {
>     @Override
>     public void onTick(long millisUntilFinished) {
>         Log.i("TAG","每隔1s执行一次");
>     }
>     @Override
>     public void onFinish() {
>         Log.i("TAG","3s之后执行");
>     }
> };
> cdt.start();
> ```
>
> 在 CountDownTimer 构造方法中接收两个 long 类型的参数,具体含义如下:
> - 第一个参数:设置从调用 start()方法到执行 onFinish()方法的间隔时间。(倒计时时间,单位毫秒)
> - 第二个参数:回调 onTick(long)方法的间隔时间。(单位毫秒)
>
> 由于 CountDownTimer 是抽象类,因此需要重载它的两个抽象方法:onTick()和 onFinish()。上述代码的意思是 3 s 之后执行 onFinish()方法,在 3 s 中每隔 1 s 执行一次 onTick()方法。要使定义好的倒计时器运行,只需执行 CountDownTimer 对象的 start()方法即可。

10.4 传 感 器

传感器是一种物理装置,它能探测、感知外界信号(如物理条件、化学组成),并将探知的信息传递给其他装置。也可以将传感器理解为生物器官,当器官探知到信息时,就会将该信息传递给大脑(如白天、黑夜)。本节将针对传感器进行详细的讲解。

10.4.1 传感器简介

Android 手机通常都会支持多种类型的传感器,如光照传感器、加速度传感器、地磁传感器、压力传感器、温度传感器等。Android 系统负责将这些传感器所输出的信息传递给开发者,开发者可以利用这些信息开发很多应用。例如,市场上的赛车游戏使用的就是重力传感器,微信的摇一摇使用的是加速度传感器,手机指南针使用的是地磁传感器等。

Android 系统提供了一个类 android.hardware.Sensor 代表传感器,该类将不同的传感器封装成了常量,常用的传感器对应的常量值如表 10-8 所示。

表 10-8　Android 系统支持的传感器列表

传感器类型常量	内部整数值	中 文 名 称
Sensor.TYPE_ACCELEROMETER	1	加速度传感器
Sensor.TYPE_MAGNETIC_FIELD	2	磁力传感器
Sensor.TYPE_ORIENTATION	3	方向传感器（废弃，但依然可用）
Sensor.TYPE_GYROSCOPE	4	陀螺仪传感器
Sensor.TYPE_LIGHT	5	环境光照传感器
Sensor.TYPE_PRESSURE	6	压力传感器
Sensor.TYPE_TEMPERATURE	7	温度传感器（废弃，但依然可用）
Sensor.TYPE_PROXIMITY	8	距离传感器
Sensor.TYPE_GRAVITY	9	重力传感器
Sensor.TYPE_LINEAR_ACCELERATION	10	线性加速度
Sensor.TYPE_ROTATION_VECTOR	11	旋转矢量
Sensor.TYPE_RELATIVE_HUMIDITY	12	湿度传感器
Sensor.TYPE_AMBIENT_TEMPERATURE	13	温度传感器（Android 4.0 之后替代 TYPE_TEMPERATURE）

表 10-8 列出了 Android 中常用的传感器。需要注意的是，Google 官方推荐使用 Sensor.TYPE_AMBIENT_TEMPERATURE 来获取温度传感器。

10.4.2　传感器的使用

在了解了什么是传感器之后，就可以通过 Android 系统提供的传感器框架来调用 Android 设备中的传感器，由于传感器并不是所有手机都支持（或者手机不一定支持所有的传感器），因此在使用传感器之前要先查看看手机中集成了哪些传感器，然后再使用指定的传感器。

需要注意的是，由于模拟器不支持传感器，因此以下操作都是在真机完成。使用传感器的步骤如下所示：

1. 获取所有传感器

首先从系统服务中获取传感器管理器，并从管理器中获取移动设备上支持的所有传感器信息，示例代码如下：

```
//获取传感器管理器
SensorManager sm=(SensorManager) getSystemService(Context.SENSOR_SERVICE);
//从传感器管理器中获得全部的传感器列表
List<Sensor> allSensors=sm.getSensorList(Sensor.TYPE_ALL);
//显示一共有多少个传感器
allSensors.size();
//获取到传感器列表之后，可以使用for循环查看每一个传感器的详细信息
for(Sensor s : allSensors){
    s.getName();//传感器名称
    …
}
```

上述代码中，通过 SensorManager 管理器获取到手机中所支持的传感器类型 Sensor 对象，使用 Sensor 对象可以得到传感器的具体信息。

2. 获取指定传感器

如果要获取指定的传感器，在拿到 SensorManager 管理器之后可以使用 getDefaultSensor(int type)的方法获取，如下代码所示：

```
SensorManager sm=(SensorManager) getSystemService(Context.SENSOR_SERVICE);
Sensor sensor=sm.getDefaultSensor(Sensor.TYPE_GRAVITY);
if(sensor!=null){
    //重力传感器存在
    sensor.getName();
    //获取传感器的供应商
    sensor.getvendor();
}else{
    //重力传感器不存在
}
```

调用 SensorManager 对象的 getDefaultSensor()方法，可以得到封装了传感器信息的 Sensor 对象，可以在该方法里传入相应的传感器参数，如果没有该传感器则会返回 null。例如 Sensor.TYPE_GRAVITY（重力传感器），如果设备上不存在重力传感器则会返回 null。

Sensor 对象分装了传感器的信息，可以通过调用 Sensor 对象的方法，获取相应传感器的信息。Sensor 常用的方法如表 10-9 所示。

表 10-9 传感器信息

方法名称	功能描述	方法名称	功能描述
getName()	传感器名称	getType()	传感器类型
getVersion()	传感器设备版本	getPower()	传感器的功率
getvendor()	传感器制造商的名称		

3. 为传感器注册监听事件

在实际开发中，经常需要实时获取传感器的数据变化，因此在得到了指定的传感器之后，需要为该传感器注册监听事件，具体代码如下所示：

```
sm.registerListener(SensorEventListener listerner,Sensor sensor,int rate);
```

上述这行代码通过管理器的 registerListener()方法为传感器注册了监听，该方法接收三个参数，具体介绍如下：

- SensorEventListener listener：传感器事件的监听器接口，该接口有两个方法，分别是 onSensorChanged(SensorEvent event)和 onAccuracyChanged(Sensor sensor, int accuracy)。
  其中，onSensorChanged(SensorEvent event)方法是在传感器数据发生变化时调用，例如注册加速度传感器，当加速度方向发生变化时，就可以通过该方法中的 event 对象获取数据。onAccuracyChanged(Sensor sensor, int accuracy)方法是当精确度发生变化时调用，例如在坐地铁时使用磁场传感器，由于地铁中对磁场干扰比较强导致判断不准确，当离开地铁后磁场传感器恢复正常，这时候就会调用这个方法。
- Sensor sensor：表示传感器对象，例如重力传感器、加速度传感器、地磁传感器等。
- int   rate：表示传感器数据变化的采样率，该采样率支持 4 种类型，具体如下：

SensorManager.SENSOR_DELAY_FASTEST：延迟 10 ms。int 数值为 0。

SensorManager.SENSOR_DELAY_GAME：延迟 20 ms，适合游戏的频率。int 数值为 1。

SensorManager.SENSOR_DELAY_UI：延迟 60 ms，适合普通界面的频率。int 数值为 2。

SensorManager.SENSOR_DELAY_NORMAL：延迟 200 ms，正常频率。int 数值为 3。

注意：这里需要注意，如果采样率越高手机就越费电，对于用户来说体验度不好。一般在实际开发中选择默认的 SensorManager.SENSOR_DELAY_NORMAL 参数就可以。开发游戏时选择 SensorManager. SENSOR_DELAY_GAME 参数。没有特殊需求的情况下，最好不要使用 SensorManager.SENSOR_DE LAY_FASTEST 参数，以免影响用户体验。

4. 注销传感器

由于 Android 系统中的传感器管理服务是系统底层服务，即使应用程序关闭后它也会一直在后台运行，而且传感器时刻都在采集数据，每秒都有大量数据产生，这样对设备电量造成极大的消耗。因此，在不使用传感器时要注销传感器的监听。注销传感器监听的方法如下所示：

```
@Override
protected void onDestroy() {
    super.onDestroy();
    sm.unregisterListener(listener);
    listener=null;
}
```

注销时需要传入一个 SensorListener 接口，该接口就是前面进行传感器注册时创建的接口，注销完成后把接口置为空。

至此，传感器的使用步骤讲解完成。接下来以重力传感器为例向大家展示一下传感器的使用。具体代码如下所示：

```
1  public class MainActivity extends Activity {
2      private MyListener listener;
3      private SensorManager sm;
4      @Override
5      protected void onCreate(Bundle savedInstanceState) {
6          super.onCreate(savedInstanceState);
7          sm=(SensorManager) getSystemService(Context.SENSOR_SERVICE);
8          //参数 Sensor.TYPE_GPAVITY 也可以写 int 数值 9
9          Sensor sensor=sm.getDefaultSensor(Sensor.TYPE_GRAVITY);
10         listener=new MyListener();
11         sm.registerListener(listener,sensor,SensorManager.SENSOR_DELAY_NORMAL);
12     }
```

```
13    @Override
14    protected void onDestroy() {
15        super.onDestroy();
16        sm.unregisterListener(listener);
17        listener=null;
18    }
19    private class MyListener implements SensorEventListener {
20        @Override
21        public void onAccuracyChanged(Sensor sensor, int accuracy) {
22        }
23        @Override
24        public void onSensorChanged(SensorEvent event) {
25        }
26    }
27 }
```

上述代码中首先通过getDefaultSensor()方法获取到了重力传感器得到Sensor对象，把Sensor对象传入registerListener()方法第二个参数中，该方法第三个参数传入了Sensor.manager.SENSOR_DELAY_NORMAL值，这里也可以用它相对应的int数值3代替。

注意：为了节省手机电量，传感器不能一直运行。当Activity不在前台显示时应该注销传感器，所以传感器的注册和注销推荐写在Activity的onResume()和onPause()方法中，这样会极大地节省手机电量。

10.4.3 案例——摇一摇

微信中的摇一摇功能使用的就是加速度传感器（ACCELEROMETER），接下来开发一个程序模仿微信摇一摇的功能，具体步骤如下：

1. 创建项目

创建一个名为"摇一摇"的应用程序，将包名修改为cn.itcast.shake。设计用户交互界面，具体如图10-12所示。

"摇一摇"程序对应的布局文件（activity_main.xml）如下所示：

图10-12 "摇一摇"界面

```xml
<?xml version="1.0" encoding="utf-8"?>
<RelativeLayout xmlns:android="http://schemas.android.com/apk/res/android"
    android:layout_width="fill_parent"
    android:layout_height="fill_parent"
    android:background="#111"
    android:orientation="vertical" >
```

```xml
<RelativeLayout
    android:layout_width="fill_parent"
    android:layout_height="fill_parent"
    android:layout_centerInParent="true" >
    <ImageView
        android:id="@+id/shakeBg"
        android:layout_width="wrap_content"
        android:layout_height="wrap_content"
        android:layout_centerInParent="true"
        android:src="@drawable/shakehideimg_man2" />
    <LinearLayout
        android:layout_width="fill_parent"
        android:layout_height="wrap_content"
        android:layout_centerInParent="true"
        android:orientation="vertical" >
        <RelativeLayout
            android:id="@+id/shakeImgUp"
            android:layout_width="fill_parent"
            android:layout_height="190dp"
            android:background="#111" >
            <ImageView
                android:layout_width="wrap_content"
                android:layout_height="wrap_content"
                android:layout_alignParentBottom="true"
                android:layout_centerHorizontal="true"
                android:src="@drawable/shake_logo_up" />
        </RelativeLayout>
        <RelativeLayout
            android:id="@+id/shakeImgDown"
            android:layout_width="fill_parent"
            android:layout_height="190dp"
            android:background="#111" >
            <ImageView
                android:layout_width="wrap_content"
                android:layout_height="wrap_content"
                android:layout_centerHorizontal="true"
                android:src="@drawable/shake_logo_down" />
        </RelativeLayout>
    </LinearLayout>
```

```xml
            </RelativeLayout>
            <RelativeLayout
                android:id="@+id/shake_title_bar"
                android:layout_width="fill_parent"
                android:layout_height="45dp"
                android:background="@drawable/title_bar"
                android:gravity="center_vertical" >
                <Button
                    android:layout_width="70dp"
                    android:layout_height="wrap_content"
                    android:layout_centerVertical="true"
                    android:background="@drawable/title_btn_back"
                    android:onClick="shake_activity_back"
                    android:text="返回"
                    android:textColor="#fff"
                    android:textSize="14sp" />
                <TextView
                    android:layout_width="wrap_content"
                    android:layout_height="wrap_content"
                    android:layout_centerInParent="true"
                    android:text="摇一摇"
                    android:textColor="#ffffff"
                    android:textSize="20sp" />
                <ImageButton
                    android:layout_width="67dp"
                    android:layout_height="wrap_content"
                    android:layout_alignParentRight="true"
                    android:layout_centerVertical="true"
                    android:layout_marginRight="5dp"
                    android:background="@drawable/title_btn_right"
                    android:onClick="linshi"
                    android:src="@drawable/mm_title_btn_menu" />
            </RelativeLayout>
        </RelativeLayout>
```

从上述代码可以看出,当前页面布局较为复杂,首先在页面的顶端放置一个 RelativeLayout,其中放置两个 Button 和一个 TextView。在屏幕的下方放置了一个 RelativeLayout,在这个 RelativeLayout 中放置一个 ImageView,该 ImageView 被覆盖在下方,显示摇一摇后的图片,同时该 RelativeLayout 又嵌套了一个 LinearLayout,在此 LinearLayout 中嵌套了两个 RelativeLayout,这两个 RelativeLayout 分别是手势图片的上下两部分(屏幕中的摇一摇图片不是完整的一张,而是分为上下两张图片组合而成)。

2. 编写与界面交互代码(ShakeActivity)

ShakeActivity 主要作用是处理摇一摇动画效果、声音播放以及调用加速度传感器监听器启动监听的逻辑,具体代码如下所示:

```
1  public class ShakeActivity extends Activity {
2      ShakeListener mShakeListener = null;
3      Vibrator mVibrator;
4      private RelativeLayout mImgUp;
5      private RelativeLayout mImgDn;
6      private SoundPool sndPool;
7      private Map<Integer,Integer> loadSound;
8      @Override
9      public void onCreate(Bundle savedInstanceState) {
10         super.onCreate(savedInstanceState);
11         setContentView(R.layout.shake_activity);
12         //初始化数据
13         init();
14         //调用工具类方法把assets目录下的声音存放在map中,返回一个HashMap
15         loadSound=Utils.loadSound(sndPool,this);
16     }
17     private void init() {
18         mVibrator=(Vibrator)getApplication().getSystemService(
19                        VIBRATOR_SERVICE);
20         mImgUp=(RelativeLayout)findViewById(R.id.shakeImgUp);
21         mImgDn=(RelativeLayout)findViewById(R.id.shakeImgDown);
22         sndPool=new SoundPool(2,AudioManager.STREAM_SYSTEM,5);
23     }
24     @Override
25     protected void onResume() {
26         super.onResume();
27         //创建加速度监听器的对象
28         mShakeListener=new ShakeListener(this);
29         //加速度传感器,达到速度阀值,播放动画
30         mShakeListener.setOnShakeListener(new OnShakeListener() {
31             public void onShake() {
32                 String hint="抱歉,暂时没有找到\n在同一时刻摇一摇的人。\n再试一次吧!";
33                 Utils.startAnim(mImgUp, mImgDn);    //开始摇一摇手掌动画
34                 mShakeListener.stop();              //停止加速度传感器
35                 sndPool.play(loadSound.get(0),(float) 1,(float) 1,0,0,
```

```
36                (float) 1.2);           //摇一摇时播放map中存放的第一个声音
37            startVibrato();              //震动
38            new Handler().postDelayed(new Runnable() {
39                public void run() {
40                    //摇一摇结束后播放map中存放的第二个声音
41                    sndPool.play(loadSound.get(1),(float) 1,(float) 1,0,
42                        0,(float) 1.0);
43                    Toast.makeText(getApplicationContext(),hint,10).show();
44                    mVibrator.cancel();          //震动关闭
45                    mShakeListener.start();      //再次开始检测加速度传感器值
46                }
47            }, 2000);
48        }
49    });
50 }
51 @Override
52 protected void onPause() {
53     super.onPause();
54     if(mShakeListener!=null) {
55         mShakeListener.stop();
56     }
57 }
58 public void startVibrato() {                 //定义震动
59     //第一个参数是节奏数组
60     mVibrator.vibrate(new long[] { 500,200,500,200 },-1);
61 }
62 public void shake_activity_back(View v) {    //标题栏的返回按钮
63     this.finish();
64 }
65 public void linshi(View v) {                 //标题栏
66     Utils.startAnim(mImgUp,mImgDn);
67 }
68 }
```

上述代码中，首先在 onCreate()方法中调用 init()方法初始化数据，然后调用 Utils 类的 Utils.loadSound()方法把 assets 目录下的音频资源添加到 map 中。最后调用加速度传感器的接口，在接口中处理手机摇晃时的逻辑。

当手机摇晃时要做的是：播放存储在 Map 中第一个位置的音乐、开启手机震动功能并且开始播放动画，这时候要暂停加速度传感器的监听；当动画播放完毕之后要把手机震动关闭、播放存放在 Map 中的第二个音乐并使用 Toast 显示提示信息，最后再重新开启加速度传感器的监听。

需要注意的是，最后一定要在主界面的 onPause()方法中注销传感器监听，以免浪费电量和内存。

3. 创建工具类 Utils.java

为了使代码简单且逻辑清晰，把其中用到的功能性代码单独抽取出来放置在一个工具类 Utils 中，当使用的时候直接调用即可。这样会降低代码的耦合度，并且使程序更易阅读。Utils 类中的代码如下所示：

```java
public class Utils {
    //定义摇一摇动画
    public static void startAnim(RelativeLayout mImgUp, RelativeLayout mImgDn) {
        AnimationSet animUp=new AnimationSet(true);
        TranslateAnimation start0=new TranslateAnimation(
                Animation.RELATIVE_TO_SELF,0f,Animation.RELATIVE_TO_SELF,0f,
                Animation.RELATIVE_TO_SELF,0f,Animation.RELATIVE_TO_SELF,
                -0.5f);
        start0.setDuration(1000);
        TranslateAnimation start1=new TranslateAnimation(
                Animation.RELATIVE_TO_SELF,0f,Animation.RELATIVE_TO_SELF,0f,
                Animation.RELATIVE_TO_SELF,0f,Animation.RELATIVE_TO_SELF,
                +0.5f);
        start1.setDuration(1000);
        start1.setStartOffset(1000);
        animUp.addAnimation(start0);
        animUp.addAnimation(start1);
        mImgUp.startAnimation(animUp);

        AnimationSet animDn=new AnimationSet(true);
        TranslateAnimation end0=new TranslateAnimation(
                Animation.RELATIVE_TO_SELF,0f,Animation.RELATIVE_TO_SELF,0f,
                Animation.RELATIVE_TO_SELF,0f,Animation.RELATIVE_TO_SELF,
                +0.5f);
        end0.setDuration(1000);
        TranslateAnimation end1=new TranslateAnimation(
                Animation.RELATIVE_TO_SELF,0f,Animation.RELATIVE_TO_SELF,0f,
                Animation.RELATIVE_TO_SELF,0f,Animation.RELATIVE_TO_SELF,
                -0.5f);
        end1.setDuration(1000);
        end1.setStartOffset(1000);
        animDn.addAnimation(end0);
        animDn.addAnimation(end1);
```

```
34        mImgDn.startAnimation(animDn);
35    }
36    //把assets目录下的声音资源添加到map中
37    public static Map<Integer,Integer> loadSound(final SoundPool pool,
38        final Activity context) {
39    final Map<Integer, Integer> soundPoolMap = new HashMap<Integer,Integer>();
40    new Thread() {
41        public void run() {
42            try {
43                soundPoolMap.put( 0,pool.load(context.getAssets().openFd(
44                                "sound/shake_sound_male.mp3"), 1));
45                soundPoolMap.put( 1,pool.load(context.getAssets().openFd(
46                                "sound/shake_match.mp3"),1));
47            } catch (IOException e) {
48                e.printStackTrace();
49            }
50        }
51    }.start();
52    return soundPoolMap;
53    }
54 }
```

上述代码一共有两个方法,第一个方法 startAnim()是手机摇晃时播放的动画,第二个方法 loadSound()是把 assets 目录下的音乐存放在 Map 中。这两个方法都是静态方法,在主界面中直接调用即可。

4. 创建传感器

```
1  public class ShakeListener implements SensorEventListener {
2      //速度阈值,当摇晃速度达到该值后产生作用
3      private static final int SPEED_SHRESHOLD=2000;
4      private static final int UPTATE_INTERVAL_TIME=70;        //两次检测的时间间隔
5      private SensorManager sensorManager;                      //传感器管理器
6      private Sensor sensor;                                    //传感器
7      private OnShakeListener onShakeListener;                  //加速度感应监听器
8      private Context mContext;                                 //上下文
9      private long lastUpdateTime;                              //上次检测时间
10     //手机上一个位置时加速度感应坐标
11     private float lastX;
12     private float lastY;
13     private float lastZ;
14     public ShakeListener(Context c) {
```

```java
15      //获得监听对象
16      mContext=c;
17      start();
18  }
19  public void start() {
20      //获得传感器管理器
21      sensorManager=(SensorManager) mContext
22              .getSystemService(Context.SENSOR_SERVICE);
23      if(sensorManager!=null) {
24          //获得加速度传感器
25          sensor=sensorManager.getDefaultSensor(Sensor.TYPE_ACCELEROMETER);
26      }
27      //注册
28      if(sensor!=null) {
29          sensorManager.registerListener(this,sensor,
30              SensorManager.SENSOR_DELAY_GAME);
31      }else{
32          Toast.makeText(mContext,"您的手机不支持该功能",0).show();
33      }
34  }
35  //加速度感应器感应获得变化数据
36  public void onSensorChanged(SensorEvent event) {
37      //当前检测时间
38      long currentUpdateTime=System.currentTimeMillis();
39      //两次检测的时间间隔
40      long timeInterval=currentUpdateTime-lastUpdateTime;
41      // 判断是否达到了检测时间间隔
42      if(timeInterval<UPTATE_INTERVAL_TIME)
43          return;
44      //现在的时间变成last时间
45      lastUpdateTime=currentUpdateTime;
46      //获得x,y,z坐标
47      float x=event.values[0];
48      float y=event.values[1];
49      float z=event.values[2];
50      //获得x,y,z的变化值
51      float deltaX=x-lastX;
52      float deltaY=y-lastY;
```

```
53        float deltaZ=z-lastZ;
54        //将现在的坐标变成last坐标
55        lastX=x;
56        lastY=y;
57        lastZ=z;
58        double speed=Math.sqrt(deltaX*deltaX+deltaY*deltaY+deltaZ*deltaZ)/
59                timeInterval*10000;
60        //达到速度阀值,发出提示
61        if(speed>=SPEED_SHRESHOLD) {
62            onShakeListener.onShake();
63        }
64    }
65    // 摇晃监听接口
66    public interface OnShakeListener {
67        public void onShake();
68    }
69    // 停止检测
70    public void stop() {
71        sensorManager.unregisterListener(this);
72    }
73
74    public void onAccuracyChanged(Sensor sensor,int accuracy) {
75    }
76    public void setOnShakeListener(OnShakeListener listener) {
77        onShakeListener=listener;
78    }
79 }
```

上述代码中,创建一个类实现了 SensorEventListener 接口并重写接口中 onSensorChanged() 和 onAccuracyChanged()方法。该类创建了一个有参的构造方法,在主界面的 onCreate()中调用,首先执行了 start()方法创建出加速度传感器对象并注册了监听。

当应用打开后, onSensorChanged()方法不停地在执行判断手机是否摇晃的频率超过设定的值,当频率达到要求时就调用自定义接口 OnShakeListener 的 onShake()方法。在主界面中实现该自定义接口并在 onShake()方法中执行摇晃后的逻辑即可。

5. 配置清单文件

由于在项目中用到了手机震动和加速度传感器,因此需要在清单文件中配置相关权限,具体如下所示:

```
<uses-permission android:name="android.permission.VIBRATE" />
<uses-permission android:name="android.hardware.sensor.accelerometer" />
```

6. 运行程序

在真机上运行程序，界面效果如图 10-13 所示。

图 10-13 是程序在真机上运行后的显示界面，此时大频率晃动手机，界面会以中间线为基点分别向上和向下移动将覆盖在下层的图片显示出来，并且手机会震动，此时的加速度传感器停止检测数据。当动画完成后界面会显示一个 Toast 进行提示，加速度传感器重新开始检测数据并关闭震动，如图 10-14 所示。

图 10-13　运行结果　　　　　　图 10-14　摇一摇效果

单击界面上方标题栏左侧的"返回"按钮则会关闭应用，单击标题栏右侧按钮则会显示图 10-14 左侧的效果。使用加速度传感器做出的摇一摇项目已经完成了，在这个项目中不仅学习了传感器怎样使用还复习了之前小节所讲的动画效果的使用。

注意：使用传感器时，要特别注意以下两点：
- 使用之前先判断该传感器是否存在，如果不存在则给出提示或者调用其他功能，增强代码健壮性。
- 传感器的创建和销毁推荐放在 Activity 的 onResume()和 onPause()方法中，避免过于浪费设备电量和内存，增强应用的实用性。

10.5　Fragment

随着移动设备的迅速发展，不仅手机成为人们生活中的必需品，就连平板电脑也变得越来越普及。平板电脑与手机最大的差别就在于屏幕的大小，屏幕的差距可能会使同样的界面在不同的设备上显示出不同的效果，为了能够同时兼顾到手机和平板电脑的开发，自 Android 3.0 版本开始提供了 Fragment。本节将针对 Fragment 进行详细的讲解。

10.5.1　Fragment 简介

Fragment（碎片）是一种可以嵌入在 Activity 中的 UI 片段，它能让程序更加合理地利用大屏幕空间，因而 Fragment 在平板上应用非常广泛。Fragment 与 Activity 十分相似，它包含布局，同时也具有自己的生命周期。

Fragment 需要包含在 Activity 中，一个 Activity 里面可以包含一个或者多个 Fragment，而且一个 Activity 可以同时展示多个 Fragment。同时，Fragment 也具有自己的布局。为了让初学者更好地理解 Fragment 的作用，接下来通过一个图例的方式来讲解 Fragment 的用途，具体如图 10-15 所示。

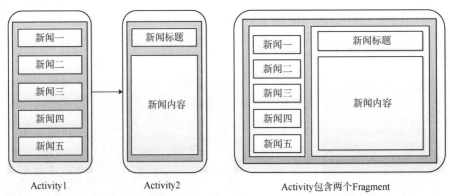

图 10-15　Fragment 的用途

从图 10-15 中可以看出，在普通手机上展示新闻列表和新闻内容各需要一个 Activity，由于普通手机尺寸较小，因此展示一屏展示新闻列表，一屏展示新闻内容是合理的。如果在平板电脑上这样做就太浪费屏幕空间了，因此通常在平板上都是用一个 Activity 展示两个 Fragment，其中一个 Fragment 用来展示新闻列表，另一个用来展示新闻内容。

10.5.2　Fragment 的生命周期

通过第 3 章的内容可知 Activity 生命周期中有三种状态，分别是运行状态、暂停状态和停止状态。Fragment 与 Activity 十分相似，同样在其生命周期类也会经历这几个状态，接下来将针对这几种状态进行讲解。

1. 运行状态

当一个 Fragment 是可见的，并且它所关联的 Activity 正处于运行状态，那么该 Fragment 也处于运行状态。

2. 暂停状态

当一个 Activity 进入暂停状态，与它相关联的可见 Fragment 也会进入暂停状态。

3. 停止状态

当一个 Activity 进入停止状态时，与它相关联的 Fragment 就会进入到停止状态。或者通过调用 FragmentTransaction 的 remove()、replace()方法将 Fragment 从 Activity 中移除。如果在事务提交之前调用 addToBackStack()方法，这时的 Fragment 也会进入到停止状态。

为了让初学者更好理解 Fragment 的生命周期，接下来通过图例的方式来讲解，具体如图 10-16 所示。

从图 10-16 中可以看出，Fragment 的生命周期与 Activity 的生命周期十分相似。Activity 中的生命周期方法，Fragment 中基本都有，但是 Fragment 比 Activity 多几个方法，接下来将针对这几个方法进行讲解。

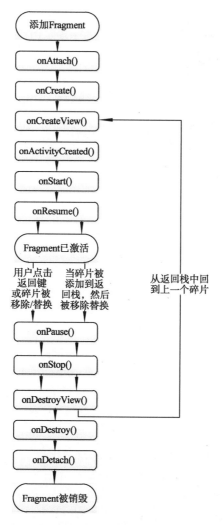

图 10-16　Fragment 生命周期

- onAttach()：当 Fragment 和 Activity 建立关联的时候调用。
- onCreateView()：为 Fragment 创建视图（加载布局）时调用。
- onActivityCreate()：确保与 Fragment 相关联的 Activity 已经创建完成时调用。
- onDestroyView()：当与 Fragment 关联的视图被移除的时候调用。
- onDetach()：当 Fragment 和 Activity 解除关联的时候调用。

至此，Fragment 的生命周期就讲解完了。初学者可以自己创建 Fragment 重写其生命周期方法，体验它的生命周期执行顺序，这里不做演示。

10.5.3　创建 Fragment

与创建 Activity 类似，要创建一个 Fragment 必须创建一个类继承自 Fragment。需要注意的是，Android 系统提供了两个 Fragment 类，分别是 android.app.Fragment 和 android.support.v4.app.Fragment。继承 android.app.Fragment 类则程序只能兼容 Android 4.0 以上的系统，继承 android.support.v4.app.Fragment 类可以兼容低版本的 Android 系统。

1. 创建 Fragment

为了让初学者掌握 Fragment 的创建,接下来通过一段示例代码来演示。具体代码如下所示:

```
public class NewsListFragment extends Fragment{
    @Override
    public View onCreateView(LayoutInflater inflater, ViewGroup container,
            Bundle savedInstanceState) {
        View v=inflater.inflate(R.layout.fragment,container,false);
        return v;
    }
}
```

上述代码重写了 Fragment 的 onCreateView()方法,并在该方法中调用了 LayoutInflater 的 inflate()方法将 Fragment 布局动态加载进来。

2. 添加 Fragment

Fragment 创建完成后并不能单独使用,还需要将 Fragment 添加到 Activity 中。在 Activity 中添加 Fragment 有两种方式,一种是直接在布局文件中添加,将 Fragment 作为 Activity 整个布局的一部分;另一种是当程序运行时,动态地将 Fragment 添加到 Activity 中(这也是 Fragment 的一大优点)。接下来将针对这两种添加方式进行详细讲解。

布局文件中添加 Fragment 时,可以使用<fragment></fragment>标签,该标签与其他控件的标签类似,但必须要指定 android:name 属性,其属性值为 Fragment 的全路径名称。布局文件 fragment.xml 中的代码如下所示:

```
<LinearLayout xmlns:android="http://schemas.android.com/apk/res/android"
    xmlns:tools="http://schemas.android.com/tools"
    android:layout_width="match_parent"
    android:layout_height="match_parent"
    tools:context=".MainActivity" >
    <fragment
        android:name="cn.itcast.fragment.NewsListFragment"
        android:id="@+id/newslist"
        android:layout_width="wrap_content"
        android:layout_height="wrap_content"/>
</LinearLayout>
```

当 Activity 运行时,也可以将 Fragment 动态加载到 Activity 的布局中,这种添加方式首先要获取 Fragment 的实例对象,然后获取 FragmentManager 对象,调用 FragmentManager 的 beginTransaction()方法开启事物并得到 FragmentTransaction 对象,最后调用 FragmentTransaction 的 add()方法将 Fragment 添加到 Activity,并通过 commit()方法提交事物。动态添加 Fragment 的示例代码如下所示:

```
public class MainActivity extends Activity {
    @SuppressLint("NewApi")
```

```java
        @Override
        protected void onCreate(Bundle savedInstanceState) {
            super.onCreate(savedInstanceState);
            setContentView(R.layout.activity_main);
            //实例化Fragment对象
            NewsListFragment fragment=new NewsListFragment();
            //获取FragmentManager实例
            FragmentManager fm=getFragmentManager();
            //获取FragmentTransaction实例
            FragmentTransaction beginTransaction=fm.beginTransaction();
            //添加一个Fragment
            beginTransaction.add(R.id.ll,fragment);
            //提交
            beginTransaction.commit();
        }
    }
```

需要注意的是 FragmentTransaction 的 add(int containerViewId, Fragment fragment)方法，它的第一个参数表示 Fragment 要放入 ViewGroup 的资源 id，第二个参数是要添加的 Fragment。例如，上述代码中的 R.id.ll 是一个线性布局，那么 beginTransaction.add(R.id.ll,fragment);的意思就是将 fragment 添加到该线性布局中。

10.5.4 Fragment 与 Activity 间通信

虽然 Fragment 是嵌套在 Activity 中显示的，但是 Fragment 和 Activity 都是各自存在于一个独立的类中，它们之间并没有明显的方式来直接进行通信。在实际开发中，经常会遇到需要在 Activity 中获取 Fragment 实例和在 Fragment 中获取 Activity 实例的情况，接下来针对这两种情况进行讲解。

1. 在 Activity 中获取 Fragment 实例

为了方便 Fragment 与 Activity 的通信，FragmentManager 提供了一个 findFragmentById()方法，该方法是专门用于从布局文件中获取 Fragment 实例的。

findFragmentById()方法有一个参数，该参数代表 Fragment 在 Activity 布局中的 id。例如，在 Activity 的布局中添加了 SettingListFragment，并在布局中指定 SettingListFragment 的 id 为 R.id.settingcontent,这时就可以使用 getFragmentManager().findFragmentById(R.id.settingcontent);得到 SettingListFragment 实例。

为了让初学者更好地理解，接下来通过一段示例代码来讲解，具体代码如下所示：

```java
SettingListFragment fListFragment=(SettingListFragment) getFragmentManager()
            .findFragmentById(R.id.settingcontent);
```

2. 在 Fragment 中获取 Activity 实例

同样在 Fragment 中也可以获取 Activity 实例对象，在 Fragment 中调用 getActivity()方法可

以获取到和当前 Fragment 相关联的 Activity 实例对象。例如，在 MainActivity 中添加了 SettingListFragment，那么在 SettingListFragment 中可以调用 getActivity()方法得到 MainActivity 实例，具体代码如下所示：

```
MainActivity activity=(MainActivity)getActivity();
```

获取到 Activity 实例之后，在 Fragment 中就可以通过该实例调用 Activity 中的方法了。另外，当 Fragment 需要 Context 对象时，也可以使用该方法。

掌握了 Fragment 与 Activity 间的通信后，Fragment 与 Fragment 通信间的通信就变得简单了。Fragment 间的通信，首先需要在 Fragment 中获取 Activity 的实例对象，然后通过 Activity 的实例获取另一个 Fragment 的实例，这样就可以实现 Fragment 与 Fragment 的通信了。

10.5.5 案例——设置界面

为了让初学者更好地掌握 Fragment 的使用，接下来通过一个"设置界面"的案例，来演示如何在一个 Activity 中展示两个 Fragment（一个用于展示设置图标，一个用于展示设置内容）并实现 Activity 与 Fragment 通信功能。具体步骤如下：

1. 创建工程

创建一个名为"设置界面"的应用程序，将包名修改为 cn.itcast.fragment。在 activity_main.xml 布局文件中添加两个 FrameLayout，这两个 FrameLayout 将会被相应的 Fragment 替代掉。具体代码如下所示：

```xml
<LinearLayout xmlns:android="http://schemas.android.com/apk/res/android"
    xmlns:tools="http://schemas.android.com/tools"
    android:layout_width="match_parent"
    android:layout_height="match_parent"
    android:orientation="horizontal"
    tools:context=".MainActivity" >
    <FrameLayout
        android:id="@+id/settinglist"
        android:layout_weight="1"
        android:layout_width="0dp"
        android:layout_height="match_parent">
    </FrameLayout>
    <FrameLayout
        android:id="@+id/settingcontent"
        android:layout_weight="3"
        android:layout_width="0dp"
        android:layout_height="match_parent">
    </FrameLayout>
</LinearLayout>
```

2. 创建两个 Fragment 布局文件

由于本案例需要实现在一个 Activity 中展示两个 Fragment，因此需要创建相应的 Fragment 的布局。用来展示设置图标的布局 fragment_icons.xml 如下所示：

```xml
<?xml version="1.0" encoding="utf-8"?>
<LinearLayout xmlns:android="http://schemas.android.com/apk/res/android"
    android:layout_width="match_parent"
    android:layout_height="match_parent"
    android:orientation="vertical" >
<ListView
    android:id="@+id/settingicon"
    android:layout_width="match_parent"
    android:layout_height="wrap_content"/>
</LinearLayout>
```

创建好用于展示设置图标的 Fragment 布局之后，接下来需要创建一个用于展示设置内容的布局 fragment_settinglist.xml，该布局的图形化视图如图 10-17 所示。

图 10-17　fragment_settinglist.xml 图形化视图

fragment_settinglist.xml 布局文件的代码如下所示：

```xml
<?xml version="1.0" encoding="utf-8"?>
<LinearLayout xmlns:android="http://schemas. android.com/apk/res/android"
    android:layout_width="match_parent"
    android:layout_height="match_parent"
    android:background="@drawable/bg_welcome"
    android:orientation="vertical" >
    <RelativeLayout
        android:layout_width="match_parent"
        android:layout_height="50dp"
        android:layout_margin="10dp"
        android:background="@android:color/white">
        <TextView
            android:id="@+id/tv"
            android:layout_width="wrap_content"
            android:layout_height="wrap_content"
            android:layout_alignParentLeft="true"
            android:layout_centerVertical="true"
            android:textSize="18sp"
            android:layout_marginLeft="10dp"/>
        <ImageView
            android:layout_width="30dp"
            android:layout_height="30dp"
```

```xml
            android:background="@drawable/arrow_group_right"
            android:layout_alignParentRight="true"
            android:layout_centerVertical="true"
            android:layout_marginRight="10dp"/>
    </RelativeLayout>
    <RelativeLayout
        android:layout_width="match_parent"
        android:layout_height="50dp"
        android:layout_marginLeft="10dp"
        android:layout_marginRight="10dp"
        android:background="@android:color/white">
        <TextView
            android:id="@+id/tv1"
            android:layout_width="wrap_content"
            android:layout_height="wrap_content"
            android:layout_alignParentLeft="true"
            android:layout_centerVertical="true"
            android:textSize="18sp"
            android:layout_marginLeft="10dp"/>
        <ImageView
            android:layout_width="30dp"
            android:layout_height="30dp"
            android:background="@drawable/arrow_group_right"
            android:layout_alignParentRight="true"
            android:layout_centerVertical="true"
            android:layout_marginRight="10dp"/>
    </RelativeLayout>
</LinearLayout>
```

上述代码定义了两个 RelativeLayout,这两个 RelativeLayout 是用来展示设置条目的。

3. 创建 ListView 布局

由于在展示设置图标页面用到了 ListView,因此需要创建一个 item 布局 item_list.xml 文件。该文件的代码如下所示:

```xml
<?xml version="1.0" encoding="utf-8"?>
<RelativeLayout xmlns:android="http://schemas.android.com/apk/res/android"
    android:layout_width="match_parent"
    android:layout_height="wrap_content">
    <ImageView
        android:id="@+id/settingicon_imgv"
        android:layout_width="wrap_content"
```

```
            android:layout_height="wrap_content"
            android:layout_centerInParent="true"
            android:layout_margin="10dp"/>
</RelativeLayout>
```

4. 创建两个 Fragment

由于需要在 MainActivty 中添加 Fragment，因此需要创建相应的 Fragment 类，首先要创建一个 SettingListFragment 继承自 Fragment，并在该类中编写相应的逻辑代码。SettingListFragment 的代码如下所示：

```
1  @SuppressLint("NewApi")
2  public class SettingListFragment extends Fragment{
3      private View view;
4      private TextView mTextView1;
5      private TextView mTextView2;
6      @Override
7      public void onAttach(Activity activity) {
8          super.onAttach(activity);
9      }
10     @Override
11     public View onCreateView(LayoutInflater inflater,ViewGroup container,
12             Bundle savedInstanceState) {
13         //将布局文件解析出来
14         view = inflater.inflate(R.layout.fragment_settinglist,container,false);
15         if(view!=null){    //如果view不为空
16             initView();
17         }
18         //获取Activity中的设置文字
19         setText(((MainActivity)getActivity()).getSettingText()[0]);
20         return view;
21     }
22     public void initView(){
23         mTextView1=(TextView) view.findViewById(R.id.tv);
24         mTextView2=(TextView) view.findViewById(R.id.tv1);
25     }
26     public void setText(String[] text){
27         mTextView1.setText(text[0]);
28         mTextView2.setText(text[1]);
29     }
30 }
```

上述代码使用到了 getActivity()方法来获取 Activity 实例对象,并且通过该实例对象调用了 Activity 中的方法。

定义好了用来展示设置内容的 Fragment 之后还需要定义一个 Fragment 用来展示设置图标,在这里创建一个 SettingiconFragment 继承自 Fragment,由于需要在该类中实现用 ListView 展示设置图标,并且点击图标时还需要改变 SettingListFragment 中的文字,因此需要用到 Fragment 与 Fragment 的通信。SettingiconFragment 的代码如下所示:

```
1  @SuppressLint("NewApi")
2  public class SettingiconFragment extends Fragment {
3      private View view;
4      private int[] settingicon;
5      private String[][] settingText;
6      private ListView mListView;
7      @SuppressLint("NewApi")
8      @Override
9      public View onCreateView(LayoutInflater inflater,ViewGroup container,
10             Bundle savedInstanceState) {
11         //解析布局
12         view=inflater
13                 .inflate(R.layout.fragment_settingicon,container,false);
14         //获取Acitivty实例对象
15         MainActivity activity=(MainActivity) getActivity();
16         //获取Activity中的图标数组
17         settingicon=activity.getIcons();
18         //获取Activity中的设置文字数组
19         settingText=activity.getSettingText();
20         if(view!=null) {  //如果view不为空
21             initView();
22         }
23         //为 ListView 设置条目监听
24         mListView.setOnItemClickListener(new OnItemClickListener() {
25             @Override
26             public void onItemClick(AdapterView<?> parent,View view,
27                     int position,long id) {
28                 //通过Activity实例获取另一个Fragment实例
29                 SettingListFragment listFragment=
30                         (SettingListFragment) ((MainActivity) getActivity())
31                         .getFragmentManager().findFragmentById(
32                         R.id.settingcontent);
33                 //设置其他Fragment的文字
```

```
34                listFragment.setText(settingText[position]);
35            }
36        });
37        return view;
38    }
39    //初始化控件的方法
40    private void initView() {
41        mListView=(ListView) view.findViewById(R.id.settingicon);
42        if(settingicon!=null) {
43            mListView.setAdapter(new MyAdapter());
44        }
45    }
46    //适配器
47    class MyAdapter extends BaseAdapter {
48        @Override
49        public int getCount() {
50            return settingicon.length;
51        }
52        @Override
53        public Object getItem(int position) {
54            return settingicon[position];
55        }
56        @Override
57        public long getItemId(int position) {
58            return position;
59        }
60        @Override
61        public View getView(int position,View convertView,ViewGroup parent) {
62            convertView=View.inflate(getActivity(),R.layout.item_list,null);
63            ImageView mNameTV=(ImageView) convertView
64                    .findViewById(R.id.settingicon_imgv);
65            mNameTV.setBackgroundResource(settingicon[position]);
66            return convertView;
67        }
68    }
69 }
```

上述代码通过使用 getActivity() 获取 Activity 的实例对象,并通过该实例对象获取到 FragmentManager,然后调用 findFragmentById()方法获取到相应 Fragment 对象,从而实现了 Fragment 与 Fragment 的通信。

5. 编写 MainActivity 中的代码

编写好了 Fragment 的代码之后需要在 MainActivity 中添加 Fragment，具体代码如下所示：

```
1  public class MainActivity extends Activity {
2      private FragmentTransaction beginTransaction;
3      //设置文字
4      private String[][] settingText={ { "主题","系统壁纸" },
5                      { "云账户","百度云账户"},{ "通知","通知栏推送" },
6                      { "移动数据","便携式WIFI热点" }, { "WLAN","更多" },
7                      { "蓝牙","可被发现" },{ "天气","温度" },
8                      { "通话音量","媒体音量" }, { "密码锁定","定位服务" },
9                      { "语言","输入法设置" }, { "设置快捷手势","触摸反馈" },
10                     { "设备名称","存储" } };
11     //设置图标
12     private int[] settingicons={ R.drawable.theme,R.drawable.clound,
13             R.drawable.notifycation,R.drawable.internet,R.drawable.wifi,
14             R.drawable.bluetooth,R.drawable.wether,R.drawable.volume,e);
15             R.drawable.gps,R.drawable.language,R.drawable.gesture,
16             R.drawable.info };
17     //获取图标数组的方法
18     public int[] getIcons() {
19         return settingicons;
20     }
21     //获取设置文字的方法
22     public String[][] getSettingText() {
23         return settingText;
24     }
25     @SuppressLint("NewApi")
26     @Override
27     protected void onCreate(Bundle savedInstanceState) {
28         super.onCreate(savedInstanceState);
29         setContentView(R.layout.activity_main);
30         //创建 Fragment
31         SettingListFragment fragment=new SettingListFragment();
32         //创建 Fragment
33         SettingiconFragment icFragment=new SettingiconFragment();
34         //获取事务
35         beginTransaction=getFragmentManager().beginTransaction();
36         //添加 Fragment
37         beginTransaction.replace(R.id.settingcontent,fragment);
```

```
38      beginTransaction.replace(R.id.settinglist, icFragment);
39      //提交事务
40      beginTransaction.commit();
41   }
42 }
```

上述代码添加了两个 Fragment，需要注意的是，事务提交后，不能马上调用 findFragmentById()方法获取 Fragment 对象，因为加载 Fragment 也需要一定时间。

6. 测试设置界面

运行程序，点击屏幕左侧设置图标，结果如图 10-18 所示。

从图 10-18 可以看出，当点击左边的设置图标时，右边的设置条目内容也会跟着变动。这说明本案例实现了 Fragment 与 Fragment 的通信。由于在实际开发中，经常需要用到 Fragment 与 Activity、Fragment 与 Fragment 间的通信，因此要求初学者必须掌握该知识点。

图 10-18　程序运行界面

小　结

本章详细讲解了图形图像处理、多媒体、动画、传感器和 Fragment 等知识点。这些知识属于 Android 中的高级部分，因此要求初学者在学习本章之前，必须先熟练掌握前面讲解的知识，打好 Android 基础。

习　题

一、填空题

1. 对图片添加旋转、缩放等特效需要使用_____类。
2. 要注册各种传感器需要先获取_____对象。
3. 绘制图像需要使用多个类，分别是_____、_____、_____和_____。
4. Fragment 与 Activity 相比多出的几种生命周期方法是_____，_____，_____，_____，_____。
5. 动画中有一种_____动画，通过顺序播放排列好的图片来实现动画效果，类似电影。

二、判断题

1. 只要是 Android 设备就可以使用任何传感器。　　　　　　　　　　　　　（　　）
2. Fragment 与 Activity 相似，它们的生命周期也相同。　　　　　　　　　　（　　）
3. 每次启动 Fragment 都会执行它的 onCreate()方法。　　　　　　　　　　　（　　）

4. 要使图片旋转可以使用 Matrix 类中的 setRotate()方法。 (   )
5. Android 中开发音乐播放器可以用 MediaPlayer，开发视频播放器只能用 VideoView。
   (   )

三、选择题

1. 使用 MediaPlayer 播放保存在 SD 卡上的.mp3 文件时（   ）
   A. 需要使用 MediaPlayer.create()方法创建 MediaPlayer。
   B. 首先使用 new MediaPlayer()创建对象
   C. 然后使用 setDataSource()方法设置文件源
   D. 然后调用 start()方法，无需设置文件源
2. 下列不属于补间动画相关的类是（   ）。
   A. TranslateAnimation   B. FrameAnimation
   C. RotateAnimation   D. AlphaAnimation
3. 关于 Fragment 说法正确的是（   ）。
   A. 使用 Fragment 必须在布局文件中加入<fragment> 控件
   B. Fragment 有自己的界面和生命周期，可以完全替代 Activity
   C. Fragment 的状态跟随它所关联的 Activity 的状态改变而改变
   D. 当 Fragment 停止时，与它关联的 Activity 也会停止
4. MediaPlayer 播放资源前，需要调用（   ）方法完成准备工作。
   A. setDataSource()   B. prepare()   C. begin()   D. pause()
5. 下面属于 Android 动画分类的有（   ）。
   A. Tween   B. Frame   C. Draw   D. Animation

四、简答题

1. Android 中有哪几种动画？它们的区别是什么？
2. 简单描述 Fragment 的生命周期状态。

五、编程题

1. 创建一个项目：包含三个页面，要求各个页面切换时加入动画并且页面使用 Fragment 编写。
2. 使用磁场传感器编写出一个指南针应用。

【思考题】
1. 请思考 MediaPlayer 播放音频的步骤。
2. 请思考什么是 Fragment，以及 Fragment 的作用。

扫描右方二维码，查看思考题答案！